源于中国的现代景观设计

风景园林师实操手册

俞昌斌 著

机械工业出版社
CHINA MACHINE PRESS

本书以中国传统园林的营造体系为主要脉络，将中国传统园林与西方现代景观的设计理念、设计手法进行对比分析，从而总结出“源于中国的现代景观设计”理论体系。

本书讨论了从设计理念、材料、细部到空间营造等一系列内容，并通过实操项目分析举例讲解。其中，第二章“材料”，着重探讨了硬质材料及植物的运用；第三章“细部”，着重探讨了石景，水景，墙体、窗和门，建筑，景观设施和景观小品的设计；第四章“空间营造”，从现代景观空间营造的理念谈起，详述了空间布局、路径引导和观景体验，将中国传统园林和西方现代景观的项目进行对比总结，最后讨论了源于中国的现代景观设计方法。

本书可以作为风景园林、建筑学、城市规划、环境艺术等专业的学习参考书，也可以作为城乡建设、房地产开发等行业的设计人员和管理人员的工作参考书。

图书在版编目（CIP）数据

风景园林师实操手册/俞昌斌著. —北京：机械工业出版社，2023. 1
ISBN 978-7-111-71942-7

Ⅰ. ①风…　Ⅱ. ①俞…　Ⅲ. ①园林设计—技术手册　Ⅳ. ①TU986.2-62

中国版本图书馆CIP数据核字（2022）第204519号

机械工业出版社（北京市百万庄大街22号　邮政编码100037）
策划编辑：时　颂　　　　责任编辑：时　颂
责任校对：张亚楠　王明欣　封面设计：鞠　杨
责任印制：李　昂
北京中科印刷有限公司印刷
2023年3月第1版第1次印刷
148mm×210mm · 13印张 · 381千字
标准书号：ISBN 978-7-111-71942-7
定价：119.00元

电话服务　　网络服务
客服电话：010-88361066　机　工　官　网：www.cmpbook.com
010-88379833　机　工　官　博：weibo.com/cmp1952
010-68326294　金　书　网：www.golden-book.com
封底无防伪标均为盗版　机工教育服务网：www.cmpedu.com

前言

中国传统园林历史悠久，源远流长，留下了大量的理论著作及优秀的园林作品，是风景园林学科及行业取之不尽、用之不竭的源泉。从 20 世纪 80 年代起，中国的景观设计在学习西方的基础上迅速发展起来，形成了蓬勃向上的新局面。当前在风景园林学科和行业中，理论与实践并重的人才较少，所以本书希望以手册的形式，把理论与实践联系在一起整理出来。

本书是以中国传统园林的知识体系为主要脉络，逻辑结构是用“尺度”贯穿起来的，讨论材料、细部、空间营造等一系列问题。本书从景观设计理念和方法论开始阐述，着重探讨设计手法及营造方式。采用比较研究的方法，先简要介绍中国传统园林与西方现代景观的理念和设计手法，然后重点叙述中国现代景观的设计要点。每个要点辅以提纲式的陈述和两三个项目的分析，帮助读者加深理解。本书力求以简洁明快的语言把每一个问题讲清楚，同时配以相关的图片。项目基本上是国内一些优秀项目，国外项目的选择则以日本为主。因为日本和中国地缘相近，同为东方国家，日本从明治维新开始向西方学习，并将西方现代景观设计很好地与日本的传统园林设计相结合，成熟地运用在现代日本的景观设计之中。另外，日本也是高度城市化的国家，通过对日本项目的研究能对中国未来景观设计的发展有所启发。作者希望通过设计要点及项目，能与读者共同探讨源于中国的现代景观设计。因此，本书将中国传统园林和西方现代景观放在一起进行对比分析，为当前的景观设计带来有益的启发。

另外，第四章及第五章用大量的篇幅详细探讨了三十个项目。从本书所选的项目类型来看，中国传统园林以苏州园林为主，多为私家园林，尺度不大，舒适宜人，空间精致丰富，设计手法巧妙；中国现代景观设计以居住区景观为主，居住区景观是中国在21世纪初水平提升最快、项目最多的景观设计类型，从中汲取一些具有典型性的项目，认真研究，可以小中见大，有所收益。需要说明的是，中国现代景观设计项目选取的原则是在立意上表达中国风格，或是具有地域性、民族风情。当然，本书所有项目都是作者实地考察过的，对各个项目的空间营造都进行了深刻的思考，并进行了详细的分析。其中有一部分项目是作者及上海易亚源境景观设计有限公司所设计的作品，作者把创作思路写出来，希望能供读者借鉴。

本书所有项目都是支撑理论研究的基础，通过平面图、分析图、设计说明及实景图片等，可以深入分析和思考它们的空间营造，希望读者对每一个项目都能充分了解并活学活用，这样就能对每个项目有更深刻的领会。当然，每一位有追求的风景园林师更应该用本书的知识来打造属于自己的风格，这才是真正的创新。

本书中文字、图片和图样的结合，丰富了读者的阅读体验，以理论结合实例的形式，详尽剖析每个项目，让读者更有阅读的兴趣。本书所选用的图片大多是作者亲自拍摄的，从一张张精美的图片中可以学习到景观设计中空间、细部、材料、色彩、肌理、植物等方面的设计手法。

最后，在本书付梓之际，作者要感谢上海易亚源境景观设计有限公司的全体同仁；感谢孙迪、毕宏超、范永海、胡蕾、游易知、王贤华、施俊彦等提供的帮助；感谢机械工业出版社的领导及编辑的支持和修改。感谢樊海圣、陈峰、茅立群、杨书坤、鲍鲁泉、胡宇鹏、王美德、沈忠海、茅立群、张君、滑际珂等提供的精美图片。另外，感谢三亚文华东方酒店的李淑燕女士、唐艺设计资讯集团的杜全利先生、网友周维也以及株式会社日建设计的登坂诚先生提供的相关资料。除此之外，本书引用了一些网络上的图片，因为种种原因未能联系上摄影者，在此一并致谢！本书引用的项目基本都注明了相关的设计者或设计公司，但是某些项目暂时无法查证到具体设计者，本书则省略了相关信息。

言尽于此，本书如有不足和错误，望广大读者不吝赐教，以便后续修改，作者在此深表感谢。

目录

前言

第一章 设计理念

本章内容“源于中国的现代景观设计”，反映了中国在经济持续健康发展的背景下对国家历史文化的自信。中华民族的伟大复兴不仅是在政治和经济上的崛起，更重要的是重塑中华文化的辉煌。

第一节 设计价值观

一、风景园林是一门既传统又新颖的学科

中国传统园林历史悠久，源远流长。从商朝起兴建皇家园林，凿池堆山，植树造林，就开始了对中国传统园林的尝试和探索。两千多年来，随着社会经济的发展变迁，园林的数量和规模不断扩大，设计和施工技术也渐趋进步、完善。至明清时期，数量、规模和设计水平都达到了高潮。中国传统园林留下了大量理论著作及作品，让我们得以学习和借鉴。而在近代，中国国力衰落，被外国列强侵略，沦为半殖民地半封建社会，中国传统园林的社会基础彻底崩溃，导致它的发展中断。到了现代，特别是在 20 世纪 80 年代后，随着改革开放和经济文化的迅速发展，中国传统园林在吸收西方现代景观建筑学（Landscape Architecture）的基础上重新快速发展起来，并从中国的实际情况出发，与其他相关学科相互交流和渗透，逐渐发展成为一门融合人文艺术和科学技术的新兴学科。

中国传统园林的历史

时代	阶段	成就
商、周、秦、汉	生成期	以皇家苑囿为主，规模很大，但是属于圈地的性质。秦汉时期尽管也出现过人工凿池、堆山活动，但是园林的主旨、意趣并未着重表现
魏、晋、南北朝	转折期	初步确立了“再现自然山水”的基本原则，狩猎、生产不再为其主要功能，而把园林主要当作游览场所来营造。除皇家园林外，还出现了私家园林和寺观园林
隋、唐、五代	成熟期	园林数量多、规模大、类型多样，而且园林艺术达到了一个新的水平。文人直接参与到造园活动之中，把园林艺术与诗、画联系起来，在园林中创造出诗情画意的境界
宋	首次达到高潮期	造园活动热情空前高涨，而且伴随着文学、诗歌，特别是绘画艺术的发展，人们对自然美的认识不断深化，当时出现了很多山水画著作，对园林艺术的发展产生了深刻影响
元	停滞期	造园活动不频繁，理论和实践均无太大的建树
明、清	再次达到高潮期	园林在数量、规模和类型方面达到了空前繁盛；技术日趋精致完善；文人、画家积极参与造园活动。出现了专业的工匠以及园林的理论著作

二、风景园林的边缘性和综合性

风景园林作为一门既传统又新颖的学科，涉及建筑学、城市规划学、植物学、地理学、生态学、环境科学等多学科的知识。同时，它也与自然、人文、政治、经济、历史、艺术、生活习俗等密切相关，因此风景园林具有很强的边缘性和综合性，只有统筹考虑多方面的因素，才能做出好的设计。

三、风景园林尺度的多样性和复杂性

景观设计涵盖了从几平方米小花园的景观设计到几十平方千米的滨水区域景观设计，或者从几万平方米的居住区景观设计到几十千米长的道路景观设计等尺度范畴。如此广泛和多变的设计尺度，导致了风景园林行业工作的复杂性。

风景园林师的设计范围

设计范围	设计面积	设计内容	与其他行业的合作
庭园、花园的景观设计	10~10²m²	满足庭园、花园的主人对自然景观的兴趣和浪漫情怀，布置花卉、乔木、灌木及设施，使其得到进一步美化	以风景园林师为主导，园艺师、植物学家、建筑师配合
房地产的景观设计（包括住宅区和别墅区景观）	10²~10⁵m²	风景园林师要设计出适合居住的优美环境。这是现代中国风景园林师主要的实践领域之一	以风景园林师为主导，开发商、建筑师及策划销售机构配合
城市广场的景观设计	10²~10⁵m²	对市民开放的公共空间，市民活动的场所，满足展示地区形象的功能	以风景园林师为主导，政府规划部门、规划师、建筑师配合
历史景观保护、改造设计	10²~10⁵m²	保护或改造历史街区、历史文化名城等区域，恢复或重塑该区域自然、人文和历史风貌	以政府规划部门、规划师为主导，风景园林师、建筑师配合
校园、医院、办公区和科技园区的景观设计	10⁴~10⁵m²	人们对读书、医疗、办公等环境的要求越来越高，因此需要提供高质量的休息、交流和活动的场所	以风景园林师为主导，相关的甲方、建筑师配合
城市滨水区的景观设计	10⁴~10⁶m²	设计滨水公园、开放空间和游憩空间等功能区，以完善的功能和优美的景观为城市居民及游客服务	以风景园林师为主导，政府规划部门、规划师、建筑师配合
城市公园、绿地的景观设计	10⁴~10⁶m²	进行城市公园、绿地的景观设计，改善城市环境，提升城市的价值	以风景园林师为主导，政府规划部门、规划师、建筑师配合
风景旅游区、度假区的景观设计	10⁵~10⁶m²	把具有生物、地质、美学和文化价值的自然资源保护起来，并通过景观设计，使之成为供大众旅游和度假的场所	以风景园林师为主导，政府规划部门、建筑师配合
配合城市规划而进行的专项景观设计	10⁵~10⁶m²	对大型土地开发利用、展现城市区域的文化和对景观特色进行评估，并协助规划城市的发展形态及开发程度	以政府规划部门、规划师、风景园林师为主导，建筑师配合

四、“源于中国的现代景观设计”的定义和价值

“源于中国的现代景观设计”的定义是运用现代风景园林理论和科学技术，融合中国传统的造园经验和材料，设计出既适合人们生活居住又具备中国历史文化内涵的空间场所，在贯彻可持续发展的原则和展现地区风貌的同时，让人与自然实现和谐相处。中华民族的伟大复兴不仅是在政治和经济上的崛

起，而且要重塑中华文化的辉煌。从 2008 年北京奥运会、2010 年上海世界博览会及 2022 年北京冬季奥运会等一系列盛事中，已能看出将中国传统文化和现代科技相融合的巨大魅力，得到了中国人民和世界各国人民的认同。因此，应当沿着这条道路走下去，为现代中国风景园林学科的发展做出更多贡献。

五、对中国传统文化的继承和发扬

中国的传统文化和历史上的建筑精品，都是进行景观设计的重要源泉。风景园林学科作为带有人文和艺术性质的学科，只有植根于中华传统文化才能体现自己的特色。因此，我们要对中国传统的造园思想进行继承、发展、创新，这是中国现代风景园林学科和行业发展的必由之路。

对中国传统园林的研究

研究类型	研究内容
对中国传统园林的理论著作进行研究	如五代荆浩的《山水节要》、宋代郭熙的《林泉高致》、宋代韩拙的《山水纯全集》、明代计成的《园冶》、明代文震亨的《长物志》、清代唐岱的《绘事发微》以及清代李渔的《闲情偶寄》等，对现代的风景园林学科有重要的指导和借鉴作用
对中国传统诗、书、画等艺术形式进行深入的研究，以便更好地了解古代文人如何用艺术的手法来营造园林	古代文人造园大多是以绘画为基础，如南齐的谢赫在《古画品录》一书中提出绘画的六法：气韵生动、骨法用笔、应物象形、随类赋彩、经营位置和传移模写，对中国传统园林的影响很大。中国古代的造园先驱们以意境营造表达“气韵”，以绘图布局表达“骨法”，以模拟自然山水表达“象形、赋彩”，以空间形态表达“经营”，通过移天缩地、小中见大的造园手法来表达“传移模写”，达到了非常高的艺术境界，积累了宝贵的造园经验
研究现存的中国传统园林	体会现存的中国传统园林的风格和造园手法，特别要对北京园林、苏州园林、杭州园林、扬州园林、无锡园林、岭南园林、福建园林、川蜀园林等优秀项目进行实地踏勘和分析研究，取其精华，去其糟粕，然后发展创新，推动现代中国风景园林学科的实践和发展

对中国传统园林的继承与创新

值得继承的造园手法	内容	如何创新
营造意境	中国传统园林通过多种手法来营造意境，始终追求在精神层面打动人心	在当前的景观设计中，不仅要考虑平面布局和空间效果，更重要的是要营造出有现代中国风格的意境

（续）

值得继承的造园手法	内容	如何创新
因地制宜	中国传统园林讲究“相地”，根据市井、郊野或山林等不同的地形地貌，结合风水等元素来设计园林，以求“精在体宜”	通过对不同地块的分析，来进行合理的、适当的景观设计
借景	这是中国传统园林中十分巧妙的造园手法，包括远借、邻借、仰借、俯借和应时而借等	在现代景观设计中，也要考虑将周边美好的景色融入所设计的环境之中
小中见大	中国传统园林，特别是苏州园林，经常在狭小局促的空间内，通过曲径通幽、移步换景，让人在游赏的过程中感受其丰富的空间层次	通过现代的空间布局，结合传统的“小中见大”的造园手法，来创造新颖的景观空间
天人合一	中国传统园林经常从绘画中吸取灵感，并模拟自然山水，移天缩地汇聚在园林之中，而且造园者通过营造视觉、听觉、味觉、嗅觉和触觉等不同感官的感受，让人参与到写意山水的意境之中，形成“人在画中”的体验，体现了天人合一的哲学境界	在营造空间的时候，应该既用现代、抽象的手法来体现山水意境，又要考虑人在其中的尺度和感受
建筑与园林融合	中国传统园林中建筑是园林不可分割的一部分，置石、理水等主题都离不开与厅、堂、楼、阁、亭、榭、桥、廊等建筑的对景匹配	现代中国的景观设计，应根据整体环境的需要而适当地配置尺度适宜的景观建筑，以构成亮点

总而言之，“源于中国的现代景观设计”理念要充分吸收中国传统园林的精华，用现代的设计手法来诠释传统，将中国的“过去和现在”汇聚在现代的设计中。

六、兼收并蓄地学习国外的先进经验

中国在改革开放之后，经济发展，国力增强，人们的生活条件不断改善，眼界也逐渐提升，因此如今的设计理念也必须与当前世界发展潮流相适应。与中国现代风景园林学科的发展相比较，西方的景观设计早在 20 世纪初就走向了现代主义。以下列举几个值得学习和借鉴的西方景观建筑学的先进经验。

西方景观设计的先进经验

先进经验	内容	学习和借鉴
功能决定形式	指西方现代景观设计不被固定的形式所束缚，更多地根据场地现状和功能需要进行理性的设计	现代的景观设计不能只追求漂亮的形式和花哨的效果图，而应该从功能的需要出发进行空间布局和设计
艺术审美品位的改变	现代西方景观设计语言已经由几何式构图逐渐演变为自由曲线和非对称的自然式构图	关注的不再仅是平面构成及空间序列的对称性，而要通过现代的设计语言来构造符合现代中国人审美品位的景观空间
少就是多	现代西方景观设计基本摒弃了古典主义的烦琐，设计风格走向简洁	应该尝试用简洁而精确的现代设计语言来构造景观空间和意境
以人为本	提升对人的关注，增加各种人性化的设计以及无障碍设施等	让人真正成为园林的使用者，让景观设计对社会做出更大的贡献
高科技的运用	新材料和新工艺的出现，彻底改变了现代西方景观的风格	为达到细部和空间上的创新提供了更多的选择
生态环保，让人类与地球和谐相处	西方从20世纪70年代开始，生态环境问题就成为重要的研究课题。美国宾夕法尼亚大学景观设计学教授麦克·哈格（Ian Lennox McHarg）提出了“将景观作为一个包含地质、地形、水文、土地利用、植物、野生动物和气候等因素相互联系的整体来进行规划设计”的观点	当前，要借鉴国外先进的理论和方法，让中国的景观设计有更高的科学性，更有效地保护生态环境，并努力减少能源消耗和碳排放，为可持续发展贡献力量

应该说，风景园林师在继承和弘扬中国传统文化的同时，还应跟上时代的步伐，与时俱进、兼收并蓄地学习国外的先进经验，不断创新。

第二节 设计方法论

一、相地

1. “相地”为空间营造的开始

中国明代造园家计成所著的《园冶》一书提出的“相地合宜，构园得体”指通过空间元素来判断空间属性，进而决定如何进行空间营造。

《园冶》提出“相地”的九大原则

序号	原则
1	园林的设计可结合原有地势进行
2	园林空间序列的开端应有自然的情趣，造景的高潮和重点应当因势随形
3	园林在不同地域应有不同的功能定位
4	园林应注意景观的季相变化
5	原有的园林在翻新时应注重古木交柯的姿态之美
6	园林空间的设计应该因地制宜，构建方、圆、曲、坡等不同的园林空间
7	水景空间的设计重点在于对场地的分析，进而使水源、水系和水上的构筑物等元素构成美观的水景空间

（续）

序号	原则
8	应对狭长、宽阔、幽深、空旷的园林空间进行特殊处理，使空间有往复无尽之意趣
9	设计要合理运用借景的手法，巧妙借用他处的胜景

2. 深入体会场地，勘察现场

西蒙兹与斯塔克所著的《景观设计学——场地规划与设计手册》一书中写道："要想有效领悟一个场地上的项目，必须深入理解整体规划，深入体会场地及其整体环境的自然属性。这样，我们的景观设计就成为安排最佳关系的科学和艺术。"该书提到日本某位建筑师做设计前的相地感悟：

"比如说设计一所住宅，我每天都要到计划动工的场地去。有时带着坐垫和茶，一待就是很长时间；有时是在树影横斜、夜深人静的晚上；有时是在阳光灿烂、喧嚣热闹的白天； 有时是在雨雪交加的日子。因为通过观察雨水冲刷过地面，降水沿着自然形成的水槽汇成一条条小溪，可以了解场地的很多情况。我了解到它的欠缺之处——过境公路的刺耳噪声、被风吹歪的松树难看的姿态、山色中的煞风景地段、土壤中的水分缺乏、场地一角与邻居房屋过于接近等。

我了解到它的优点：一棵灿烂的枫树以及飞流直下深谷的瀑布之上的一处宽阔的礁石。我逐渐感受到那凉爽清新的气息从瀑布处升起，在场地开旷处蔓延开来。我嗅到层层堆压的树叶在煦日烘晒下散发出的独特的气味。我下定决心：这一片场地必须保留，不受破坏。我知道清晨太阳从哪里出现，这时它的温暖和煦最受人喜爱。我清楚午后阳光变得灼烫时，哪些地方会受到刺目阳光的暴晒；以及从哪些地点来看，在平静的黄昏中落日余晖最为耀眼夺目。我惊叹于竹丛中摇曳多姿的光影和新鲜娇嫩的色彩变幻，我曾几个小时不动地观看黄头刺莺在那里筑巢喂食。我逐渐体会到一块突出的巨型花岗岩与道路另一侧的花岗岩之间轮廓的微妙关系后，不禁喜从中来。这不过是一些琐碎的东西，有人或许会这样想，但也正是它们告诉我：这块场地的精神就在这里。保留住这种精神，它就会弥漫在你的园林里，弥漫在你的家里，弥漫在你的每一天里。

于是，我开始理解这块场地，理解它的情绪、它的缺陷以及它的潜力。直到现在，我才能拿出墨水和毛笔开始画我的规划图。不过在我脑中，建筑已经可以看到了。它的外形和特征来自这块场地，来自穿过的道路，来自只石片砾，来自阵阵的清风，来自如拱的太阳轨迹、瀑布的水声以及远方的景色。了解了甲方及其家人的喜好，我为他们在这块场地设计了一所住房，在这里他们与周围景观建立了最和谐的关系。这种结构，这所已构思好的住房，不过是空间的组合，它们通过石、木、瓦以及设计图，构建了喜悦、充实的生活。除此以外，还能怎样来为这块场地设计最佳的住宅呢?”

该书总结道：“在日本历史上，这种对场地的细心观察在景观规划与设计中起着重要的作用。每一处构筑物似乎都是从场地中自然生长出来的，保留并强化了场地的优势及特征。”

3. 勘察现场的十条准则

勘察现场的十条准则

序号	准则	具体内容
1	风景园林师到现场去寻找灵感	有灵感，往下做；没有灵感，先进行观察与构思
2	场地周边难看的地块，要遮挡起来；好看的景色，要进行借景	将需要遮挡的地块和需要借景的节点列出清单
3	对场地周边的竞品楼盘或对标项目进行考察，并与项目进行对比分析	观察现场周边项目，汲取经验，分析优劣；对项目的设计进行反思与斟酌
4	注意场地内外植物、设施、出入口、行道树、车站、电缆沟等要素的位置，特别是对场地内已有的建筑要进行仔细分析，包括室内的材质、装饰都要进行协调搭配	应进行的思考：可利用的，如何利用；不可利用的，如何去掉；不可去掉的，如何遮挡
5	对场地内的地形标高及建筑标高要测量精确	进行地形标高测量及建筑标高测量，对将来设计中的视线对景、借景及障景进行预判和分析
6	对场地地块形状的分析	地块的形状是规则的形状还是不规则的形状；将来规划的建筑跟外围的关系是平行还是倾斜成一定的角度；入口是轴线对称还是自由发散的效果

（续）

序号	准则	具体内容
7	在与甲方的交流中，了解甲方对项目的定位和成本	项目定位，决定了设计方向；项目成本，决定了设计风格
8	关于参观动线的问题，在勘察现场的时候要有意识地设想参观动线该如何设计	有意识地设计强制性参观动线，使游人按照设计师的要求体验；另外根据项目不同的属性，决定是否使用强制性参观动线
9	思考场地内哪些空间该遮挡，哪些空间该开放	场地内私密的空间，需要挡与藏；场地内开放的空间，需要通与透
10	确定场地内主要的体验点以及亮点	体验点不超过 3 个；亮点只需 1 个

二、立意

1.《园冶》中计成的造园立意

第一，接受委托：计成接受了当时一位士大夫的委托，在十亩[⊖]宅地中设计五亩庭园，主人希望效仿司马光的“独乐园”。

第二，设计方案：计成考察地形现状之后，提出在此建造园林应该叠石成山和挖土理水，让高处更高、深处更深，乔木错落地分布于山腰，盘曲的树根深扎于石间。沿着溪水往上，在不同层次的地面上有序地构造亭台，在蜿蜒曲折的溪壑上架起飞渡的长廊。

第三，建成实景及评价：该园林建成之后，意境之美出乎人们的预料，主人给予很高的评价：“从入门到出园，算来只有四百步，但所谓的江南胜景，只有我独收眼底了。”

这一实例说明了计成造园的重点在于通过立意营造意境，让园主人获得超出预期的体验。

2. 中国传统园林元素通过诗句来表达立意

朱良志先生的《曲院风荷》一书也探讨了如“听香、看舞、空山、冷月、

⊖ 1亩≈666.6m^2。

枯树、扁舟”等中国传统园林元素所表达的立意。

中国传统园林元素通过诗词来表达立意

诗词（中国传统园林元素）	立意
小园香径独徘徊	小中见大，壶纳天地
不愁明月尽，自有暗香来	无形的象征符号
庭院深深深几许	深悄
曲径通幽	曲折有法
林泉高致	欲露还藏
江山无限景，都聚一亭中	简约
隐映花木幽深处	探幽
雪香云蔚，月到风来，迷远缥缈	虚实结合
闹红一舸	动静结合
远香满轩花满树，可望不可及	望远

3. 现代中国的景观设计该如何立意

景观设计的“立意”本身就是“策划”主题及内容。只要没有定型，就需要一直推敲。现代中国景观设计该从哪些角度进行立意呢？大致总结如下：从城市与乡村的角度，从生态的角度，从地域文化的角度，从历史文脉的角度，从日常生活角度，从空间、细部等尺度的角度，从材料和技术的角度来提出立意。

当前景观设计立意的方法如下：

景观设计立意的方法

序号	立意方法	目的	内容
1	原因立意法	寻找场地精神	要对立意的存在原因或条件进行思考，原因立意法就是：按果索因
2	功能立意法	功能决定形式	对场地的功能、影响、作用、意义等进行推测；功能立意法就是：由因推果
3	措施立意法	发现问题，解决问题	对场地进行 SWOT 分析，发现问题，提出解决措施与方略，措施立意法就是：问与答

风景园林师在对一个项目思考立意的时候，可能会迸发出十多个灵感，因此要运用“二八法则”加以分辨，即其中 80% 的立意是平庸的，设计出来

也没有太大的价值和亮点，建议去掉。而剩下 20% 的立意是关键，最后从中精选出一个。这一个立意就是最适合这个场地和项目的，是可以打造出“亮点”的，要重点加以诠释和设计。另外，立意不应该复制或抄袭别人的项目，如果无法创造出“重大创新”（指独一无二的具有原创性的创新），至少应该以“微创新”为主，不断改进、迭代、优化。

推导立意的方法

推导立意的方法	内容
真正重要的立意只有一个	用二八法则，精选出一个立意
20%、80%、100% 的决策规则	20% 的时间
	80% 的分析
	100% 的执行
立意无效，尽快改变方向	可以坚持自己的立意，并与甲方沟通。但在甲方不同意的情况下，不要一味地坚持己见
	务实而快速地改变方向
	不要怕改变，不要被淘汰的方案束缚
立意有效，再进行深度推敲	把有效的立意再深度推敲，就会成为一个优秀的项目

三、功能与形式

现代中国景观设计的功能类型、功能空间与设计原则，见下表。

现代中国景观设计的功能类型、功能空间与设计原则

功能类型	功能空间	设计原则
生活休憩	城市开放空间，如各类广场	设施齐全；便于通行、无障碍；以人为本
	城市滨水区	
	历史保护区	
	开放绿地、公园、植物园、动物园等	
	博物馆、美术馆等	
商业活动	城市办公区	时尚、现代；打造亮点和热点；提供多种体验
	城市商业街区	
	城市创意园区	
居住	居住区	方便居住及通行；安全、满足消防车通行；绿化率高；私密性好
	商务及度假酒店	

（续）

功能类型	功能空间	设计原则
乡村振兴	乡村特色小镇的改造与开发	给乡村建设带来改进和提升，给城市游客带来独特的体验和经历，给致力于乡村振兴的人群带来机遇和突破
	重点村落的改造与开发	
	民宿农舍的改造与重建	

四、设计逻辑

要时刻保持设计思维的逻辑性，不要过分局限于现状或制约条件。通过层层探究，寻找问题的本质和根源。下面具体以上海易亚源境景观设计有限公司某项目的设计逻辑推理为例进行分析。

设计逻辑推理

设计逻辑	原则	内容	具体对策
相地	场地规划条件的处理与利用	设计大型水系，变不利为亮点	景观设计要有一个总体的亮点，要有大型水景，体现自然与人工的结合
定位分析	了解场地的楼盘状况（购房者喜好、楼盘风格、竞品项目等），如何与周边楼盘竞争	打造湖滨生活，现代气质	项目的风格由材料、细部所决定。把设计落实到材料和细部上
以人为本	思考景观设计与人的关系，设计出造福于人的作品	设计大量的邻里互动场地与设施	以人为本的功能需求
			功能决定景观的形式
			不同的区域划分出多样而实用的功能活动设施
		各区域设计健身与儿童活动场地	儿童和老人以活动、娱乐为主，青年及中年人以散步、休闲为主
空间场所	合理营造居住区的空间	合理规划道路网，形成景观肌理	步行道要满足居民的归家动线、健身动线
		水景形态多变，特色鲜明	水体形状、池底、水生植物、水岸休憩区及构筑物等应设计多样化形态
		将宅间空间打造成公园化空间	社区空间公园化，提供公园化的设施和场所

（续）

设计逻辑	原则	内容	具体对策
空间场所	合理营造居住区的空间	流线型的绿化空间	注意植物组团效果
			乔木林带和草坪的疏密对比关系
			人视角度的视觉丰富性
			入户空间的挡与藏、收与放
风格调性	建筑是现代简约风格，景观要设计成与之匹配的风格	现代简约的景观风格与建筑风格相匹配	使景观更好地服务于人居生活空间

景观设计为什么要用思维导图？第一，要寻找与场地最匹配的方案；第二，要寻找与甲方的要求最匹配的方案。

思维导图该如何做，分几步走？第一，对场地进行 SWOT 分析；第二，梳理设计流程；第三，细分设计内容；第四，进行团队分工和推进设计流程。

SWOT 分析

S（优势）	W（劣势）
1. 场地有什么优势	1. 场地有什么劣势
2. 场地有什么可利用的资源	2. 场地在哪些方面需要改进，使之可以与周边的竞品项目竞争
3. 相对于周边的竞品项目，本项目有什么优势	3. 场地缺少什么
4. 场地还有什么特色，可以帮助项目获得竞争优势	
O（机遇）	**T（威胁）**
1. 对于场地，风景园林师该如何抓住这个机遇	1. 哪些竞品是项目现有或潜在的竞争对手
2. 场地与项目的前景乐观吗	2. 哪些不可控的因素可能会使项目面临风险
3. 近期市场的变化会给项目创造什么机遇	3. 什么情况可能会威胁项目的设计品质和效果
4. 机遇是持续性的，还是暂时的？对于项目，机遇是关键因素吗	4. 甲方的计划和要求是否有明显的变化
	5. 哪些政策法规、市场动向可能会影响项目

方案设计流程

序号	设计流程	时间周期	具体内容
1	勘察现场，仔细研究任务书	7 天	参考勘察现场的十条准则
2	设计团队的头脑风暴会	3 天	绘制设计草图
			寻找意向图片
			讨论甲方的关注点
			寻找设计的亮点
3	方案设计阶段	18 天	手绘或计算机绘制设计图
			第一次评图会
			讨论出 5~10 个不同的设计方案
			第二次评图会
			最终确定两个设计方案继续深化
4	方案表现阶段	10 天	用 CAD 绘制详细的平面图
			用 Sketch Up 建模
			准备汇报文本
			效果图及视频制作
			第三次评图会
			确定文本细节及效果图、视频细节，明确方案整体格调
5	方案汇报	7 天	甲方明确修改意见与方向
			修改方案内容，从序号 2 再次开始
			最终确定一个方案，继续深化推敲及表现

景观设计方案的文本结构（以上海易亚源境景观设计有限公司某项目的设计内容为例）

整体设计	主题	融于自然的景观，“森林”的故事
	格调	从新中式到现代东方美学
	手法	现代简洁同古朴自然的对比与融合
	材料	合理地使用材料，极简主义与地域主义相结合
	功能	对功能进行分区，并把景点整理成列表，一一详述
	路径	参观动线分析
	视线	视线分析的挡与藏

（续）

分区设计	入口区域	开放空间，视觉焦点	跨河车行桥
			桥两侧的平台及原生树木
			前庭广场（地面铺装 + 广场孤植树木 + 原生树木的装饰）
			主入口的景墙 + 两侧的出入口门头
	光之廊	挤压的空间，让空间压缩使人有拥挤感	从入口进入的一段狭窄的廊道
			光之意境——内侧与外侧的墙体细部
			廊道顶部的细部做法
			西侧与东侧的雕塑对景
	中庭——火之庭	汇聚的停留点、拍照点，是有象征意义的亮点	雾喷及瀑布
			中心布置一个象征“火”的艺术品
			屋顶下方的圆形玻璃及金属丝网做法非常引人关注
			地面铺装及周边杂树，突出“森林”的主题
	水之廊	视觉枢纽，贯通东西	现代的“五峰仙馆”
			水之廊两侧的墙体
			穿过一个月洞门，进入样板区
			水之廊的南侧是一个玻璃构成的艺术展示区
	内庭——静谧书院	文化气息，读书品茶的场所	小型的图书馆及博物馆
			无边泳池
			南侧为青色毛石墙体封闭内外空间
			西侧为对景的瀑布，从墙体流下来
			水池边有“枯藤老树昏鸦”景观
	绿之廊	穿越森林，进入样板房	用廊道作为从公共到私密的空间过渡
			分隔墙体为垂直绿墙
			与样板房北侧庭园形成围合式的景观
	样板房区域	开敞、放松、回味、不舍离开	“个庐”竹亭及竹墙
			静水面的荷花池
			样板房休憩区
			幽远的石质小径
			望山咖啡馆
			离开的空间，关上的大门

总而言之，通过逻辑推理和思维导图来厘清设计思路的过程，有以下两个好处：第一，设计思路更加清晰，逻辑性更强；第二，分工细化，团队能更好地协作。

五、设计结构

1. 起承转合

元代范德玑在《诗格》中说道："作诗有四法：起要平直，承要舂容，转要变化，合要渊永。"造园如作诗，景观设计的空间结构也是借鉴了"起承转合"这四法。"起"是开始，引人入胜；"承"是过渡，承上启下；"转"是转变，移步异景；"合"是整合，回味无穷。

2. 画龙点睛

对某项目进行复盘的时候，甲方总是说这个方案过于平淡，缺乏亮点。或者是风景园林师做的设计因为亮点不突出而被甲方否定。因此，对"画龙点睛"提出了以下原则：

第一，一个设计方案可以从总体规划、空间形态及细部节点等几个方面来提炼亮点，原则上不要超过三个亮点。亮点过多反而无法被突出。

第二，三个亮点中有一个是爆点，即最突出的那个亮点打造专属景观 IP。

第三，切忌堆砌。风景园林师要始终记住：少就是多，要一直考虑如何做减法。

第四，始终牢记方案设计的立意。虽然立意是看不见的，但是设计始终是围绕着这个立意在进行的。

六、设计流程

第一，从立意到功能，再到空间和形式，风景园林师要从做加法转换到做减法，去掉不必要的内容，即抓住重点，做出爆点。在细部上要做加法：增加遗漏的细部，如灯具、家具、景观小品、雕塑等。

第二，在设计过程中，采用"所见即所得"的全模型工作法，充分利用建模和渲染软件，展示出更加真实的视觉效果，根据场地动线来制作游览视频，使甲方增加场地的代入感。

第三，各种问题扫尾，再次确定项目尺度和标高，进行视线分析与空间布局，注意格调、风格在细部的呈现效果。

第四，复盘原则：每一次设计阶段完成之后都要进行复盘，让风景园林师知道下一次设计（或另一个项目）不要再犯同样的错误。通过复盘，把做得好的地方坚持下去，并不断升级迭代。

复盘的过程，其实就是在做“断舍离”——用减法思维做“负景观”的过程。

隈研吾在《负建筑》（Defeated Architecture）一书中提到：“在不刻意追求象征意义，不刻意追求视觉需要，也不刻意追求满足占有私欲的前提下，可能出现什么样的建筑模式？如何才能放弃建造所谓牢固建筑物的动机？如何才能摆脱这一欲望的诱惑……除了高高耸立的、洋洋自得的建筑模式之外，难道就不能有那种俯伏于地面之上、在承受各种外力的同时又不失明快的建筑模式吗?”

同样，景观设计要做减法，形成“负景观”。

- 不是高高在上、唯我独尊的景观，不是奢华的门楼，而是低调、内敛、谦逊的景观，是与大自然融于一体的景观，是城市中尊重自然、隐喻自然的景观。

- 是与建筑协调的景观。建筑是一幅精美的图画，景观则是一块画布，是图与底的关系。

- 取消华而不实的东西。景观要有功能，有用的景观才有价值，实用功能是景观设计的第一要务。

七、表现方式

手法（重复与对比）——这两种表现方式要结合使用。作者研究过许多大师的设计，他们的空间一再重复，然后突然采用强烈的对比，使空间形成鲜明的反差。如直线的廊不断重复，但是结尾处却突然变成了圆形或弧形，从而产生空间的对比。而对比手法的使用包括：材料对比，如色彩、肌理及质感等；空间对比，如大与小、挡与藏、疏与密、开放与私密等；手法对比，如前述的重复与对比等；风格对比，如从现代简约风格突然变为新中式风格，又变化为生态自然风格等；意境对比，如从广场开放的意境突然改变为小巷幽闭的意境，又突然改变为庭院深深的意境等。

节奏（快与慢）——设计的节奏，代表着风景园林师思维的跳跃，节奏如音律，要快慢搭配，如以慢为主，则节拍为“快 - 慢 - 慢慢 - 慢慢慢”，你可以体验到“流动”空间从快速通过的入口（快）到长廊（慢），再到巷道（慢慢），最后到庭园（慢慢慢）。反之同理，以快为主的节奏，则是“慢 - 快 - 快快 - 快快快”。总之，景观设计是有一股“气”在空间中流动，也就是传统“风水”中的“风”在流动，因此，节奏的快与慢也象征着场地气势的流动变化。

格调（温情与冷峻）——温情的格调，会给人带来亲切、时尚、温和等感觉；而冷峻的格调，则给人冷淡、简洁等感觉，两者形成鲜明的对比。

总之，景观设计的表达方式要在手法上注意重复与对比，通过产生变化之美创造爆点；在节奏上要注意快与慢的变化，形成一股“风”在空间中流动；在格调上要注意温情与冷峻，带给人不一样的体验和感受。

八、设计风格

作者在多年的景观设计实践中，将“源于中国的现代景观设计”细分为如下三种风格。

第一种，国潮新解构。该风格充分吸收中国传统文化的精华，用现代的手法来诠释传统，将中国的“过去与现在”汇聚在现代的设计之中，并表达出“未来”的设计方向。

第二种，森居新意境。风景园林师遵循自然、因地制宜、突出地域特色的观念，融入生态保护和自然体验的概念，在符合大众审美、提升环境的基础上使设计具有科学性，还原景观最本真的状态。

第三种，技艺新风尚。风景园林师通过对艺术和技术的全新探索，为设计提供可借鉴的灵感思想和形式语言，让艺术和技术为大众的生活服务，并让使用者感受到两者结合后所迸发出来的精神力量。

设计风格

序号	风格	理念	手法	材料
1	国潮新解构	根植于中国传统文化，打造具有地域特色及人文气息的现代景观	提炼传统元素符号，借鉴传统造园手法，运用传统色彩搭配，以现代景观手法来营造空间	传统与现代材料搭配，遵循简洁大气的设计原则，运用石、水、亭、廊、景观小品及构筑物等元素，以强烈对比来展现效果
2	森居新意境	在设计中注重对自然环境的尊重和保护，运用景观生态学原理建立生态功能良好的景观	保护生态自然环境，坚持自然优先、可持续发展、最小干预与最大促进原则，生态与艺术并重，追求人与自然的和谐相处，以“还原自然”的“无设计的设计”为原则	运用环保的天然材料，尽可能使用原生或在地材料，以植物为主要构成元素，凸显绿量和森林意境
3	技艺新风尚	从艺术和技术中寻找灵感源泉，将艺术风格和高科技、新技术转化为设计语言	在设计平面及立体构成中撷取艺术之源，将抽象的艺术形式和思想转换为具象的设计手段。同时，增加高科技、新技术等具有未来趋势的理念，顺应年轻人的审美情趣	材料运用以简洁为基调，体现“少就是多”，结合 VI、5G、计算机视觉、混合现实、人工智能等高科技、新技术

第二章 材料

在景观设计中，材料是最基本的元素。通过合理运用材料，能设计出丰富的景观，最终营造出空间上的创新。

第一节　材料的重要性

在中国传统园林的设计中，由于当时经济技术水平的制约，所以可选择的材料种类十分有限，而且施工工艺基本停留在手工业的水平。如今，科学技术有了飞跃性的发展，为景观设计提供了广泛的创作空间，任何一个大胆的创意都有可能通过各种材料实现，材料也成为景观设计的重要语言。但是，如果缺乏对材料的正确认识，容易形成盲目使用流行材料的现象。如 20 世纪 90 年代到 21 世纪 10 年代，混凝土地砖曾作为流行材料，以千篇一律的形式被反复使用，质量较差，造型老旧，最终引起人们的反感。因此，要因地制宜地运用材料。

在材料的选择上要注意以下五点：

1）要对每一种材料有全面的了解，特别要掌握它们的特性、构造、适用环境和施工要求等，这样在使用材料时就能做到心里有数。

2）材料的选择尽量以尺寸模数化、采购方便、易于施工、经济耐用等为原则。

3）材料的选择要考虑生态效益，以环保的、可循环利用的材料为主要选择对象。

4）材料的选择要参考场地中的建筑材料，两者要有一定的呼应关系，才能形成整体感。

5）从其他相关领域发掘新的材料。例如，建筑工程中使用的钛板最初用于航天工程，耐候钢板最初用于桥梁结构工程等。通过对其他相关领域的研究，或许能发掘出新的可使用的材料。

材料对碳中和的重要性，如何在景观设计中体现？

杨建初、刘亚迪、刘玉莉所著的《碳达峰、碳中和知识解读》一书谈到中国实现碳中和的六个主要目标：构建绿色低碳循环发展经济体系，提升能源利用效率，发展绿色金融，提高非化石能源消费比重，降低二氧化碳排放水平，提升生态系统碳汇能力。

景观设计降低碳排放的方法有以下九点：

1）减少使用高碳输出或高度加工的材料，如塑料、钢、混凝土等。

2）增加碳汇，如湿地、林地等，吸收并储存二氧化碳。

3）使用回收材料，如回收钢、回收铝等。

4）种植多种品种的植物，帮助城市减少碳足迹。

5）使用木材或竹材。天然材料在环保方面优于人工材料。

6）混合使用。在混凝土中尽可能多地使用水泥替代品（矿渣、飞灰等工业固体废弃物）。

7）增加屋顶绿化，可以固碳，也可以缓解城市热岛效应。

8）多用本土植物。本土植物往往在低维护的情况下就能茁壮成长。

9）减少精致草坪。精致草坪需要经常修剪和灌溉，费时费力且对于碳中和作用很小。

王敏、朱雯在《园林》杂志上发表的一篇论文《城市绿地影响碳中和的途径与空间特征——以上海市黄浦区为例》谈到了绿地建设的碳中和增效策略与方法。

1）扩大绿地面积，重视附属绿地建设和植被配植，形成整体相对紧凑、疏密有致的空间形态，提升绿地增汇减排能力。

2）人口密度较高的地方优先布置绿地，使其获得较高的减排效益。在绿地建设比较困难的高密度城区，鼓励推行立体绿化，增加“绿强度”，如屋顶绿化、墙体垂直绿化、棚架绿化、檐口绿化等。

3）绿地建设应注重道路附属绿地的连通和均衡分布，并通过滨水绿地建设、河网森林保护与修复、垂直河岸的绿道建设等方式提高水体降温辐射效能，形成整体的绿地减排增汇网络结构，同时促进绿地增汇与减排效能。

另外，基于自然的解决方案（NbS）在 2019 年 9 月联合国气候行动峰会后成为国际社会关注的热点议题，NbS 要求人们更为系统地理解人与自然和谐共生的关系，更好地认识地球的生态问题，提倡依靠自然的力量应对气候风险，构建温室气体低排放和气候韧性社会。各国将 NbS 列入应对气候变化国家自主贡献（NDC）。通过对 NDC 进行分析，发现与其他生态系统相比，森林的作用更受关注。据估计，NbS 的贡献中有大约 62% 来自森林生态系统，约 24% 来自草原生态系统和农田生态系统，10% 来自泥炭地，其余 4% 来自滨海和海洋生态系统。

第二节 硬质材料

一、传统硬质材料

中国传统园林经常使用的硬质材料大致有砖、瓦、石、木、土等，它们常用于园林铺装。由于古代在运输和采购方面十分不便，因此铺装多为就地取材，这使得中国不同的区域在材料的选择上差别较大且各具特色。同时，由于古代没有机器生产和加工材料的技术，基本都采用手工铺砌，虽然也讲

苏州留园的盘长纹铺装

扬州寄啸山庄的青砖墙体

究严丝合缝、直线对齐以及图案工整等施工原则，但更多是一种乡土的、自然的、不规则的感觉。另外，在一些铺装的重点部位，还设计了一些具有象征意义的图案，有的象征吉祥平安，有的隐喻宗教信仰，有的体现文人情趣，这些都有着很强的民族文化特色。因此，铺装不仅具有供人行走的实用性功能，也是对园林路径的美化装饰。

苏州网师园的白墙

1. 传统铺装材料

1）石，在中国传统园林中常用来铺砌人行路面，给人自然而古朴的感觉。例如，苏州留园五峰仙馆的庭园中用不规则的石块铺砌成道路和广场，象征造园者隐居山野的理想。在中国传统园林中也常用不规则的小石块铺砌人行路，如苏州沧浪亭的人行小径。在中国传统园林的道路节点处，用石块结合碎砖、碎瓦在地面上铺砌出有吉祥寓意的图案。例如，苏州留园的盘长纹铺装，寓意回环贯初、好运连连；网师园的寿字纹铺装，寓意长寿平安；拙政园海棠春坞的海棠花纹铺装，象征着文人高雅的品格；留园的蟾蜍、凤纹铺装，表达了园主人对长寿的祈愿。

2）砖，以不同的方式来铺砌园林路径，能产生大方、素雅的效果。《园冶》中记载的地砖传统铺砌方式有以下几种：人字式、席纹式、间方式、斗

北京故宫的琉璃瓦

苏州怡园的灰瓦（瓦上飘落的是银杏树叶）

北京景山上用石材制作的栏杆柱头

苏州网师园用太湖石构筑假山

苏州拙政园远香堂以木构为主

纹式、六方式、攒六方式、八方间六方式、套六方式、长八方式、八方式、海棠式、四方间十字式，前四种用砖铺砌，后八种用砖嵌鹅卵石铺砌；香草边式、球门式、波纹式这三种用砖、瓦及鹅卵石铺砌。

2. 传统建筑材料

1）砖，主要用于砌墙。如扬州寄啸山庄的入口以青砖墙配合月洞门，体现了“实”墙体中的“虚”空间，让人们的视线延伸到远处作为对景的假山上；网师园的墙体则把砖墙粉刷成白色，营造粉墙黛瓦的意境。

2）瓦，主要用于建造屋顶。北京皇家园林的建筑采用金黄色的琉璃瓦，而苏州私家园林的建筑则采用灰瓦。

3）石，可切割成一定的尺寸和形状用来砌筑墙体、建造各种构筑物、制作栏杆等，还可以用自然的形状堆叠驳岸、构筑假山。

4）木材，主要用于建筑的承重结构，如柱子、斗拱，以及门、窗、屏风等装饰物。

5）土，是十分常用的材料，广泛运用于堆山、砌墙以及建造各种建筑。

二、现代硬质材料

1. 现代铺装材料

设计中通常根据路面的强度等级来选择不同种类的铺装材料。下文主要讨论以人行为主的景观道路和广场的铺装材料。

（1）仿石砖

1）地砖，是指采用振压的方式，用同一种原料（如黏土、混凝土等）制造的高密度砖砌块。地砖耐磨性、透水性、防滑性较好，能承载较大的压力。地砖的规格很多，常见的为 210mm × 100mm，荷兰砖为 230mm × 115mm，波浪形的为 291mm × 284mm 等，砖的厚度为 45mm、60mm、70mm、80mm、100mm 等规格。其铺砌方式有垂直贯通缝、骑马缝、方格式接缝、席纹式接缝等。地砖的施工流程是首先在需要铺砌地砖的区域四周铺上路缘石或做好边缘处理，然后铲除该区域内的表层松土，根据地砖的厚度挖到相应深度并密实振压整个区域。接着铺上一层 30~50mm 的中粗砂并压实，铺砌地砖，并用细砂填缝，再次压实。如果有消防车等需要通行，须在中粗砂层下面铺上一层碎石作为基底层。

2）植草砖，是在混凝土砌块的孔穴或接缝中栽植草皮，使草皮免受人踏、车压，一般用于停车场和消防车通道，但不宜放在通行频率很高的停车场公共通道和广场出入口处，以免影响草皮生长。植草格也比较常用，它由高强度塑料制成，自重轻，植草面积大，抗压性强，是生态环保的新型材料，适合作为停车场和消防车通道的铺装材料。

（2）石材

1）弹格石，常用的规格为 90mm × 90mm，高度为 45~90mm，一般用于车行道、广场和人行道的铺装。弹格石为粗糙的饰面，接缝较深，防滑效果

地砖铺砌实景

植草砖铺砌在消防车通道上的实景

弹格石铺砌实景

好，但是会给穿高跟鞋的行人带来不便。

2）花岗石是由天然花岗岩加工而成的石材，利用其不同的颜色、饰面及铺砌方式，可以组合出多种铺装形式，常用于主要的景观节点、广场、建筑出入口等处。在户外使用时，花岗石大多数要进行烧毛等处理，以防行人滑倒受伤。

粗凿面和细凿面的石材铺装对比

（3）石英砖

石英砖主要是用长石、石英石、陶土等原料制成，在非恒温煅烧及压力等条件的改变下，在砖体内形成石英晶体般的致密结构。采用全通体工艺，实现表里如一的品质。面层处理工艺有亚光面、抛面、防滑面、火烧面、荔枝面等。

石材碎拼嵌草的铺装实景

石英砖有以下材料特性。

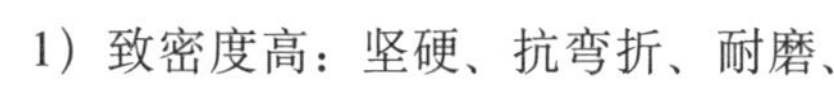

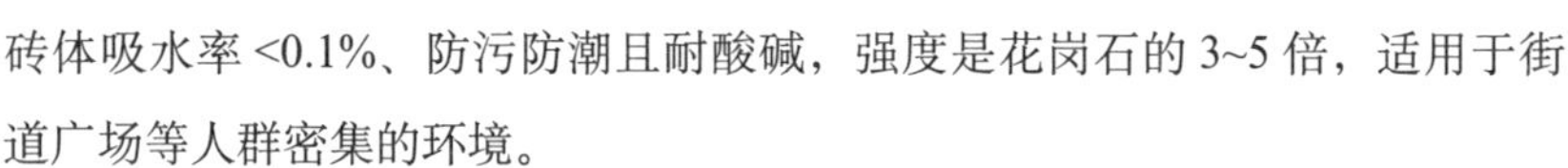

1）致密度高：坚硬、抗弯折、耐磨、砖体吸水率 <0.1%、防污防潮且耐酸碱，强度是花岗石的 3~5 倍，适用于街道广场等人群密集的环境。

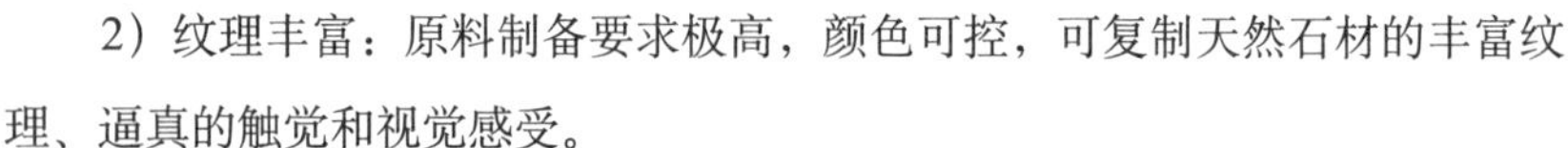

2）纹理丰富：原料制备要求极高，颜色可控，可复制天然石材的丰富纹理、逼真的触觉和视觉感受。

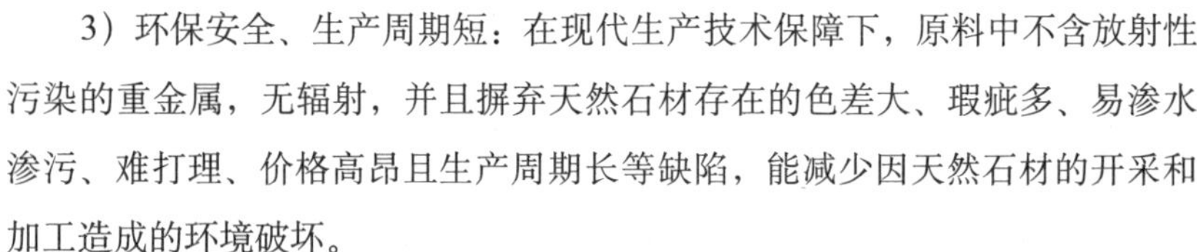

3）环保安全、生产周期短：在现代生产技术保障下，原料中不含放射性污染的重金属，无辐射，并且摒弃天然石材存在的色差大、瑕疵多、易渗水渗污、难打理、价格高昂且生产周期长等缺陷，能减少因天然石材的开采和加工造成的环境破坏。

石英石的常用规格：600mm × 600mm、600mm × 1200mm。特殊规格可以根据使用量订制。石英石的价格主要由规格、表面加工方式、品牌等因素决定。

（4）木材及竹材

1）木材，常用于露台、滨水平台及休息区域等，它以温和的色调、舒适的质感营造温馨的环境。但是，在室外由于酸雨的腐蚀以及人群的踩踏，导致木材损坏较快，因此应尽量选择耐久性强或对环境污染小的木材，如杭州杨公堤的木栈道保留路线中的乔木，使人们有在树林中穿行的体验。又如浙江杭州西溪国家湿地公园中，设计了亲水的木栈道和木平台，让人们可以近距离地观赏湿地植物，而尽量少地破坏湿地环境。公园内使用的烧杉板是日本传统的木质材料之一，其制作工艺是使木材燃烧之后，经过特殊处理，得到黑亮如漆、颜色纯粹且坚固的板材。其具有防火、防潮、防腐、防虫蚁等多种特性，烧杉板建造的房屋有一种焦炭气味，当前在中国的建筑及室内设计领域被广泛使用。

在设计铺装时，要根据使用情况和荷载要求，来确定木材的厚度以及龙骨的尺寸和间距。木平台的龙骨距地面要有一定的高度，地面则要设计出坡度以利于排水，防止木材受潮变形。木平台与龙骨都应使用耐腐蚀的螺钉。另外，木材铺装如在潮湿的环境中易生长青苔，人们行走时容易打滑跌倒，所以必要时应在表面铺设金属防滑网。

2）塑木，是指用天然纤维素与热塑性塑料经过混合加工而成的复合材料，来仿制木材的效果。当前为了保护环境，减少乱砍滥伐，国家鼓励使用可再生的环保材料。塑木的颜色可根据需要来调节，规格也可供选择，比较

杭州杨公堤的木栈道

杭州越秀青山湖星悦城木栈桥［景观设计：上海易亚源境景观设计有限公司（YAS DESIGN）］

烧杉板

北京奥林匹克森林公园用塑木做树池的实景

杭州龙湖天璞用竹木做地板［景观设计：上海易亚源境景观设计有限公司（YAS DESIGN）］

适合拼接和切割，不易损坏和老化，防火防虫性能较好，解决了天然木材在潮湿和多水环境中吸水受潮后腐烂、膨胀、变形等问题。如北京奥林匹克森林公园和上海世界博览会公共区域的铺装都使用了塑木。

3）竹材，是一种不同于木材的材料。由于全球可利用的竹材 80% 以上都产于中国，所以竹材在中国具有规模生产的优势，同时它也是一种低碳环保、可持续使用的健康材料，非常适合用于景观设计之中。例如，上海世博后滩公园长达 4km、占地面积 $1hm^2$ 的栈道就是使用竹材铺设而成的。

4）竹木，竹木是竹材与木材复合再生产物，其面板和底板采用的是高质量的竹材，而其芯层多为杉木、樟木等木材，其生产制作经过防腐、防蚀、防潮、高压、高温以及胶合、旋磨等近 40 道工序。如杭州龙湖天璞示范区大量采用了竹木地板，外观自然清新，纹理细腻流畅，具有防潮、防蚀以及韧性强等特性，而且其表面坚硬程度可以与樱桃木、榉木等木材媲美。

材料性能对比表

材料	花岗石	大理石	砂石	石灰石	石英砖
吸水率	≤ 0.6%	≤ 0.5%	3%	≤ 3%	≤ 0.1%
比重	2.6~3.0	2.6~2.8	2.2~2.3	2.3~2.4	2.6
破断强度	≈ 2500N	—	—	—	≥ 10000N
压缩强度	≥ 100MPa	—	—	—	≥ 159MPa

（续）

材料	花岗石	大理石	砂石	石灰石	石英砖
抗折强度	≥ 8MPa	≥ 7MPa	≥ 7MPa	≥ 7MPa	≥ 45MPa
耐冻融性	差	差	差	差	较好
抗热震性	一般	一般	一般	一般	较好
抗污性	一般	好	差	差	好
耐化学性	耐酸不耐碱	耐碱不耐酸	—	耐碱不耐酸	耐酸耐碱
放射性	有放射性危害可能	—	—	—	经过3C认证，经检测认定为绿色建材产品
稳定性	着色产品会褪色	着色产品会褪色	着色产品会褪色	—	基本不褪色
色差	有明显色差	有明显色差	有明显色差	—	同一批次色差小，可控

（5）混凝土铺装材料

1）现浇混凝土，该材料由于造价低、施工方便，在20世纪八九十年代常用于景观道路及活动场地的铺装，在设计上可以通过拉毛、设置变形缝等方法，增加其形式上的变化。例如，日本甲斐某餐厅在混凝土路面上嵌入不规则的石块、

地砖　植草砖　弹格石　砂石
火山石　木材　塑木　竹材

日本甲斐某餐厅的混凝土路面铺装

透水混凝土路面铺装，日本东京中城的桧町公园人行路面

上海东安公园透水混凝土路面和非透水路面排水情况对比

日本东京银座商业区压膜混凝土路面

色彩斑驳的砖块及古旧的木板，造价不高，但是形成了入口处景观的趣味性，让人印象深刻。

2）透水混凝土，当前中国城市的地表不透水区域大幅增加，严重破坏城市的生态环境，因此透水性混凝土（包括透水性沥青）作为一种新型材料逐渐在工程领域推广起来。其优点是能让雨水迅速地渗入地表，减轻排水设施的负荷，防止路面积水。而且，雨水还原成地下水，使地下水资源得到及时补充，保持土壤湿度，改善城市地表植物和土壤微生物的生存条件。同时，透水性混凝土具有较大的孔隙率，大量的孔隙能够吸收车辆行驶时产生的噪声，创造相对安静舒适的环境。

3）压膜混凝土，是指用预制好各种图案的模具，现场制作具有特殊纹理和视觉效果的混凝土，其模压图案的精美程度决定了景观效果。但是，该材料比较容易褪色，因此尽量铺砌在人行道，减少机动车辆在其表面通行导致的磨损。例如，日本东京银座商业区的路面铺装采用的压膜混凝土，与建筑的风格相互呼应。

4）水洗石，其施工流程是浇筑原料后，使之凝固到一定程度，用刷子将表面刷干净，再用水冲洗，直至砾石均匀露出。这种铺装利用不同粒径和品种的砾石，可铺成多种形式的人行路面。由于该材料容易压坏变形，因此不适用于车行道铺装。而且，由于使用场所的路基条件不同，要注意其沉降是否一致，否则容易形成局部开裂。如果把小粒径的砾石换为粒径 5~10cm 左右的卵石，采用上述相似的做法，在混凝土层上摊铺厚度2cm以上的砂浆（1∶3），然后平整地嵌入卵石，最后用刷子将水泥砂浆整理平整，则可以用于铺砌健身步行道。

（6）其他铺装材料

1) 砂石（或碎石）、黏土（或沙土）、砾石等铺装材料能结合起来铺砌景观道路。这些材料的质感比较质朴、色调比较柔和、弹性也很好，比较适合营造自然生态的环境和轻松愉快的氛围。

2）安全胶垫，是利用特殊的黏合剂将橡胶垫黏合在基础材料之上，然后铺砌在混凝土路面上。它有弹性，具有安全和吸声等特点，常用于体育场、幼儿园、学校操场、医院等区域。

现代铺装材料在使用时应注意以下几方面的问题：

第一，铺装的颜色选择是设计的重点，浅色趋向于反射光线，因此浅色物体看起来比黑色物体更大。在设计中应通过不同颜色的搭配，形成铺装的模式和韵律。

第二，铺装的材质选择也是比较重要的，粗糙的铺装表面会吸收光、增加阻力以及提高防滑性能，因此在室外应大面积使用。而光滑的铺装表面看起来有光泽、有较高的反射率，但防滑性能差，不建议在室外大面积铺砌。

第三，通过铺装设计来限定空间范围，并形成不同的空间组合。例如，建筑边角采用直线型式的铺装、坡地绿化空间采用曲线型式的铺装等。

第四，铺装要具有统一性，让人感觉空间中具有平衡、和谐的整体性。

水洗石人行路面

黑色卵石健身步行道

砂石等景观道路的铺装材料，欧洲某植物园用砂石铺砌的步行道

儿童活动场地的安全胶垫

井盖的美化方式

边沟、排水沟的美化方式

第五，现代铺装材料讲究精细化处理。如地下各种管线（给水、污水、电力等）的检修井盖，设计要求美观大方，并体现地域特色及历史文化。常用的做法是，井盖设计成槽状，槽的高度约为10~20cm，可嵌入草皮、铺装材料或特殊的图案，使井盖与周围环境相互融合。

第六，要设计好路缘石、边沟及排水沟。路缘石是设在路面与其他构造物之间的标石。石头、砖、预制混凝土等材料都可用来作路缘石。小径与绿地相交处，为了形成亲切和自然的环境，大多不设路缘石。而边沟及排水沟的形式很多，有L形边沟、浅碟形边沟、U形边沟等。在居住区或公园绿地

砂石、木屑等铺装材料

中，可以在排水沟上放置卵石，形成融入自然的效果。

2. 工业化生产的成品材料

成品材料包括缝隙式排水沟、蓄排水板、护坡结构板、铺装支撑材料等是现代景观设计的常用材料，它们能迅速高效地解决施工中的许多问题。

（1）铺装支撑材料

铺装支撑材料是安装在需要快速排水和保持铺装表面精确水平的广场、平台等区域的铺装下方的支撑物。它由可回收利用的塑料制成，是轻质耐久的高强度材料。铺装支撑材料可在固定范围内自由调整高度，使整个铺装保持精确水平。其优点是自重轻、能快速排水、安装方便、易于施工和检修。

（2）蓄排水板

蓄排水板是一种高强度、轻质的用于屋顶绿化和室内种植的塑料板材。该材料由大量的孔洞组成，而且具有多种形状，便于排水。该材料还能有效隔热，因此很适合作为防水膜上方的保护层。

（3）护坡结构板

护坡结构板是一种轻质的由热塑性土工合成材料所制成的带状板材。该材料能紧密地黏合起来，形成三维的稳定而坚固的蜂窝状结构。当填充入种植土后，该材料能将种植土的重量平均分配到每个区域中，并能确保其能承受相应范围内的最大压力。而且，该材料能提升地表排水效

铺装支撑材料，保持铺装表面精确水平

铺装支撑材料，可折叠成一定角度沿边缘放置

铺装支撑材料施工过程

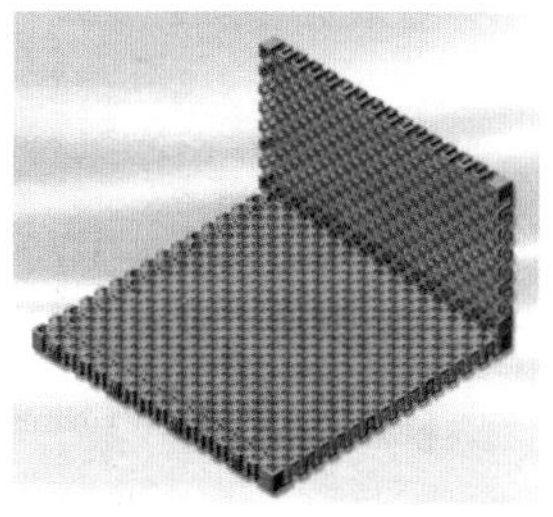

蓄排水板，易于组合，孔洞便于排水

护坡结构板，稳固的蜂窝状结构能覆土，增加绿化面积

率，适用于斜坡绿化，并能在其中种植植物，达到自然生态的效果。该材料也适用于河流岸线保护，易于施工和组合使用，能防止河流岸线被不断增加的静水压力所破坏，并能提供长期有效的稳定支撑。

（4）缝隙式排水槽

缝隙式排水槽是在铺装表面上形成排水效率高且不易被察觉的线性排水沟。该材料最大的优点是不影响地面铺装的景观效果，适用于广场和步行区域。该材料的检修和清理都非常简便，只要打开检修口盖板，用高压水枪冲洗排水沟底座即可。该材料的盖板多用镀锌钢或不锈钢制成，排水缝隙宽度最窄为 15mm。

缝隙式排水槽，上海保利广场建成实景

缝隙式排水槽，上海保利广场建造过程

缝隙式排水槽，上海保利广场建造过程

[上述三张照片为上海易亚源境景观设计有限公司（YAS DESIGN）作品]

3. 建筑材料

当前有许多建筑材料也已经运用在景观设计中，要扩大材料的选择范围，更好地运用它们来营造现代景观的风格。

（1）金属材料

金属材料已经广泛地使用在景观设计中，它在墙体、构筑物和景观小品中也可使用，可以营造现代感和高科技的氛围。

苏州圆融时代广场不锈钢栏杆细部实景

1）不锈钢板，该材料的加工方式有抛光（镜面）、拉丝、网纹、蚀刻、电解着色、涂覆着色等，也可轧制、冲孔成各种花纹板、穿孔板等。用镜面不锈钢可以制作成景观墙面，将周边的环境映射其中，形成丰富的视觉效果。还有在比较高档的社区和商业区中，经常用不锈钢制作成各种精致的景观小品，如苏州圆融时代广场用不锈钢制作树池、花坛、桥梁的栏杆扶手等。

2）铝合金板材，该材料表面光滑、耐候性好、便于清洁，可作为墙体的立面材料使用，给人时尚、新潮和现代的感觉。如用铝合金板材作为几何形草坡的收边材料，会使其具有很强的现代感。

3）耐候钢板，该材料是为了追求钢板自然锈蚀的效果，将未处理的钢板直接用于室外，钢板在大气环境中表层逐渐氧化变色，从而形成特殊的效果。在景观设计中，可用于景墙、雕塑、景观小品的营造，体现现代工业感。例如，天津泰达格调松间北里项目，在耐候钢板上雕刻出象征“山峦起伏”的线条，夜晚灯光从背面亮起，形成“光影山水”的意境。

天津泰达格调松间北里，用耐候钢板结合带状灯光，形成“光影山水”的效果[景观设计：上海易亚源境景观设计有限公司（YAS DESIGN）]

4）铝镁锰板，该材料作为屋面材料被运用在建筑工程中已有百年历史，近些年在很多示范区的建筑中，可看到铝镁锰板不断被创新使用，其优雅的外观和高性价比给设计师更多的发挥空间。

5）泡沫铝，是在纯铝或铝合金中加入添加剂后，经过发泡工艺制成，该材料可以让设计充满未来感，为空间带来潮流酷炫的氛围。

铝镁锰板

6）水波纹不锈钢板，顾名思义表面纹理模拟水波荡漾，装饰性极强，该材料并非新型材料，但近几年又一次掀起了使用热潮，许多设计项目中都能看到它的身影。

泡沫铝，米兰 PRADA 博物馆 [建筑师：OMA（荷兰）]

水波纹不锈钢板

水波纹不锈钢板

7）穿孔金属板，该材料是以各种金属板材为原料，通过冲孔机械将板材局部打出各种孔洞，形成特殊的质感和肌理。在景观设计中可用作景观小品及室外设备（如箱式变电站等）的装饰性外立面。

8）金属丝网，该材料是用金属编织成的网状材料，具有不同于玻璃的朦胧通透感，并反射出一种金属的光泽。在景观设计中，该材料可用于构筑物的外立面，如杭州公元大厦用该材料作为入口对景墙的装饰，创造出隔帘而望的意境。

杭州公元大厦用金属丝网作为入口对景墙的装饰物，形成隔帘而望的意境

9）花纹金属板，该材料是采用铸造、冲压等工艺制造出金属板表面的花纹，建筑设计中常作为防滑、耐磨的地面材料。在景观设计中既可作为铺装材料，又可作为构筑物的饰面材料。

（2）玻璃材料

玻璃材料已广泛使用于建筑设计中，它也可以在构筑物的外立面上使用。但在北方使用时，该材料容易积灰并难以清洗，导致表面污浊。因此，应根据地域情况和后期维护能力，慎重使用玻璃材料。使用时还要注意玻璃的安全性，在景观设计中使用时要进行钢化处理。玻璃材料大致有以下五种：

1）透明钢化玻璃，该材料利用玻璃透明的特性，形成通透、简洁和现代的空间效果。它常用于局促的空间内，使不同性质的空间相互交融。例如，上海浦东香格里拉酒店的停车区域，用三块高低错落的透明钢化玻璃形成一堵透明的墙体，既分隔了空间，又让视线可以穿透。当前超白玻璃是建筑设计中比较热门的材料。例如，世界各地的苹果直营店都使用它作为玻璃幕墙的材料。

上海香格里拉酒店的停车区域用三块高低错落的透明钢化玻璃形成一堵透明的墙体

2）磨砂钢化玻璃，该材料是将玻璃进行钢化处理后再进行喷砂处理，形成朦胧而轻盈的效果。它常用于需要明确分隔的空间，是一种新颖而轻巧的材料。上海仁恒河滨花园居住区用磨砂钢化玻璃作为廊架的障景和对景，很好地分隔了水景和绿化空间。

上海仁恒河滨花园居住区用磨砂钢化玻璃分隔水景和绿化空间

3）叠层钢化玻璃，该材料是将一定数量的钢化玻璃切割成同一种形状，然后一层一层叠起来，可在其中设置水景及灯具，形成特色景观小品。日本东京表参道的某个景点，用层叠钢化玻璃组成三角形的景观小品，水从层叠钢化玻璃中慢慢地溢出来，产生静谧而现代的效果。

日本东京表参道，用层叠钢化玻璃形成三角形的景观小品

4）空心玻璃砖，该材料是以石英石等矿物为主要原料，经高温熔融后精制成型，再冷却而成的非透明空心砖块。它融合了玻璃和空心

天津格调瑰丽花园示范区入口的空心玻璃砖［景观设计：上海易亚源境景观设计有限公司（YAS DESIGN）］

空心玻璃砖

日本东京表参道的 PRADA 旗舰店采用菱形钢化玻璃

炫彩玻璃

彩釉玻璃

杭州九树会所部分墙体采用清水混凝土材料

砖块的特点，具有隔声、隔热、透光、防结霜等特性，具有较强的装饰性，可以作为景观墙体材料。例如，天津格调瑰丽花园示范区入口的空心玻璃砖景墙，砖块和空心玻璃砖相结合，形成朦胧的透光效果。

5）特殊处理的钢化玻璃，该材料是为了塑造建筑外立面的特殊效果而制的。例如，日本东京表参道的 PRADA 旗舰店以菱形玻璃作为该建筑外立面的基本元素，这种玻璃材料在不同观赏角度下有不同的视觉效果，像一块有着无数反光面的水晶。因此，为了形成趣味性的景观，可考虑选用特殊处理的钢化玻璃材料作为景观元素，创造出独特的空间效果。

炫彩玻璃，随着时代的变化，如今炫彩玻璃不再是教堂的“专利”，逐渐走进了大众视野，在设计师的手中，炫彩玻璃的材质被赋予了纯粹的灵魂，在建筑内外创造了千变万化、美轮美奂的形态与光影。

调光玻璃是一种夹层玻璃，将调光液晶膜放置在两层玻璃中间，然后置于高压釜或夹胶炉经高温高压胶合后得到，是一种新型特种光电玻璃材料。

彩釉玻璃，是通过丝网印刷、喷绘等工艺，将玻璃油墨印刷在玻璃表面，然后进行烘干及钢化处理，形成色泽稳定持久、抗酸碱、半透明的各种图案的彩釉玻璃。

（3）混凝土材料

1）清水混凝土，例如，杭州九树会所的墙

体和居住区的围墙都采用了清水混凝土，其特有的横向纹理和钢筋孔洞形成序列感，墙上的景观小品和灯具体现了工业感，使墙体与作为背景的竹林共同营造出一种东方意蕴。

2）半透明混凝土，该材料是玻璃纤维和优质混凝土的结合体，玻璃纤维均匀排列在混凝土构件中，能将光线从一侧引到另一侧，形成半透明的效果。由于玻璃纤维的体积很小，因此能与混凝土很好地结合在一起，并提高其结构的稳定性。由半透明混凝土建造的墙体，能均匀透过光线，人们在墙体较暗的一侧可以看到另一侧物体的轮廓，甚至连颜色也能分辨得出来。这种特殊的效果彻底改变了人们对混凝土墙体厚重沉闷的印象。

半透明混凝土的视觉效果

3)超高性能混凝土，也称活性粉末混凝土，是过去几十年中最具创新性的水泥基工程材料，实现工程材料性能的大跨越。超高性能混凝土与普通混凝土或高性能混凝土的不同之处在于：不使用粗骨料、必须使用硅灰和纤维（钢纤维或复合有机纤维）、水泥用量较大、水胶比很低。

超高性能混凝土

4)竹模清水混凝土，由于混凝土的耐久性、可塑性和抵御各种气候的能力有限，为了减少混凝土作品中的碳足迹，许多设计师已经开始尝试竹模清水混凝土。

竹模清水混凝土

5）混凝土装饰板，该材料是一种轻质混凝土板材，选用特殊调制的混凝土骨料，经浇筑成型、模具压制后制作而成，由纤维钢筋混凝土与超轻复合材料构成，表面喷涂一层保护膜，塑造出水泥质感。

混凝土装饰板

三、传统与现代硬质材料的搭配

传统与现代硬质材料具有很大的差异，充分了解两者的特点，然后进行合理搭配，是现代中国景观设计的重要方法。传统硬质材料大多年代久远且为手工制作而成，有一定的历史文化价值。当前在许多城市的旧城改造中，这些传统硬质材料没有很好地回收利用，而是大量废弃，既影响市容，又污染环境，所以如何合理地利用这些传统硬质材料是当前的一个重要课题。而现代硬质材料一般都是工业化生产，坚固耐用，能满足多方面的功能要求。随着科学技术的不断进步，硬质材料必然更加现代化。但是，现代硬质材料由于工业化生产导致了在形态上千篇一律，不能充分体现中国的地域特色和历史文化。因此，当前在做景观设计时应将传统与现代的硬质材料进行合理搭配，体现源于中国的现代景观设计风格。如传统的瓦片、青砖、卵石和现代的石材、不锈钢、玻璃、金属等材料搭配在一起，就会在肌理、颜色、质感等方面形成对比和反差效果。下文将从三个方面来探讨这个问题：

1. 在铺装中，传统与现代硬质材料的搭配

（1）地砖与石材的搭配

传统地砖（主要是青砖）在色彩上给人的感觉比较深沉、厚重，能体现出历史感。但由于其密度较低，不能承受车辆的荷载，所以只能用于步行道的铺装，因此可与现代感强、坚固耐用且色彩淡雅的石材相搭配，形成对比和反差。如上海浦东仁恒河滨城项目的一块宅间活动场地，从空中鸟瞰，大面积的青砖颜色很深，整体性很强；而作为分隔条的石材色彩明快，具有清晰的序列感，两者在反差中达到了协调。竖砌的青砖和卵石交接处用不锈钢收边，这种手法使两者的边界更加清晰。又如在上海新天地中，也铺砌了条状的青砖和石材，形成等宽的深青色和浅灰色的色彩对比以及不同材质肌理和质感的反差。再如杭州西湖周边的铺装也大量使用青砖和石材的搭配。在杭州湖滨步行街的入口处，为了和建筑的外立面相呼应，景观材料选用浅灰色细凿面的花岗石作为铺装主体，深灰色的青砖作为步行道两侧的收边。步行道的主体是淡雅的感觉，两侧的收边是稳重的感觉，以此摹拟中国传统绘

上海浦东仁恒河滨城居住区宅间活动场地采用青砖与石材搭配

上海新天地，等宽度的长条状青砖和石材形成色彩、材质、质感的对比

杭州西湖周边的铺装，用浅灰色花岗石作为铺装主体，深色的青砖作为两侧的收边

画中的“白描”手法。在西湖湖边的步行道大多采用深灰色粗凿面的花岗石铺装，因为不仅要让行人通行，还要兼顾电瓶车等机动车辆的通行；而在靠近湖水的一侧主要为休憩空间，则以青砖满铺，体现亲切感和历史感。在西湖湖边的开放式绿地中，也大多以青砖为主要铺装，浅色烧毛面花岗石为分隔条，不规则地在青砖中点缀一些花岗石砌块，供人们进行晨练、健身等活动。由于杭州气候湿润，青砖缝隙中时常长出一些草来，因此增加了一丝生趣。还有在某些广场上，以浅色的花岗石进行大面积铺装，青砖作为分隔条，并在花岗石中镶嵌一些传统的吉祥图案，也能给人带来乐趣。当前，中国许多地区常用现代生产的青色仿古砖来替代传统的青砖，其色彩和形状与青砖类似，但缺乏历史感。

杭州西湖周边的铺装，青砖作为分隔条，大面积的花岗石铺装中镶嵌一些传统的吉祥图案

（2）瓦片与石材的搭配

瓦片与石材的搭配多数以防滑的烧毛面石材为铺装主体，在功能上适合人们活动；瓦片则作为收边及装饰材料，通过其波浪状的形态展示出

绿地集团常熟老街项目中，瓦片作为石材收边，塑造出波浪形的景观效果［景观设计：上海易亚源境景观设计有限公司（YAS DESIGN）］

苏州天地源水墨三十度项目中用瓦片铺砌的树池［景观设计：上海易亚源境景观设计有限公司（YAS DESIGN）］

历史感，如绿地集团常熟老街项目就按照上述方式进行铺装，取得了很好的效果。又如苏州天地源水墨三十度项目，其树池的收边材料为石材，树池的内部用瓦片围合成若干个同心圆，这种做法很好地运用了瓦片弧形的形态，具有现代苏州园林的韵味。

（3）卵石与青砖、石材的搭配

卵石与青砖、石材的搭配多数用于对排水沟的遮盖，同时，卵石也起到对两种不同材料的分隔作用。如杭州湖滨步行街中，自然散置的卵石作为青砖和石材之间的分隔带，强化了它们的边界以及色彩、肌理之间的对比。通常在人流量比较大的道路上，用水泥砂浆把卵石固定住，防止它四处散落或被人捡走。而且，卵石不仅能作为常规的铺装材料，在通过艺术化的设计之后，卵石和石材的搭配也可以创造出精彩的景观效果。如武汉华润置地凤凰城项目的卵石健身道，通过黑色卵石和浅黄色弹格石形成相互交织的肌理，充满视觉冲击力，也体现了现代主义简洁的风格。

在杭州西湖的某些步行道中，用水泥砂浆把卵石固定住，使其成为一种装饰性的线条

杭州湖滨步行街的内广场，用卵石槽作为青砖和石材之间的分隔带

武汉华润置地凤凰城项目的卵石健身道

（4）传统硬质材料与现代硬质材料的搭配

在一些重要景观节点处，大面积的现代硬质材料中融入一两种传统硬质材料，能起到画龙点睛的效果。如在杭州西湖柳浪闻莺的主入口地面镶嵌了

一幅大型地雕，它与门楼上的匾额共同体现了该景点的悠久历史。而在杭州西湖的许多主要道路、广场的景观节点处也都能看到有吉祥寓意的地雕，如“二龙戏珠”“龙凤呈祥”等元素。特别是在杭州西湖湖滨的入口处，在一整块花岗石石材上雕刻了一幅杭州古城地图，其面积约 $100m^2$，凹凸有致地描绘出河道、山峰、房屋和城墙等城市形态，把传统地雕的手法做了全新的演绎，体现了杭州悠久的历史文化。人们可以在其中行走或低头观赏，此时地面铺装也变成了一幅美丽的画卷。

杭州西湖柳浪闻莺的主入口地面镶嵌了一幅大型地雕

杭州西湖湖滨的入口处，在一整块花岗石石上雕刻了一幅杭州古城地图

温州银城玖珑天著项目铺装[景观设计：上海易亚源境景观设计有限公司（YAS DESIGN）]

总而言之，传统硬质材料与现代硬质材料的搭配，应以简洁大气为原则。在同一个细部上搭配太多种材料，会给人杂乱无章、烦琐复杂的印象，而且也很难保证施工效果，一般情况下尽量不要把超过三种以上的材料搭配在一起。

2. 在竖向空间中，传统与现代硬质材料的搭配

（1）以传统硬质材料为主体的搭配

在中国传统瓦片和现代钢结构的搭配上，钢结构作为主要的支撑体系，保证了结构的稳定性，而瓦片则成为体现中国风和历史感的装饰元素。如上海88新天地酒店入口的瓦片景墙，白天它和酒店的石库门建筑色调统一，融为一体；夜间它就成为一个精致的反光体，灯光打在弧形的瓦片上，展现出凹凸变化、明暗相间的光影效果。而一层层不锈钢横档不仅是瓦片的支撑结构，而且也是隐藏灯具管线的线槽。又如北京奥林匹克公园的下沉式庭园“古木花厅”中，也采用了传统瓦片与现代钢结构相结合的景墙设计。钢结构不仅作为外框的支撑结构，还形成具有现代感的斜线分隔条和圆形、方形的洞口。而瓦片作为装饰主体，采用传统的波纹形式一层层叠起来，顶部形成传统的屋顶效果，其中隐藏着流水瀑布的出水口。这些细部共同组成了一个富有北京四合院韵味的景观墙体。另外，前述的南京颐和公馆别墅区将瓦片和石材搭配形成一个月洞门，以外包石材的钢筋混凝土墙体作为支撑结构，立面将瓦片以波纹形式堆叠起来，体现了“动静交融”的意境。施工过程是先做出钢筋混凝土墙体，然后在墙体上粘贴石材和瓦片。瓦片一层层倾斜堆叠起来，在瓦片的内侧用水泥砂浆固定

上海88新天地酒店入口的瓦片景墙，夜景

北京奥林匹克公园的下沉式庭园“古木花厅”中的瓦片景墙

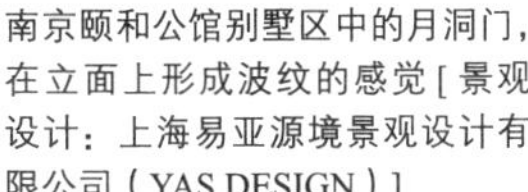
南京颐和公馆别墅区中的月洞门，在立面上形成波纹的感觉［景观设计：上海易亚源境景观设计有限公司（YAS DESIGN）］

杭州湖滨步行街，用工字钢作为建筑柱子上连接青砖和石材的分隔

南京仁恒翠竹园项目中的水景，用不锈钢和石材结合作为水池的池壁

住。瓦片的施工工艺要求是：横向要保证瓦片呈连续的波纹形，纵向要保证每一排缝隙都要垂直。

（2）以现代硬质材料为主体的搭配

现代硬质材料不仅能作为支撑结构使用，而且可以用它与传统硬质材料进行交接和过渡，并以它为主体进行搭配。如杭州湖滨步行街中，用工字钢作为建筑柱子上连接青砖和石材的分隔。由于现代硬质材料（如不锈钢等）具有线条感强、质感光滑及金属光泽等特点，而传统硬质材料（如青砖、瓦片等）具有表面凹凸变化、质感陈旧粗糙及色彩深沉浓重等特点，因此两者搭配在一起所形成的反差是非常强烈的，也给人很强的视觉冲击力。如南京仁恒翠竹园项目中的水景，用不锈钢和石材相互交接，共同组成水池的池壁，不锈钢和石材的交接处体现了两种材料鲜明的反差。又如同济大学法学院的外墙，用耐候钢板和雕刻竹叶的石材相结合，体现出东西方文化的对比和反差；而这两种材料所形成的空间融于一体，又表达出东西方文化相互融合的设计立意。再如上海浦东香格里拉大酒

同济大学法学院，用耐候钢板和雕刻竹叶的石材相结合的外墙

上海浦东香格里拉大酒店的水幕瀑布

天津泰达格调松间北里，耐候钢板上雕刻竹林［景观设计：上海易亚源境景观设计有限公司（YAS DESIGN）］

北京长城脚下的公社项目中的竹屋

中国美术学院象山校区中，用乡土材料竹竿和黑色网状物组合而成的艺术品

店的景观设计，从高度约20m的建筑顶层顺着金属丝网流淌下来的水幕瀑布，具有一种象征中国竹帘的高雅意境，用现代的设计语言表达出东方与西方、传统与现代的融合。

3. 乡土材料、手工艺品及工业化生产的硬质材料的运用

由于工业化生产导致大量材料给人千篇一律的感觉，缺少了乡土材料或手工艺品的细腻、自然和差异性，如同手工绘画带给人们的视觉冲击及心理体验远远超过机械印刷品一样。因此，在景观设计中要把工业化生产的优势与乡土材料及手工艺品的感染力结合起来，才能形成与众不同的效果。如北京长城脚下的公社项目，其中的竹屋用乡土材料竹子以现代的构成方式作为建筑外立面的主体材料，竹子与冬天北方山脉的暖色调和谐地融合在一起，给人感觉亲切自然，它也成为该项目中最受人们欢迎的房子。又如中国美术学院象山校区的景观小品，用乡土材料竹竿和黑色网状物（如渔网）组合而成的艺术品，用现代的手法创造出“泛舟捕鱼”的意境。而在室内装饰中，乡土材料和手工艺品也是表现现代中国风格的重要元素。如上海东方艺术中心的室内根据不同空间的划分，使用赭红色、浅黄色、褐色和灰色等四种颜色的挂壁彩陶作为墙面的装饰。每一块挂壁彩陶都是手工艺品，颜色各异，通过背后的钢索悬挂起来，体现了工业化生产和手工艺品的结合。又如四川九寨天堂洲际大饭店的室内大堂，在现代的钢结构空间中布置羌寨。羌寨用不规则的片岩形成立面效果，并在墙头悬挂风干的玉米作为装饰品。这些都体现出一种乡土的美感，与大饭店顶部极具现代感的钢结构空间形成强烈对比。上面讲到了乡土材料、手工艺品的运用，而某些传统硬质材料如今仍有广泛的使用价值，因此也可以通过工业化生产来形成类似的产品。如上海正大广场的室内空间，用批量生产的石板材以堆叠的形式塑造走廊外立面的装饰，每一块石板材都有轻微的色差，但整体色调是统一的，起到了很好的艺术装饰效果。

总之，以上三个方面介绍了如何将传统和现代硬质材料搭配使用。现代硬质材料可以解决功能和结构等问题，而传统硬质材料则作为体现中国文化的装饰元素，这样的搭配可以使景观设计给人们带来更多的新颖体验。

上海东方艺术中心的室内使用不同颜色的挂壁彩陶作为墙面的装饰

四川九寨天堂洲际大饭店的室内大堂，在现代的钢结构空间中布置羌寨

上海正大广场的室内走廊，外立面形成瓦片堆叠的效果

第三节 植物

一、中国不同地域常用的植物

随着中国城市化进程不断加快，人们对现代景观建设事业也越来越重视，而植物是其中的重点。与硬质材料不同的是，植物不会随着时间的推移而陈旧，它只会逐年生长，并且具有季相变化，是景观中“活”的材料。

植物可分为乔木、亚乔木、灌木、藤本、地被、花卉、水生等类型。不同的植物因自身的生物学特征及人工修剪等处理方式的不同，而形成丰富的景观效果。而且由于植物在不同的生长阶段，其形态和色彩会呈现出周期性的变化，这也增加了它们的美化作用。通过深入了解各类植物的形态特征，可以因地制宜地进行合理配置，最大限度地发挥植物在景观设计中的作用，从而向人们展示大自然五彩斑斓的画卷。

二、植物的运用

植物的运用与设计融合了科学性、艺术性和功能性。首先，要尊重科学，根据不同植物的形态特征，结合当地的生态条件，因地制宜地选择和搭配植物，这样才能保证植物的存活和生长，并取得良好的景观效果。其次，在植物的配置要体现艺术性，以达到令人赏心悦目的视觉效果。再次，植物是改善生态环境有效的手段，是生态系统中非常重要的元素，因此在运用植物时要充分发挥其功能性。

目前，景观设计在植物的选择和搭配上存在两个问题：其一，用于城市景观的植物品种比较单一，可供景观设计大规模使用的观赏植物品种太少。中国幅员辽阔，植物资源非常丰富，据相关资料显示，中国可用于景观设计的观赏植物不少于3600种，但是在全国各地的景观设计中，使用植物品种最多的城市广州也仅用300多种，上海用200多种、北京用100多种、兰州则不足百种，而且大多是在当地或附近的苗圃普遍种植的品种中采购。这种现象导致设计师想使用与众不同的品种，却采购不到苗木；而常用苗木的大批量生产，又影响了观赏植物开发水平的提高，从而陷入恶性循环之中。其二，不少甲方和风景园林师片面地认为种植设计没有太多技术含量，从而不注意种植设计的调查研究和开发创新。而有的风景园林师又一味追求新品种、新花样，认为乡土植物太普通、没特色，盲目使用该地区没用过的植物，而且多用名贵的植物，结果由于异地植物不适合该地区种植而造成损失和浪费。因此，相关部门及植物研究人员应重视起来，共同搞好植物的研究、开发和设计工作。

在植物的选择上，风景园林师要注意做好总体的种植设计，并依据设计的主题、功能、经济预算和生长条件等几个因素来选择植物。中国有些地区之间的自然地理条件差异很大，植物有很明显的地域性，如南方的植物移植到北方，就过不了冬；东部的植物移植到西部，因气候、土质等原因也无法成活，这些就要求在景观设计中要针对性地进行种植设计，因地制宜、适地适树。而且，根据不同地域的实际情况，选用当地的乡土植物，不仅可以提高成活率，降低养护费用，更有利于生态的可持续发展，使许多依赖当地植物生存的鸟类、昆虫和其他动物能得以栖息。一般而言，种植非乡土植物的成本较高，其抗逆性较差，易患病虫害，难以养护。例如上海之前大量引进加那利海枣、丝葵等热带植物，起初效果不错，但由于气候、土壤和病虫害等原因，导致它们成活率降低、景观效果也越来越差。所以，异地植物应该适量地运用在符合其生长习性、成本投入较大的项目内。

另外，在苗圃中选择合适的植物，也是风景园林师比较重要的工作。首先，大型乔木移植的成活率不高，运输也并不容易，而且运费昂贵；其次，更严重的问题是这种做法将破坏经济落后地区的生态环境。为了方便运输会将乔木“杀头”，从而产生了大量的“光杆树”。如上海地区种植的香樟树，其自然生长的形态十分优美，浓荫蔽日。然而，移植的香樟树一经“杀头”，就丧失了美观的形态，即使生长了几年之后，也不可能恢复原有的树形。总之，大型乔木移植要慎重。在种植设计中，应优先选择生长快、恢复能力强、树形相对较小但形态优美的生长期植株，尽量避免选择“杀头”树和经过高强度修剪的植株。

综上所述，植物的设计和种植是一个长远的综合的过程，并不是把植物种好就结束了，而应该让它茁壮成长，并不断去养护。当前，很多甲方追求在施工结束之后就形成良好的效果，这导致大量的反季节种植和乔、灌木密植，从而带来很高的死亡率和日后大量的养护工作。因此，合理的种植设计应该留给植物生长的时间和空间，然后通过适当的养护，形成良好的生态环境。

三、中国传统园林的种植设计

中国传统园林的种植设计以模拟自然为原则，以繁茂的乔木为主要的基调树种，不讲究成行成列，往往是三五株为一丛，树形追求虬枝枯干，浓荫蔽日，巧妙运用植物来象征天然的森林植被。在观赏树木和花卉时，还按照形、色、香、果赋予它们不同的品格，如松傲雪长青、竹清高正直、梅坚韧高雅、柳荫柔摇曳、荷出淤泥而不染等。而且，植物的搭配还讲究寓意，如“金玉满堂”是指在住宅前后的庭园种植金桂和玉兰。“槐荫当庭”是指“中门有槐，富贵三世”，如苏州网师园、狮子林庭园中都种植槐树，以符合“槐门”的寓意。还有，清代流传“欲求住宅有数世之安，须东种桃柳，西种青榆，南种梅枣，北种奈杏。”这是指桃、柳有向阳的习性，比较适合种植在住宅的东侧；而梅树、枣树适合种在住宅的南侧；榆树的枝叶可挡住太阳西晒，适合种在住宅的西侧；而杏树较耐寒，因此可种植在住宅的北面。其他如沿堤插柳、结茅竹里、栽梅绕屋等植物配置，都是古人在长期的园林实践中总结下来的宝贵经验。另外，种植设计还要表现出绘画的意趣，如古代文人画追求“古、奇、雅”的格调，因此植物配置也可追求形态潇洒、色香清隽、有象征意义等情趣。

苏州拙政园水池边假山上种植色彩丰富的植物

中国传统园林的种植设计不仅考虑了人们的视觉感受，还巧妙地满足了人们的听觉、嗅觉、触觉等感官的感受，体验春夏秋冬、雨雪阴晴等变化，创造出有特色的意境。如苏州拙政园听雨轩庭园，院内一角种植芭蕉，形成“雨打芭蕉”的听觉感受。又如苏州留园有一景叫“闻木樨香轩”，就是通过大量种植桂花，形成“八月桂花香”的嗅觉感受。

苏州留园水池边假山上种植的银杏树

在中国传统园林中，植物通常和石景、水景、建筑等结合在一起，形成整体的景观。植物与石景相结合，能够衬托出它们的优美形态和空间层次。与石景相结合的植物通常有松、竹、梅、梧桐、桂花、广玉兰、凌霄、紫藤等乔木、灌木和藤本植物。植物也可以美化水景效果，形成丰富而绚丽的倒影。与水景相结合的植物

苏州留园的鸡爪槭

苏州网师园的白皮松

苏州怡园的银杏和红枫

通常有垂柳、水杉、枫杨、海棠、迎春花、连翘、木芙蓉等耐水、耐湿的植物。另外，植物还能屏蔽建筑物不足之处，柔化其生硬的线条。如松、竹、桂、梅、枫等植物可以作为对景和框景的元素，与建筑物的门、窗、走廊等结合起来。

总之，中国传统园林的种植设计不讲究成行成列，而是三五株形成组团，以象征自然景致；而且赋予不同的植物以不同的品格；讲究美好寓意及文化内涵；追求绘画般的意趣；结合人的感官，创造有特色的意境。应该说，中国传统园林的种植设计符合中国人“源于自然、高于自然”的追求，是营造园林意境的重要元素。

四、西方景观的种植设计

西方古典园林崇尚装饰性和规则式的种植设计，植物常被修剪成各种几何形体或鸟兽形体。西方近现代产生了英国自然风景园以及国家公园，对植物的要求演变为保持其自然的形状，并使其体现出一定的美学效果。目前，西方景观设计的种植设计总体趋势是追求具有地域性的自然式绿化，即通过对地域植被状况的调查研究，以相应的植物群落配合当地的地形地貌，形成生态自然的景观。同时尽可能地减少对自然的破坏，并以科学的方法恢复已遭破坏的生态环境。

在植物的运用和设计中，西方景观设计注重以下几个方面：

第一，讲究尺度、比例以及平衡的构图。植物的配置要和整体的环境相

美国加利福尼亚州圣克拉拉市的别墅区，行道树与草坪

美国加利福尼亚州斯坦福大学的草坪和大树

协调，包括建筑和人。因此，多配置适合人体尺度的植物，并考虑在人的视角中将建筑与植物通过适当的比例进行协调。西方景观设计要求轴线两侧的植物在体量、数量以及类别上都应均衡分配。而西方现代景观设计的设计理念则推翻了传统轴线对称的形式，不再追求绝对的平衡，而强调相对的平衡。如在建筑一侧种一两棵大型乔木，而在另一侧种上若干高低错落的灌木，从而取得相对平衡的效果。

第二，讲究重复和线条感，增强整体环境的一致性。在西方大尺度的景观中，两三种植物可以重复使用，并通过不同的规格来表现统一与变化。在低矮的建筑周边，需要竖向线条的植物，使之与建筑形成协调的感觉。而高耸的建筑周边的植物，则通过地面上的横向扩展，为建筑提供视觉上坚实的感觉。另外，直线形的植物可以引导人们的视线；曲线形的植物则能营造出自然生态的氛围。同时，可以通过植物的线条来统一各个空间的不同风格。如在城市的街道等线形或带状空间中，建筑的外立面形式很多，色彩也很复杂，如果用同一种行道树串连在一起，既能起到遮挡和美化的作用，又能形成统一空间的效果。

第三，讲究视觉焦点和空间营造。一般而言，建筑是视觉的焦点，植物是建筑的陪衬。而当建筑缺少视觉焦点时，可以用植物来吸引人们的注意力。如通过种植孤植树、有特色的灌木，或者在建筑的重点部位设计与众不

美国加利福尼亚州圣克拉拉市别墅区的行道树

美国加利福尼亚州佛利蒙市绿地公园的草坪上种植特色植物

同的种植方式来为建筑增加视觉焦点，吸引人们观赏。另外，可以用修剪成各种高度的绿篱来划分不同的空间；也可通过调整乔、灌木的株距，来形成通透或隐蔽的空间效果。

植物形成的空间是随着时间而改变的，因为植物在不断地生长。在种植设计中，要根据植物的品种、生长高度、开花结果等效果结合场地的空间进行配置，要考虑孤植还是丛植；要考虑种植密度，如太密会影响植物的生长，透光度差会使游人产生不安全感，太疏则难以形成空间围合的效果；还要考虑种植方式，如规则式种植或自然式种植，会产生不同的景观效果。特别是自然式种植，要模拟自然界植物的生长方式及间距，创造出一种田园牧歌式的景观氛围。

第四，讲究简洁大气和全民参与。当前西方的种植设计摒弃了传统复杂、几何的配置方式，倾向于简洁、大气、优雅的风格，并以乡土植物所形成的自然景观与建筑形成对比。而“全民参与”体现在政府、民间机构和民众大力参与园艺活动，同时风景园林师和植物学家及植物供应商形成良好的合作关系，互相促进，良性循环。

五、现代中国的种植设计

为了更好地借鉴中国传统园林和西方现代景观的经验，下文选取了日本园林来进行比较研究。日本有着悠久的造园历史，但日本从明治维新开始向西方学习，很早就将他们的传统园林和西方现代景观设计相互融合，其中某些设计理念和手法也值得借鉴。

1. 植物的选择

设计中要充分发掘有中国特色的乡土植物作为种植设计的主要品种，同时积极引进适合中国种植条件的国外优良品种，营造特色观赏点。中国土地辽阔，植物资源丰富，特别是中国传统园林中广泛种植的松、竹、梅、柳、榆、槐、杉、桂、枫、桃、李、紫藤、凌霄、迎春、牡丹、菊、兰等植物都有鲜明的中国特色，并且适应中国的种植条件，苗木资源也相对充足，因此在种植设计中应予以优先考虑。而引进国外的优良品种，可以有效地增加中国的绿化资源，形成多样化的景观效果，弥补观赏植物品种的不足，并营造出具有异国情调的景观。

（1）古树、名木的保护

对中国不同地域的特色植物，要努力做好保护工作。特别是各地域的古树、名木，它们使景观具有历史感，并成为当地重要的地域标志。日本就十分注重古树、名木的保护，在许多神社、广场及街头绿地中，都可以看到松树、榉树和银杏等古树。如东京皇居前的草坪上种植了大量历史悠久、造型古朴的松树，展现出独特的情调。又如东京旧滨离宫庭园保留了大量的古

日本东京皇居前的草坪上种植大量造型古朴的松树

日本东京旧滨离宫恩赐庭园中的古树、名木

日本东京旧滨离宫恩赐庭园中的古树、名木

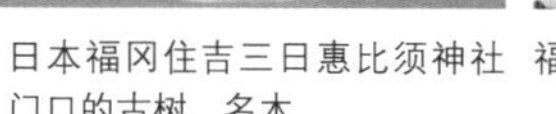

日本福冈住吉三日惠比须神社门口的古树、名木

福州国家森林公园的“千年古榕”

上海市朱家角镇入口处两棵近400年的古银杏树

树，它们盘旋遒劲的树形和绚烂夺目的色彩，展现出令人震撼的景观效果。再如福冈住吉神社门口保留下来的古树，树形高大挺拔、枝繁叶茂，营造出安静祥和的氛围。在中国，人们保护古树、名木的意识也深入人心，通过保护这些植物来加强地域特色及文化内涵。如福建省福州市，早在北宋治平年间就在太守张伯玉的领导下广植榕树，至今已有近千年的历史。现在，在福州的市区及郊区等许多地方都可以看到成片的榕树，因此福州也被称为“榕城”。福州国家森林公园中有一棵“千年古榕”，据考证为南宋时期所植，双榕合抱，冠幅占地面积约1300m^2，“胸围”约9m，它已成为福州的城市名片。又如安徽省宏村镇中保留了多棵近500年的枫杨树，有的种在广场上，有的种在水池边，浓荫蔽日，蔚为壮观，它们已经成为宏村镇历史文化的一部分。再如上海市朱家角镇的入口处保留了两棵近400年的古银杏树，一雄一雌，相互搭配。秋天，它们的树叶变成金黄色，成为当地的视觉焦点和地标。

总之，古树、名木的保护，不仅是保护这些植物本身，而且也是保护了该区域与众不同的历史文化。

（2）具有文化内涵的植物

对日本园林进行比较研究，他们最具文化内涵的特色植物就是樱花。樱花春季开出白色或粉红色的花，但在约一至两周内凋谢。这种短暂的美符合日本人的“物衰”理念，因此它成为日本文化的象征符号。那些樱花盛开之时便

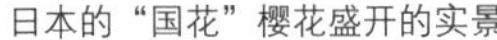
日本的“国花”樱花盛开的实景

许多日本人在樱花树下赏花喝酒

是日本的樱花节，吸引了世界各地的游客前来观赏。每当樱花节来临，日本人便在盛开的樱花树下席地而坐，三五知己喝酒聊天，这也创造出几百人一起坐在樱花树下赏花喝酒的壮观场景。基于植物这一象征性作用，在种植设计时要重点选择象征中国文化内涵的植物，如中国古代诗词中常见的“岁寒三友”：松、竹、梅。松树四季常青，姿态挺拔，在万物萧条的隆冬，它依然郁郁葱葱，象征着坚强不屈的精神。如北京奥林匹克森林公园中的山顶上，风景园林师通过布置造型优美的石头，与松树相互搭配，共同营造出刚劲挺拔的气质和精神风貌。而竹是高雅、正直、坚韧等优秀品格的象征，古往今来“宁可食无肉，不可居无竹”。如三亚丽思卡尔顿酒店为了体现现代中式的特色，在其健身中心、太极室和水疗中心的围合区域内大量种植竹林，并用圆木桩制作雕塑与之呼应，展现出高雅的意境。梅花为中国传统十大名花之一，姿、色、香、韵俱佳。当冬日漫天飞雪之际，唯有梅花在严寒中绽放。北宋诗人林逋的诗句“疏影横斜水清浅，暗香浮动月黄昏”，将梅花的美描绘得淋漓尽致。如上海世纪公园在每年的早春时节都会举行赏梅活动，簇簇梅花争奇斗艳，赏梅的人在花丛中流连忘返。除了松、竹、梅以外，还有很多各具特色的植物品种，应该大力发掘它们的文化价值，使之成为区域的象征符号。北方地区，如北京的国槐、白皮松等；江南地区，如上海、杭州、苏州等地的香樟、白玉兰、鸡爪槭等；南方地区，如海南的椰子树、三角梅、槟榔树、海南粗榧等；中西部地区，如西安的国槐、石榴、樱桃、桃树，成都的银杏、珙桐、金花茶等。总

日本大阪秋天时多种树组合在一起，形成色彩丰富的画卷

日本甲斐温泉度假区内的两棵色彩丰富的植物

之，要仔细研究这些植物，发掘它们的特点，并把它们巧妙地融入现代景观设计之中。

（3）色彩丰富的植物

一般而言，红色、橙色和黄色等暖色调看上去比较突出，可作为前景色；而绿色、蓝色等冷色调可作为背景色，能更好地衬托前景色。日本的种植设计就非常重视色彩的搭配，当日本 9~11 月的最低气温低于 5℃时，榉树、枫树的叶片就会逐渐变色。如在日本甲斐温泉度假区内，两棵树形优美的大树，秋天树叶则变成红色，成为整块草坪的视觉焦点。还有银杏、鹅掌楸、无患子等落叶乔木，秋季树叶变为金黄色，给人们强烈的视觉震撼。另外，一些小檗科、卫矛科、无患子科的落叶植物，到了秋天叶片也会变成红色。总之，当这些颜色各异的植物搭配在一起，就形成了一幅自然所描绘的色彩缤纷的画卷。

当前，在选择色彩丰富的植物时，要遵循如下五个要点：

第一，在种植设计中，首先要确定一种色彩为主体色或基调色，在绿化空间占主要的色彩比例，再适当搭配其他色彩，以达到总体的和谐统一。如杭州西湖风景名胜区以绿色作为主体色，大量种植水杉、垂柳、朴树、香樟、榉树、合欢、黄杨、小叶女贞、红叶小檗、花叶青木、野迎春、迎春花等植物，在整体统一的绿色基调中有深绿、浅绿、蓝绿等不同的色彩变化，同时点缀色彩鲜艳的红枫、紫叶李、金枝槐、红叶石楠、红花檵木、金叶女贞等植物进行搭配，形成画龙点睛的效果。当人们泛舟于西湖之上，远眺湖边的绿化，会看到靠近岸边的水中种植芦苇、菰、水葱、香蒲、荷花等水生植物，岸上为木芙蓉、野迎春、迎春花、黄杨等灌木，后面为香樟、垂柳、水杉等乔木，远处为山体上的松柏类植物等。整体色调从浅绿的前景色一直延伸到深绿的背景色。而且，西湖周边的乔木下部大多种满南天竺、红花酢浆草、麦冬、八角金盘等灌木、地被植物及花卉，在主体色中形成深浅不同、差别细微的色彩层次。当然，风景园林师为了追求丰富的色彩效果，还经常在保证色调和谐的前提下为不同区域分别设计主体色或基调色。如上海滨江森林公园于每年春季在水杉林下种植大面积的诸葛菜，4 月开花便形成以蓝紫色为主体色的区域。同时，河边种植的芸薹开花，又形成了以黄色为主体色的区域。5 月梧桐林下的白晶菊盛开，形成了以白色为主体色的区域，与杜鹃的红色相互呼应。由此可见，通过多种色彩作为不同区域的主体色，可以给游人带来丰富而多变的视觉体验，让人们充分感受大自然的魅力。

第二，在选择观叶植物时，要考虑通过绿叶植物和彩叶植物的搭配，有效地增强了植物景观的立体感和层次感。由于观叶植物一般比观花植物更易于成活，维护也更简单，而且常绿植物可以长时间保持叶片，落叶植物也可生长三个季度，因此叶片的形状、肌理及色彩都

杭州西湖周边的种植设计

杭州西湖周边的植物下部种满层次丰富的灌木、地被植物及花卉

上海滨江森林公园随季节变化形成多种色彩主题，诸葛菜为蓝紫色主体色

上海滨江森林公园随季节变化形成多种色彩主题，芸薹为黄色主体色

能创造出丰富的植物景观。根据叶片的色彩，观叶植物大致可分为绿叶植物和彩叶植物。绿叶可分为深浅不同的层次，相互搭配能创造出统一中又有变化的效果。彩叶植物有红色、黄色、橙色及白色等色彩，还有些在绿色的叶片上有白色或淡黄色的斑点及条纹，如红叶石楠、金叶女贞、细裂银叶菊等。

第三，通过灌木、地被及花卉的搭配形成五彩斑斓的景观效果，大面积同种种植和自然式搭配种植两种形式都能创造出好的氛围。如杜鹃、牡丹、红花檵木、芸薹、蒲公英、白晶菊、虞美人、梳黄菊、郁金香、诸葛菜等花朵，形态和颜色都很丰富，可以相互搭配。在种植方式上，上述植物有大面

松树 竹子 梅花 国槐 白皮松 香樟 鸡爪槭 红枫 乌桕

积同种种植适用于芸薹、郁金香或菊花等，可产生令人惊叹的视觉效果，这种种植方式通常适用于面积比较大的区域，如公园、田野等。如上海鲜花港春天大片郁金香开放，景观效果很独特。又如南京市溧水区郭兴村无想自然学校项目中种植近 200 亩粉黛乱子草。9~11 月形成一片粉红色的花海。再如上海徐泾远洋虹桥万和源项目，在面积约 500m^2 的绿地中种满蓝紫色的绣球，随着地形高低起伏而变化，在 5~8 月花开满园，美不胜收，迎来了人们的阵阵惊叹。而另一种种植方式是通过自然式搭配种植形成色彩斑斓的花境。这种种植方式有效地延长了植物的观赏期。同时，自然式搭配种植能形成更精细化的景观效果。如北京奥林匹克森林公园的龙形水系南端，形成了多种花卉、灌木、地被植物及观赏草组合而成的花境，用植物的语言带给人

上海滨江森林公园随季节变化形成多种色彩主题，白晶菊为白色主体色

上海滨江森林公园随季节变化形成多种色彩主题，杜鹃为红色主体色

上海鲜花港的郁金香花海

南京市溧水区郭兴村无想自然学校项目中种植近 200 亩粉黛乱子草 [景观设计：上海易亚源境景观设计有限公司（YAS DESIGN）]

上海徐泾远洋虹桥万和源的绣球植物配置 [景观设计：上海易亚源境景观设计有限公司（YAS DESIGN）]

北京奥林匹克森林公园龙形水系南侧的花境

上海共青国家森林公园的花境

上海吴淞炮台湾湿地森林公园的花境

上海滨江森林公园的花境，冷暖色调的植物搭配

上海滨江森林公园中有过渡颜色的植物搭配

们美的享受。又如上海共青国家森林公园中的花境，种植了银叶菊、郁金香、飞雁草、金盏花、毛地黄、天竺葵、花叶青木、茶梅等植物，整体效果五彩缤纷、细腻高雅。再如上海吴淞炮台湾湿地森林公园，种植了虞美人、金盏花、白晶菊、秋英等花卉，让人们在城市中享受大自然的鸟语花香。

第四，观叶植物和观花植物的搭配要注意冷暖色调的对比。冷暖色调既可以以一种为主体色调来使用，也可以搭配形成强烈的对比效果。如杭州西湖湖滨的花境，由冷色调的藿香蓟和暖色调的旱金莲、毛地黄、黑心金光菊、虞美人等植物搭配，色彩艳丽、璀璨夺目，令人印象很深。

第五，观叶植物和观花植物的搭配也要注重对比色的使用。如红色和绿色、橙色和蓝色、黄色和紫色等，适当配置能形成惊艳的景观效果。有时候适当搭配一些过渡颜色，可使色彩对比不会过于突兀、刺眼。如上海滨江森林公园的杜鹃园中，红色的红枫与绿叶植物鸢尾、珊瑚树、水杉、香樟等互相搭配，适当结合粉红色、淡红色等不同品种的杜鹃，形成一定的层次过渡，给人们鲜艳而舒服的视觉体验。

（4）将农作物及药材等作为景观植物

将农作物及药材等作为景观植物，用于特定的景观设计之中，能创造出自然生态的效果。日本的乡村为了展现与城市不同的自然环境，他们经常用这些植物来表达独特的乡村之美。如日本甲斐市位于山谷之中，乡村的田野多种植农作物，远处的山脉形成绿色的背景和天然的屏障。一些很有特色的小花园就是采用当地特有的农作物作为景观植物来搭配的。不仅在日本，而且在西方很早就有蔬果园、药用植物园等造园形式，还在园中设计温室小屋，使园林兼具实用和观赏的功能。这种景观设计一般有两种形式：一种是在城市的景观之中加入乡村的元素，来营造耳目一新的绿化效果。如上海鲜花港，除了种植大面积鲜花外，还搭配种植了许多农作物，如黄瓜、西红柿等，硕果累累，色彩鲜艳，吸引了大批游客。又如三亚丽思卡尔顿酒店设计了果蔬园，在园中的草地上种植冬枣、菠萝等，让儿童在玩耍的同时认识各种瓜果蔬菜。另一种是在乡村中营造出有别于城市的景观效果。如苏州市树山村种植了 $70hm^2$ 具有极高观赏和经济价值的翠冠梨，游人春天来观赏梨花盛开的景观，夏秋采摘可食用的果实，通过梨树把整个村的知名度提升到一个全新的高度。这说明通过特色农作物的种植，能形成一定的经济效益和旅游价值。又如中国美术学院象山校区，在建筑和象山的山体之间保留了原有的农田、河流和鱼塘。校方请当地的农民在这些保留的土地上种植蔬菜、瓜果等农作

① 日本乡村采用特色的农作物搭配而成的小花园

② 上海鲜花港种植多种农作物

③ 三亚丽思卡尔顿酒店的果蔬园，园中种植冬枣、菠萝

④ 苏州市树山村的 $70hm^2$ 梨园

⑤ 中国美术学院象山校区配置大量向日葵，营造乡村氛围

物，而且放养了羊、鸭和鹅等牲畜和家禽。学校和农田很好地交融在一起，不仅形成了颇具特色的景观效果，而且还能感受到“采菊东篱下，悠然见南山”的意境。

通过上述几个方面的阐述，总结出选择景观植物的三大原则：

第一，选择植物时要明确不同季节的主要观赏物种，做到春、夏、秋、冬四季有景，注重常绿植物与落叶植物的搭配，确保冬季也有良好的景观效果。在公园、居住区或道路等场地中，要合理控制选用植物的比例。以上海居住区景观为例，夏天需要遮阴，冬天需要日照，因此提倡以速生树种为主，速生树种与慢生树种的比例为 3∶2，常绿乔木与落叶乔木的比例为 1∶2~1∶3，常绿灌木与落叶灌木的比例为 1∶2~1∶3，乔、灌木与草坪（乔、灌木树冠投影面积内草坪除外）的比例为 7∶3~6∶4。

第二，植物品种的选择以乡土树种为主，强调植物对环境的适应性。植物品种宜丰富，体现植物的多样性。以上海市为例，绿地面积在 3000m^2 以下，植物品种数量要大于 40 种；绿地面积在 3000~10000m^2，植物品种数量要大于 60 种；绿地面积在 10000~20000m^2，植物品种数量要大于 80 种；绿地面积在 20000m^2，植物品种数量要大于 100 种。其他地区可根据不同地域条件确定植物的品种和数量。

第三，关于种植设计，上木设计宜简单，形成整体统一的空间层次；中、下木在人的主要视线范围内，设计宜丰富。相同品种的植物应集中配置，其规格、姿态相对一致，效果统一，调节好疏密关系。上、下木间应认真考虑常绿植物与落叶植物的关系。上木应多以伞形、圆卵形等冠幅较大的植物品种（如香樟、榉树、合欢、国槐等）为背景树，形成丛林效果，且易与其他树种搭配。对于尖塔形、圆柱形或异形的树种（如水杉、直生银杏、乐昌含笑、广玉兰、雪松、黑松、白皮松、龙爪槐等），则需根据林冠线及效果要求，选择适当位置成组（不低于 3~5 棵）搭配种植。

2. 植物与其他景观元素

因地制宜，综合运用传统及现代的造园手法，做好植物与其他景观元素的搭配，营造出优美而生态的风景园林。

（1）植物与建筑

在建筑周边及庭园中进行种植设计时，首先要分析建筑的功能、交通、轴线结构和空间层次。以日本为例，东京国际会议中心作为当地重要的地标建筑，有四条地铁线和两条铁路线在此交汇，其室外的景观重点在于处理人流的聚集与疏散等交通组织。因此，风景园林师在建筑围合的广场中用规则式种植的榉树来解决上述问题。从景观效果上看，榉树具有季相变化，非常优美。从功能上看，榉树不仅产生了很好的遮阴效果，而且通过树阵和灯光形成了明确的序列感，形成合理便捷的人行交通动线，把人们引导到地铁与铁路的方向上。又如日本国立新美术馆，建筑外立面为飘逸的曲面玻璃幕墙。风景园林师在墙体外侧点缀了三棵榉树，并

日本东京国际会议中心的规则式榉树种植

日本东京国际会议中心的规则式榉树种植，产生明确的序列感

日本国立新美术馆的自然式榉树种植，主入口和玻璃幕墙外侧的榉树

日本博多运河城中溪流和植物结合，形成商业区景观

在侧面靠近围墙处布置了一片绿地，在其中自然式种植榉树。通过绿化空间和建筑的结合，很好地化解了该建筑外立面给人的冷酷感觉。再如福冈运河城为一个大型的商业综合体，风景园林师在该建筑围合的空间中设计了一条溪流，溪流边种植几棵大型乔木，构成视线的观赏焦点，让人感觉仿佛进入了一个绿意盎然的花园。

当建筑的外观为异形时，适当且合理的种植设计可以对建筑起到点缀、补充和陪衬的作用。风景园林师和建筑师应该密切配合，根据建筑的风格及使用性质进行种植设计。建筑的南面应选择喜阳、耐旱，有花、叶、果以及姿态优美的植物，并满足建筑的通风采光要求，创造出自然优美的植物景观。建筑的北面应选择耐阴抗寒的植物，建筑的西面、东面应充分考虑夏季防晒和冬季防风的要求，并选择抗风、耐寒、抗逆性强的植物。如贝聿铭设计的苏州博物馆，运用少

苏州博物馆的主入口的松树

苏州博物馆主庭园东门北侧的两棵松树

苏州博物馆主庭园南侧的梅

苏州博物馆主庭园凉亭南侧的桂花树

苏州博物馆主庭园西侧的竹林

苏州博物馆种植忠王府中保存下来的明代文徵明手植的紫藤

量的具有文化象征性的植物就形成了现代中式的空间意境。其入口庭园不对称地种植两棵树形优美的松树，展示出稳重、古朴的中式风格。而主庭园也只种植少而精的植物——东门北侧种植两棵松树，南侧种一棵梅树，凉亭南侧种一棵桂花树，西侧种植一片竹林。另外，东廊对景的“紫藤园”中种植了两棵紫藤，它们嫁接于忠王府中保存下来的明代文徵明手植的百年紫藤。因此，贝聿铭将这几种植物作为中国文化的象征，并隐喻传统，对建筑起到了很好的点缀和陪衬效果。反之，如果在这个面积相对狭小的场所里，片面地种植大量的植物，就会弄巧成拙，破坏了主体建筑的形象。另外，通过运用地锦、凌霄等爬藤植物，能形成郁郁葱葱的“绿色墙体”，形成一种生态自然的效果。

（2）植物与地形

植物经常与地形结合来营造空间意境，适当堆叠地形能形成丰富的景观层次，增强景观的趣味性。在面积较大的场地中，通过起伏的疏林草地，可以展现旷阔壮观的景观；而在较小的场地内，应通过适当的地形处理，从竖向空间上创造更多层次，形成精巧、自然的效果。种植设计要结合地形处理好空间关系，乔、灌、草层层映衬，并对建筑物及构筑物不尽如人意的地方进行掩盖和弥补。如日本箱根平和公园及京都清水寺，利用其天然的高低错落的地形种植松树、榉树和枫树等植物，秋季色叶树变成金黄或红色，色彩缤纷的落叶洒满倾斜的草坡，展现出植物和地形共同创造出的天然之美。再如东京六本木山庄巧妙地把绿化和地形结合起来，在石板砌成的步行小道旁

日本箱根平和公园俯瞰植物与地形　日本箱根平和公园仰视植物与地形　日本京都清水寺俯瞰植物与地形

日本京都清水寺仰视植物与地形

日本东京六本木山庄的植物与地形

点缀着麦冬、南天竹、阔叶十大功劳等灌木和地被植物，坡地周边种满了枫树、松树等乔木，使这里充满了自然的气息，让人们从高密度的建筑群到达该园林后，感觉进入了一个人造的山地森林。

在一些面积比较大的绿地公园中，如上海滨江森林公园，在其杜鹃园的山坡顶部种植三棵大型朴树，形成整个园区的视觉焦点。树下还种植了杜鹃、红花檵木、洒金桃叶珊瑚、萱草等。风景园林师根据地形的起伏，设计了潺潺溪水从坡顶向下逐级跌落，并在水中石头的缝隙中种植杜鹃、扶芳藤、花叶常春藤等地被植物和花卉，同时还搭配红枫、青枫、香樟、榉树等乔木，让人充分体验到起伏的地形和植物的完美结合。又如上海共青国家森

上海滨江森林公园的杜鹃园中的植物与地形

上海共青国家森林公园中的植物与地形

林公园，其中心区域的草坪面积很大，地形适当起伏约 2m 左右，并在周边一侧种植大量的常绿乔木进行围合，在另一侧自然式种植香樟形成视觉通廊，整体上形成一个可在其中休息和活动的场所，营造出既开放又有围合感的绿化空间。再如上海徐汇万科中心中城绿谷的草坪区域，高差约为 2m，此处景观采用台阶结合草坪的形式，人们可以坐在白色混凝土台阶平台处，面前为草坪，既有设计感，又有自然美感和舒适性。而在面积相对较小的居住区绿地中，通过在小空间中营造微地形，并合理搭配植物，也能创造出让人赏心悦目的景观效果。

上海徐汇万科中心，地形、台阶结合草坪［景观设计：上海易亚源境景观设计有限公司（YAS DESIGN）］

（3）植物与水景

在日本的景观设计中，水岸边多以常绿植物作为背景，再选用色彩丰富的植物贴近水面种植作为点景，整体层次分明、形式简洁。如京都金阁寺，园内水边的植物品种不多，以造型松树作为主景树。并在松树旁点缀几丛杜鹃、南天竹等地被植物或花卉，就形成了丰富多变、构图均衡的水景空间。又如东京旧滨离宫庭园的水景，岸边的种植设计为草坡上自然式种植的松树、榉树、枫树等植物；周边以密植的樟树、松树等常绿植物作为深绿色的背景，整体上形成疏朗干净且色彩缤纷的自然效果。再如东京六本木山庄的毛利庭园，是一处占地面积为 4300m^2 的现代日式庭园。它的中心为一处静水，靠近人行道路的一侧种植不遮挡行人视线的黄杨、红花檵木、杜鹃、阔叶十大功劳等低矮灌木，让人可以在行走中观赏水景。水边的另一侧则堆叠地形营造山体，并从山中开凿潺潺的溪流，沿水

日本京都金阁寺庭园中的水景与植物

种植了郁郁葱葱的乔、灌木，整体上形成了山坡、溪流和植物相互辉映的庭园，为东京市中心提供了可以悠闲赏景的“山水森林”。

以杭州的水景种植设计为例，西湖湖畔运用了垂柳、樱花、垂丝海棠等树形优美的乔木作为主景树，它们在水中形成倒影，如诗如画。泛舟西湖或行走在桥上，植物的花朵和果实近在咫尺，充满芬芳的气息，让人心旷神怡。杭州在水景边使用较多且比较有特色的植物有水杉、垂柳和红枫等。如西湖岸边大量种植尖塔形的水杉，形成高低起伏的林冠线，倒映在水面上，衬托出西湖的大气、静谧和幽雅。又如垂柳，西湖著名的景点“柳浪闻莺”就是以它为主景树的。它枝条柔软，纤细下垂，特别适合在水景边种植，形成浓厚的江南情韵。再如红枫，其姿态优美，红叶鲜艳持久，是很好的观叶植物。它与常绿植物搭配，能形成“万绿丛中一点红”的效果；而成片群植，则营造出“霜叶红于二月花”的意境。因此，它常用于水景边作为画龙点睛的景观植物。另外，西湖湖边常用的植物还有碧桃、紫叶李、樱花、海棠、桂花、含笑花、杜鹃、栀子、金丝梅、野迎春、美人蕉、三色堇、鸢尾、风信子、黄水仙、大吴风草、薏苡、野菊、溪荪等植物，共同形成了丰富的景观效果。而上海的水景种植设计与杭州的做法基本类似，都力图表现出生态化、精细化的绿化效果。如上海共青国家森林公园的水景种植设计，柳树的枝条非常优美地斜向生长到水中，整片水景由于这些植物的形态给人留下温馨、自然和宁静的感觉。而且随着季节的变化，冬季落叶的枝干也倒影在水中，表现出像雕塑群一样的形体感。又如上海滨江森林公园的水边种植两排枫杨，它们的枝条也是斜向生长到

杭州西湖湖畔的种植设计， 种植枫香、红枫等植物，形成错落有致的景观

杭州西湖湖畔的种植设计， 种植水杉、栾树、紫叶李等植物，形成幽远静谧的氛围

上海滨江森林公园的水景与植物

水中的，基本覆盖了整个水面。另外，北方在水景的营造方面较南方缺少天然优势，因此运用造型优美的植物能使水景效果更加丰富多彩。如北京奥林匹克森林公园，其水景驳岸种植了若干造型倾斜向水面的柳树，远处岛屿上种着常绿植物，整体上形成了生态自然的效果。

除了上述植物配置外，在杭州西湖的岸边多种植芦竹、美人蕉、美丽月见草、风信子、水仙等水生植物，形成植物和水景之间重要的过渡区域。同时，水中还种植再力花、千屈菜、菖蒲、慈姑、泽泻、水葱、梭鱼草、芦苇、

日本东京旧滨离宫庭园中的水景和植物，水边的疏林草坡

北京奥林匹克森林公园的水景与植物

上海共青国家森林公园的水景与植物，夏季垂柳的枝条斜向生长到水中

杭州西湖杨公堤的水杉

日本东京旧滨离宫庭园中的水景和植物，色彩鲜艳的乔木

杭州西泠印社的垂柳

杭州曲苑风荷的五角枫

杭州西湖水岸边种植芦竹、美人蕉等水生植物

日本东京六本木山庄的毛利庭园水景边的种植设计

① 杭州杨公堤水景中种植水葱、睡莲、香蒲等水生植物
② 日本东京六本木山庄的毛利庭园山体溪流周边的种植设计
③ 浮叶植物，夏季杭州西湖“曲苑荷风”中的荷花
④ 浮叶植物，冬季杭州西泠印社外围水域的残荷
⑤ 杭州西湖湖畔种植香樟、枫树、梅、菖蒲等植物，形成生态自然的意境

灯芯草、鸢尾、蒲草、荸荠、水芹、香蒲等水生植物，一方面与开阔的湖面相得益彰，另一方面这些植物可以丰富水景驳岸、调节水质。而在水景中央或边缘可种植睡莲、荷花、萍蓬草、荇菜、野菱等浮叶植物，形成幽静自然的水景景观。如杭州西湖“曲院风荷”中的荷塘，分布着红莲、白莲、重台莲、并蒂莲等多种荷花，莲叶田田，菡萏妖娆，让人们感受到“接天莲叶无穷碧，映日荷花别样红”的美好风景。而且，在水下还生长着苦菜、马来眼子菜、狐尾藻、金鱼藻、菹草、黑藻等沉水植物，它们完全在水中生长，为水中提供氧气，并起到净化水质、吸收营养物质、防止水质富营养化的作用，这是景观水生态健康的重要保证。如丽江束河古镇中天然形成的九鼎龙潭，由于水中的沉水植物所具有的自净功能，使湖水非常清澈、干净。

丽江束河古镇九鼎龙潭中的沉水植物

总之，在水景的景观营造中经常要结合植物来创造意境。水生植物的运用对水景的营造也至关重要。为了展示水生植物独特的姿态，常采用丛植的种植方

式，充分利用它们各自的特性进行组合造景，营造色彩丰富、错落有致的景观。水生植物的运用同时也有利于水岸安全区的形成，防止游客不小心落入水中，而且还能有效调节水质。

（4）植物与道路

道路周边的绿地应统一规划设计，不同路段的种植形式应有所变化。道路两侧的行道树可以采用自然式种植为主要形式，植物的色彩要丰富。如日本东京表参道道路两侧的行道树为榉树，高度约十多米，树形优美，秋季绿叶会变成红色，展现出一种绚烂而简约的美，并具有十分壮观的透视效果。另外，表参道上的 TOD'S 旗舰店（建筑由日本伊东丰雄建筑事务所设计）用

日本高速公路的防护坡上种植色叶植物

日本东京表参道的建筑及行道树榉树，形成震撼的视觉效果

日本东京表参道两侧的行道树榉树红叶实景

日本横滨的行道树银杏

其建筑外立面象征“九株榉树”从地面生长出来，互相交错而形成的混凝土剪影，表达日本人对榉树的喜爱以及对自然和历史的尊重。又如横滨的道路景观选用银杏作为行道树，秋天从高楼或高架桥上望去，道路便形成一条金黄色的直线，让人不禁慨叹大自然的鬼斧神工。日本许多城市的高速道路两侧经常可以看到榉树、银杏、枫树等色叶植物，秋天形成红色或黄色的背景，十分壮观。

当前，中国的景观道路有多种种植设计方式：

第一，以乔木为行道树。如在杭州西湖的道路两侧用悬铃木作为行道树，能产生比较开阔的视觉效果，给人们疏朗大气的感觉。而在杨公堤则种植大量的水杉，人们在其下 1.5~2m 的石板小径或木栈道中穿行，有置身于森林的感觉。又如西安龙湖曲江盛景住宅项目，风景园林师在人行入口和道路两侧使用了胸径 40cm 的直生银杏，形成了震撼的视觉效果。同时，该项目还使用了白桦树，并在树下配置了碧冬茄、薹草、鼠尾草、金叶女贞、紫叶小檗等植物，产生出色彩绚烂的视觉效果。另外，在上海共青国家森林公园的入口用两排香樟形成气势磅礴的树阵，彰显了该公园的悠久历史。再如烟台金沙滩海滨公园保留了 20 世纪 60 年代种下的黑松，当时作为海边第一线抗海风、耐盐碱的黑松经历了六七十年的生长已成为参天大树。黑松林中布置

杭州西湖的行道树悬铃木

杭州杨公堤的水杉林和步行小径

西安龙湖曲江盛景住宅项目的白桦林、草花地被与曲折悠长的人行路

上海共青国家森林公园入口两排香樟树阵

烟台金沙滩海滨公园保留原有黑松林，形成具有历史感的跑步及骑行绿道 [景观设计：上海易亚源境景观设计有限公司（YAS DESIGN）]

的跑步及骑行绿道，使之极具历史感及自然意趣。

第二，以灌木作为行道树，来营造道路景观效果。以杭州西湖的步行道种植设计为例：第一种情况是灌木和乔木相结合。如道路一侧用鸡爪槭、桂花、茶花等植物形成浓密的景观效果，遮挡人的视线；另一侧为垂柳、水杉、香樟等乔木，人们的视线可以穿透，看到远处的西湖湖面。第二种情况是道路的两侧都为灌木。如道路一侧用鸡爪槭、樱花、桂花、杜鹃等，另一侧用枇杷、红枫、玉兰、黄杨等，形成景观的对比。第三种情况是灌木和地被植物相结合。如道路一侧为红枫、杜鹃等灌木及地被植物，形成很浓密的景观效果；另一侧为缓坡草坪上种植杜鹃，远处就是西湖，人的视线可以轻松地看到湖面。又如道路一侧为罗汉松、红花檵

杭州西湖的道路两侧为灌木和乔木相结合的种植设计

杭州西湖的道路两侧为灌木的种植设计

杭州西湖的道路两侧为灌木和地被植物相结合的种植设计

上海滨江森林公园的杜鹃花海

木、麦冬等形成的浓密景观，另一侧为湖面，临湖的道路边缘种植薹草、风车草等景观草，并在一定的位置点植红枫，作为局部的对景。

第三，道路两侧的种植设计以地被植物和灌木为主。如上海滨江森林公园的人行小径两侧种植不同品种的杜鹃，开花时开出粉红色、淡红色、白色的花，形成一条五彩斑斓的花带。同时，点缀一两棵红枫，作为道路两侧的对景。

除上述三点之外，在道路周边要考虑种植设计的视线分析，合理运用高度为1.5~3m的植物对人们的视线进行屏蔽与引导，避免景色“一览无余”。植物之间疏与密、挡与透的关系应明确，切忌搭配含混不清，造成视觉焦点分散和混乱。道路交叉及转折处应作为重点，配置一种或多种植物进行对景。

总之，种植设计和上述景观元素搭配时要注意如下原则：

第一，注意文化和生态自然，种植设计要结合周边的环境，创造出具有地域特色的景观，并应赋予一定的文化内涵。总体布局提倡生态自然、整体性强，使景观达到简洁而不单调，丰富而不零乱。

第二，合理组织空间，植物搭配疏密有致，结合硬质景观创造优美流畅的整体形态。要注意合理搭配各种植物，避免不同品种的植物因形态反差过大而造成的不和谐感。

第三，以人为本，要遵循人的行为方式，多角度进行视线分析，着重处理好植物配置的前后、高低、大小、疏密、上下、远近等不同层次的空间关系。在空间上要结合地形，使植物的层次高低错落，创造出起伏变化的林冠线。

第四，种植设计应分析空间的功能属性，并与硬质景观紧密结合，满足其功能性。其配置手法应简洁明晰，切忌处处繁杂。

第三章 细部

细部是运用一种或多种不同的材料所形成的细节。本章通过将中国传统园林中精华的、在现代景观设计实践中能创新使用的细部进行总结和归纳，同时结合西方现代细部的构造和规范，以条目式的结构，详细探讨相关的设计要点。

第一节　细部的重要性

细部，是指在整体景观环境中，针对不同空间的连接处以及景观节点，运用一种或多种不同的材料所形成的细节。细部设计要综合考虑以下三个方面：第一，功能要充分满足使用要求；第二，外观在美学上要具有艺术性；第三，结构要保证耐用性、安全性且便于施工。因此，一个优秀的细部是对上述三个方面综合考虑的结果。

中国传统园林的细部大致分为以下五类：石景（包括太湖石、黄石、灵璧石等），水景（包括湖、泉、溪、涧、岛、堤、矶等），建筑（包括亭、台、楼、阁、厅、堂、轩、榭、斋、馆、殿、廊、塔、牌坊等），景观设施（包括栏杆、桥、门窗、墙等），景观小品（包括碑、盆景、石狮、麒麟、香炉等）。这些细部是造园者居住其中，一边亲自选择和摆放材料，一边推敲所建造的景观效果。他们通过把不同的材料进行多种形式的组合，建造出许多优秀的细部，给后人留下经典的园林作品。

国外的景观设计已形成成熟的学科体系，在细部设计中以各国的工程规范为依据，对特殊类型细部构造的维修保养都有专门的规定和要求，细部大致分为六类：水景（包括水景的驳岸、池底的构造及景观效果等），栅栏和围栏（包括农业围栏、防护围栏和栅栏篱笆等形式，以及金属、木材等不同材质），墙体（包括砌筑方式、支撑结构、砂浆勾缝等做法），花格架和藤架（包括不同材料间的固定、连接构件的做法），庭园照明（包括各种照明的特征及使用情况，并由专业的照明设计师深化设计），活动设施（包括儿童活动设施如滑梯、秋千等，老人活动健身设施，体育设施如篮球场地、网球场地等）。这些景观细部大多有比较成熟的规范和图集作为设计依据，某些创新的细部则根据功能的需要进行特殊设计。而且，多数细部要求施工单位和生产厂家进行二次深化设计，探讨细部的材料选择、加工工艺和具体做法，并最终交给风景园林师及甲方审核，审核之后方可施工。

中国的现代景观在细部设计中，应体现以下四个原则：

第一，要选择性地继承中国传统园林的景观细部设计手法，因地制宜地吸收国外的设计思想和技术，并灵活运用各种传统和现代的材料，设计出既有中国韵味、又符合现代审美标准的细部。

第二，要遵循功能性、地域性、艺术性、人性化、经济性的原则，力求功能、外观和结构三方面得到均衡。

第三，要讲究“功能与形式的统一、整体与局部的统一、构造与施工的统一”。通过这三个统一，营造出具有整体感的、锦上添花的细部。

第四，要灵活运用“从对比中产生协调”的手法，通过材料的质感、肌理、色彩等方面的对比和反差，在整体上形成协调而耐人寻味的细部。

第二节 石景

一、中国传统园林的石景设计

在中国传统园林中，“石景”是指将各类石材以巧妙的构思进行堆叠，从而把名山大川的形态缩移模拟至园林之中，以达到“壶中天地”和“咫尺山林”的效果。石景是中国传统园林中最重要的细部之一，通常是整个园林的点睛之笔。

石景可选择的材料大致为太湖石、黄石、宣石和灵璧石等几种。太湖石，因产于太湖洞庭山而得名，是中国传统园林中使用最多的石材，形态上讲究“瘦、皱、漏、透”。黄石为呈黄色、暗红色或褐黄色的细砂岩，棱角分明、纹理古拙、质感浑厚，多用于堆叠假山，较少独立作为石峰。宣石因产于安徽省宣城市而得名，色彩洁白，多用于南方园林，如扬州园林。把宣石放置在粉墙下，远望如山上积雪一样，形成别致的景观效果。灵璧石因产于安徽省灵璧县而得名，石色中灰或黝黑光亮，质地很脆，表面多皱褶，非常名贵。明代画家文震亨在《长物志》中提到：“石以灵璧为上，英石次之，然二种品甚贵，购之颇艰，大者尤不易得，高逾数尺者，便属奇品”。

石景的形态大致分为两种：一是一石独立成峰，二是多石结合成山。“一石独立成峰”就是选择形态上有特色并富有诗情画意的石材，以适宜的姿势单独摆放，构成一个有意境的细部。最著名的例子是苏州留园的“冠云峰”，高度约6m，孤峰挺立。当时，留园主人为了展示“冠云峰”的奇绝，专门建造了一处庭园，以冠云峰为中心主景，四面建亭、台、楼、廊围绕观赏，冠云峰也被称为“太湖石之冠”。“多石结合成山”的例子也很多，如苏州狮子林的假山，就是模仿天目山的狮子岩。其中最著名的是五个狮峰，最高的中峰为“狮子峰”，东侧为“含晖峰”和“立玉峰”，西侧为“吐月峰”和“昂霄峰”。“五峰”的周边还有大大小小的峰，主次有别，形态各异。据考证，该假山为元代著名画家倪瓒构思创作的，他绘制的《狮子林图》就是当时造园的设计图。又如扬州个园的假山，以笋石、湖石、黄石和宣石等四种石头分别隐喻春山、夏山、秋山和冬山，四季假山合为一个园林。据传，该园为清代著名画家石涛所设计。

另外，中国民间流传着很多石景设计的秘诀，如北京置石名家“山子张”祖传的置石十字诀“安、连、接、斗、挎、拼、悬、剑、卡、垂”，道出了中国传统园林石景设计的精髓。而且，石景设计中更重要的是现场施工人员置石的经验和审美水平，如苏州网师园中的殿春簃庭园石景，太湖石摆放得错落有致，并和植物相互融合，形成一个幽静而丰富的庭园景观。

苏州留园以冠云峰为主景的庭园

苏州网师园中太湖石和植物相互融合的殿春簃庭园

二、西方景观的石景设计

西方景观设计中很少使用像中国传统园林这样的石景，而是将石材作为建筑材料，用以制作露台、阶梯、栏杆、亭廊及雕塑等，讲究装饰性，并不以石材本身作为设计和观赏的重点。从 18 世纪到近现代，西方更注重保护和利用自然景观，把石景、绿化和水景等融合起来，形成一个整体的环境。西方也有一些风景园林师，通过石景设计来展现其艺术理念和设计风格。如野口勇（Isamu Noguchi）用雕塑家的视角对石景进行设计，他经常用厚重的体量、粗糙的质感和神秘的符号来创作石景雕塑，对现代西方的风景园林界和雕塑界都产生了巨大的影响。又如美国风景园林师彼得·沃克（Peter Walker）和 SWA 景观设计公司联合设计的哈佛大学唐纳喷泉项目，用极简主义手法将 159 块花岗石排列成规则的圆形石阵，其中巧妙地设置了喷泉，并看似随意地种植了几棵大树，使整个空间充满东方禅意，成为人们交流、休憩的场所。

美国纽约查斯·曼哈顿银行的下沉式庭园石景

美国康涅狄克州 CIGNA 保险公司庭园中的石景雕塑

美国哈佛大学唐纳喷泉的石景

三、现代中国的石景设计

在营造现代感的景观空间时，中国传统园林中的假山石景有时会给人古旧、烦琐、封闭、陈腐的感觉，以至于现在一用太湖石做石景，就有不少人认为是在设计“假古董”。其实，中国传统园林中石景设计的思想和手法，对现代中国的石景设计仍然有着深刻的指导意义，因而要继承其精华并发扬光大。同时，应该借鉴西方现代主义的景观设计理念，把两者有机地结合起来，创造出现代中国的石景设计。

1. 石材的“气质”

中国不同地区出产的石材都有各自的特点，石景设计成功的关键是找到与景观设计在“气质”上最匹配的石材。因此，不必拘泥于太湖石或灵璧石等传统石材，可以选择其他类型的石材来产生不同的效果。如贝聿铭在苏州博物馆中运用泰山石、在北京香山饭店运用柳州市的石材、在北京中国银行总行大厦运用昆明市石林风景区的石材。从中可以看出，同一位建筑师运用中国三个地区出产的石材进行景观设计，营造出了在相似中有细微差别和不同韵味的中式意境。

2. 石景的“势”

石景作为借景、对景及障景等构景手法的重要元素，它的摆放要主次分明、疏密有致。每组石景要有主峰和次峰相互配合，否则将没有重点，会让人感觉杂乱无章，像个采石场。《园冶》一书中认为石景要“似有飞舞势”，

苏州博物馆运用泰山石造景

北京香山饭店用柳州市的石材造景

北京中国银行总行大厦用昆明石林风景区的石材造景

苏州博物馆的石景

苏州博物馆的石景，用火枪喷烧的加工过程

苏州晋合水巷邻里花园入口处的石景

“势”体现了石景形体的力量感和动感，给人以美的联想。如前述苏州博物馆的石景，就是以与其相邻的拙政园的白墙为“纸”，模仿宋代米芾的山水画来摆设大大小小数十块石材，其立意是“以壁为纸，以石为绘”，创造出一处具有现代中式意境的“山水画”。

3. 自然之美

石景所用的石材应有自然之美。中国传统园林对太湖石的选材要求说明古人希望用人工来模拟自然界石景的形态。如今，人们更加追求原生态的自然之美，因此在石景设计中应尽量保留石材原始的形态，不要过多地人为加工和修饰。如苏州晋合水巷邻里花园的入口处石景，用采石场切割下来的石材按一定的规律摆放而形成自然的起伏和错落，并在其中结合植物、水景和雾喷，营造出一种人工和自然融合的美感。

4. 适当加工

在多块石材形成的一组石景中，为了更具整体感，某些石材需要适当地进行加工处理，使之与其他石材更好地搭配。如贝聿铭在苏州博物馆布置石景时，发现某几块石材的机切面效果和原有表面区别过于明显，天然石材表面色泽较深，切割面则色泽较淡，而且切割出来的石材表面过于平整光滑，缺乏自然浑厚的感觉。因此，他要求采用火烧的方法，先将石材的人工切面敲毛，再以专用火枪喷烧，使细小的石粒剥落下来，石材的切面便呈现出天然山石的毛糙感，而且高温喷烧后的石材颜色加深，人工切面很好地过渡到自然面。

5. 布局形式

石景的布局形式应简洁大气。如今大量开山凿石，不仅破坏环境，也使石材的资源越来越少，从环保的角度考虑，石材用料应尽量少而精。因此，要结合建筑学“少就是多”的设计理念，用尽量少的石材，通过简洁大气的布局形式来设计石景。如上海仁恒河滨花园的入口处，通过一组石材形成富有雕塑感的阵列，背景为毛玻璃和竹林，共同营造了一个简洁而现代的石景效果。当前，对石景的创新也不能偏离大众的审美情趣，尽量避免造型过于具象。

6. 雕塑感与画境

石景既追求现代的“雕塑感”，又追求中国传统的“画境”。雕塑感要求石景形态突出，既融于自然，又有别于其他元素，成为独特的“符号”。而中国传统的画境，就是让石景与别的元素一起融入空间中，形成整体感。如苏州博物馆的石景，每块石材都具有雕塑感，但是放在一起就像一幅米芾的水墨山水画，整体景观具有画境。贝聿铭还特意将石景放置在水中，以防游人到石景中合影，破坏了尺度和比例，也破坏了这个宁静隽永的画境。又如上海仁恒河滨花园中有一个下沉式庭园，用一面局部磨砂的钢化玻璃形成障

上海仁恒河滨花园的入口处石景

上海仁恒河滨花园会所下沉式庭园的玻璃景墙与石景

上海仁恒河滨花园会所下沉式庭园座椅与石景

上海仁恒河滨花园中石景与垂柳、水景的搭配

景的墙体，中间方形区域为透明的玻璃，把后面的太湖石景展现出来成为对景，营造出一种简洁静谧、富有禅意和雕塑感的空间意境。而另一个下沉式庭园，从上向下俯瞰仿佛是一个大型的中式盆景，既具有画境，石景在其中也具有雕塑感。而且当人走入其中，坐在木质座椅上休息、交谈时，人也成为这幅真实的“三维图画”中的元素，空间因为人的使用而增添了活力。

7. 石景与植物

石景可通过与松、竹、梅、红枫、南天竹、垂柳等植物搭配，来营造具有中国情韵的氛围。如石景与松搭配，可营造出一种苍劲有力的感觉；石景与竹搭配，可营造出自然飘逸的效果；石景与梅搭配，可营造出坚强高洁的品性；石景与红枫搭配，可营造出青春热烈的气息；石景与南天竹搭配，可营造出轻松宁静的氛围。当然，还有很多植物与石景搭配也能营造出格调各异的意境，关键是在设计中合理地搭配石景与植物，把它们巧妙地结合在一起。如上海仁恒河滨花园通过将水池边的太湖石和垂柳搭配，垂柳枝条的质感柔软，石景的质感厚重，两者的对比和结合使这个景观细部产生一种中国式的魅力。又如驻马店建业天中府项目的中庭采用巨石雕刻成水流涌动的台地造型，周边被草坡、大树、白砂池及小拱桥所围绕，从空中俯瞰则形成一幅惟妙惟肖的八卦阵图，突显其文化内涵。

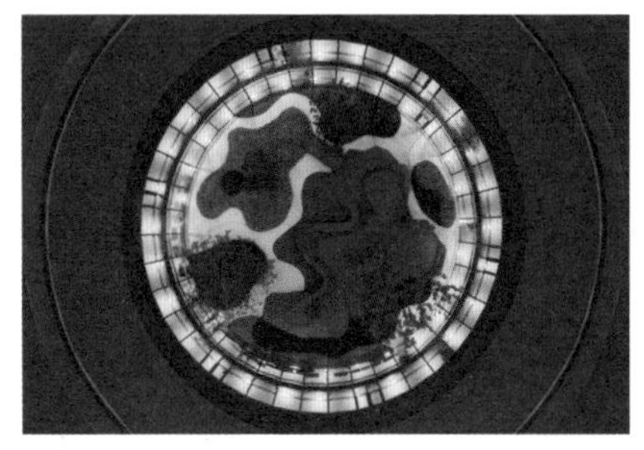
驻马店建业天中府巨石八卦阵

驻马店建业天中府巨石八卦阵与水景

[上述两张图片为上海易亚源境景观设计有限公司（YAS DESIGN）作品]

8. 石景与水景

石景可与不同的水景形式相结合，以展现静态倒影或动态瀑布等不同的景观效果。石景与平静的水景相搭配，在水面上就会形成石景的倒影，营造出一种“宁静致远”的意境。如上海仁恒河滨花园用不锈钢槽承托石景漂浮在静谧的水面上，石景在水景中形成倒影，两者相得益彰、极富禅意。石景也可与动态的水景搭配，营造出唯美的意境。另外，在石景中设置雾喷也会产生仙境般的东方情韵，使之既有静谧的感觉，又有神秘变幻的意境。

9. 对比与反差

石材和金属、玻璃等不同材料放置在一起，可以形成质感、肌理及色彩等各方面的对比与反差，从而成为融于一体的细部。如杭州西湖天地项目和上海新天地项目，入口处都配置了石景作为标志性景观，但风格迥异。杭

杭州西湖天地项目的入口处石景

上海新天地项目的入口处石景

州西湖天地项目的入口处石景，上部为青色的自然石头，在隐蔽处巧妙地设置了泉眼，让瀑布从石缝中自然涌出，下部为光面的黑色花岗石几何石块，有很强的现代感。上下部结合在一起，自然、古朴与现代、细腻的两种质感形成强烈反差，体现了传统和现代的碰撞和融合。与此同时，整个石景被背景植物所包围，所形成的刚柔对比也体现了杭州优雅自然的生活环境。而上海新天地项目的入口处石景，则是一个大型的雕塑。它不是用中国传统的石材堆砌而成，而是将石材切割成多棱锥体，并结合玻璃和水景，形成了一个现代的、高科技的、都市感的艺术品，完美地契合了上海新天地项目的“气质”。这说明源于中国的现代石景设计不一定要用传统的石材，应该拓展思路大胆创新，把石景演变为一个城市景观中的艺术品。

10. 城市景观中的艺术品

新型材料运用在石景设计中，可以使其产生全新的景观效果。如中国雕塑家展望曾将不锈钢加工成太湖石的形状，然后人工敲打出太湖石表面的孔洞效果，以此来表现太湖石的肌理，将传统与现代由此连接。又如日本东京汐留大厦“光的庭园”项目，用光学玻璃材料加工成石块的造型，在夜间通过灯光的照射形成透明的“石块”悬浮在水面上的东方禅意。再如日本东京中城（Tokyo Midtown）项目中有两座现代石景雕塑，皆由日本雕塑家安田侃设计。一座叫作“意心归”（Shape of Mind），用白色大理石雕刻成光滑的蛋

日本东京汐留大厦“光的庭园”中用光学玻璃材料做的石景

日本东京中城的石景雕塑“意心归”

形，在其中挖出一个椭圆形的洞，象征着远古时代的空间；另一座叫作“妙梦”(Key to a Dream)，用青铜做成石头的造型，中间开了一个椭圆形的洞口，意味着这个雕塑像梦一样。这两座石景雕塑，是安田侃对日本庭园置石的全新演绎。由上述4个项目可知：第一、石景所形成的艺术作品本身就包容着多种文化，留给不同的观赏者以各种各样的想象空间；第二、现代石景通常要具有功能性，如“妙梦”具有标识性，而“意心归”能让儿童与之互动；第三、石景所形成的城市景观中的艺术品要与建筑、街道、广场等空间有机地结合起来，形成一致的风格，否则就会显得不伦不类。

日本东京中城的石景雕塑“妙梦”

总之，石景是中国传统园林重要的细部之一，如今需要不断在石景设计上创新和突破。传承中国传统园林中的造园精髓，学习西方的优秀设计理念，通过石材本身的“气质”“势”和健康之美，在布局形式上追求雕塑感与画境，并与植物、水景搭配，使其成为城市景观中的艺术品，展现石景对于景观空间营造的价值和意义。

第三节 水景

一、中国传统园林的水景设计

在中国传统园林中，水景是指模拟自然界河流湖泊的形态而设计的水体，包括湖、池、泉、溪、涧等多种形态，并由此派生出岛、堤、矶等景观细部。在水景的形态区分中，“湖”是指人工开凿的规模比较大的水体，最著名的是北京颐和园的昆明湖。颐和园的面积为 2.97km^2，水面占了总面积的 3/4，昆明湖以杭州西湖为原型而建。湖中南北筑堤，把湖面分为东西两部分，湖中按照“一池三山”的皇家园林构筑形式筑有三大岛和三小岛，其中著名的十七孔桥象征“鹊桥”。“池”是指人工开凿的规模较小的水体，通常与建筑相结合。如苏州网师园，它以水池为

北京颐和园的昆明湖

苏州网师园的水景

中心，水面面积约为 400m²，四周以黄石驳岸环绕水池。该园面积较小，水面以聚为主，使主水面显得面积比较大。水池的西北角设计入水口，东南角设计出水口。入水口和出水口上各有一座平桥横跨水面，在视觉效果上增加了景深，在风水上有“来去无尽”的意境。“泉、溪、涧”，通常与山体结合在一起，由水流从高到低冲击石头形成水景，如无锡寄畅园的八音涧。寄畅园占地面积为 1hm²，从山麓上流下的泉水不断与石、洞产生迂回撞击，形成美妙的“自然音乐”，造园者称为“八音涧”。而园林旁边的“天下第二泉”不断流入园中，为八音涧补充水源。上述 3 个项目，从类型上涵盖了皇家园林和私家园林，从尺度上包括了广阔的湖泊和狭窄的溪涧，共同说明了水景设计在中国传统园林中的重要地位。

二、西方景观的水景设计

如果说中国传统园林的水景设计是模拟自然，那么西方从古代、中世纪到文艺复兴时期的水景设计则是越来越追求人工的、几何的、规则的形式。比较典型的风格，如意大利文艺复兴园林，在水景中大量使用喷泉和壁泉，这成为当时意大利园林的象征和标志。而且为了增强水景的装饰效果，还在喷泉中设置雕塑，并根据地势形成层层跌落的水盘和阶梯式瀑布。法国勒诺特尔式园林也大量使用水景，称“流水的动态是生机勃勃的庭园之魂”。另外，西方造园者也通过设计水渠，使景观空间看起来显得更加广阔，并在其中建设水上游乐场所。在近代，英国自然风景园追求写实的自然主义和浪漫主义，水景设计逐渐由人工式、对称式和规则式转变为自然式、不对称式和不规则式。在现代西方景观设计中，水景更多的是考虑人的使用和参与的需求、安全性以及干旱缺水地区水的循环利用及水体的蒸发问题，水景的形式基本上由使用功能所决定，并提倡环保和可持续发展。

法国凡尔赛宫的水景

现代法国巴黎安德烈·雪铁龙公园的喷泉水景

三、现代中国的水景设计

中国传统园林的水景设计，在设计理念、空间组织、借景手法及意境营造等多方面都非常值得学习和借鉴。而在 20 世纪 90 年代的景观设计中，中国某些市政广场和居住区都照搬西方的大轴线式水景和雕塑喷泉，建成后的效果不伦不类，很不理想。因此，现代中国的水景设计应该根据中国的实际情况，把中国传统的造园手法和国外的科学技术相结合，创造出源于中国的现代水景设计。现代中国水景设计，一方面要重视对自然生态环境的保护，追求天然水系统的可持续性发展，通过水体的净化和循环使用来保证水质不受污染；另一方面从审美的角度要因地制宜，形成静态水体和动态喷泉、瀑布等多种景观效果，并结合绿化、灯光、雕塑、构筑物等进行创新。现代中国的水景设计可分为两种形式：一种是自然式的水景，另一种是规则式的水景。这两种水景形式有不同的适用范围、设计特点和处理方式。下文将对这两种形式进行探讨。

四、自然式水景

1. 静态水景

在模拟自然界的水体之前，应先仔细观察自然界水体的形态，然后才能去模拟，甚至创造出“高于自然”的景观。如四川九寨沟的五花海和云南香格里拉普达措国家公园的碧塔海，都是由平静的清澈见底的湖水、水边的水生植物、灌木和树林等共同组成了美丽的自然水体景观。因此，自然式的水

四川九寨沟的五花海

云南香格里拉普达措国家公园的碧塔海

杭州西湖的水景

云南丽江黑龙潭公园的水景

上海共青国家森林公园的静态水景

景设计要结合上述几个特点，使静态水景成为景观焦点，营造出静谧、幽雅的感觉。如杭州西湖、云南丽江黑龙潭公园及上海共青国家森林公园等都以静态水景及水边优美的植物，让很多游人记忆犹新、流连忘返。

2. 动态水景和静态水景的结合

风景园林师经常将大水面划分成若干大小不等的小水面，并通过作为动态水景的溪流将其串连在一起。溪流位于水景平面缩放和竖向高差升降的位置上，人的视线会集中至此，看到瀑布和泉水飞流而下。然后，当人走近局部放大的水景时，看到平静而开阔的水面，又会产生豁然开朗、心旷神怡的感觉。这种小溪流和大湖面的组合，形成了开合有致的水景效果。如上海滨江森林公园的水景，顺着曲折蜿蜒的溪流望去，人们的视线都集中在溪流的形态上，最后从溪流旁的亭子中看到一片开阔的水面，让人身心愉悦。因此在设计水景之前，应认真考察场地的地形地貌、建筑及自然生态环境，从而对水面大小、水体形态、水底和驳岸等一系列构造进行统筹规划，然后才能做出合理而有创意的设计。

3. 溪流

要把溪流设计得自然，就应认真观察和借鉴自然界的溪流，并在模拟的基础上进行创新。如四川九寨沟的珍珠滩和诺日朗群海，就是以生态自然的水形、水声、水花以及其中的石块共同形成壮观的风景，成为享誉中外的著名景点。溪流会产生逸动飞舞的意境，其中最关键的是形成听觉和视觉上的体验。在听觉方面，要以高差激起水声，可在水底垫起一两块突出的石块，让溪水流过时掀起波浪；在水面上也要自然地突出一两块漂浮的石块，用来激荡起浪花，并产生浪花拍石的声音。在视觉方面，水流湍急处的石面要设计得粗糙些，以利于激荡起更大的水花；水流平缓处的石面要设计得光滑些，形成平缓流畅的水面。

4. 瀑布

自然界的瀑布是中国传统山水画中最常选用的题材。如四川九寨沟的树正瀑布展现了恢宏的气势，而四川松潘县的牟尼沟风景区则显得柔和舒缓。又如浙江台州天台山的瀑布展现了一种高山流水的神秘感，与当地深厚的禅宗文化交相辉映。要使模拟天然瀑布的水景在很小的空间尺度内呈现出雄伟的气势，就必须在整个瀑布水景的立面上有一段水流相对较高、较湍急的区

四川九寨沟的溪流

四川松潘县的牟尼沟风景区

域，形成观赏的主景，也是瀑布中最美的一段。而在这个区域以下接近地面的一段，应以平缓、稳重的水景为宜。

另外，模拟天然瀑布的水景要把出水口设计得隐蔽一些，让人感觉水溢出得很神秘、很自然，而且有水声，让人们在远处先听到声音，然后循着声音找过来，突然看到一处精致的瀑布水景，这样给人们留下的印象会更加强烈。如常熟老街项目，在主体建筑的两侧设计了柔和舒缓的小尺度瀑布。由于其中石块的造型比较柔和，出水口也隐蔽得比较巧妙，因此给人留下较深的印象。又如上海滨江森林公园的杜鹃园区，用龟纹石堆叠出地形和坡度，形成模拟自然的瀑布，并配以色彩丰富的植物作为背景，营造出和谐自然的意境。

浙江台州天台山具有禅宗意境的瀑布

上海滨江森林公园的杜鹃园区内的瀑布

四川九寨沟的树正瀑布

常熟老街项目中，主体建筑两侧柔和舒缓的小尺度瀑布［景观设计：上海易亚源境景观设计有限公司（YAS DESIGN）］

5. 岛屿

在面积比较大的水体中，可以构筑大小不等的岛屿来分隔水面，并在岛上配置多层次的绿化及构筑物，作为水景的重要观赏点。小型的岛屿堆坡种树，是分隔水面的主要元素。而大型的岛屿，则成为水体重要的对景。最著名的例子是杭州西湖中的三潭印月。该岛屿为明代清淤时堆积而成，围堤种树，内挖池塘，成为园中园。时至今日，三潭印月已成为西湖中最重要的岛屿，是杭州标志性的景点。

杭州杨公堤景区保留的水杉森林以及形成的溪流和岛屿

另外，也可以在面积较大的水体边缘，人工开凿溪流和小型湖泊，以分隔陆地。在这些区域内，种植湿生植物及水生植物，并构筑亲水栈道等景观设施，形成人行交通系统，从而营造一个更加引人入胜的湿地景观。如杭州近几年的“西湖西进”改造工程，形成了杨公堤的水杉森林区域。该工程既保留了原生态的水杉林，又人工开凿溪流环绕着若干的岛屿，营造出景观空间曲折深远的意境。又如杭州西湖国宾馆的入口处，也是从西湖通过人工挖凿衍生出来的小水面。人们通过水杉森林的框景，把视线从前景的小水面延伸到远处西湖的大湖面，形成一幅宁静而悠远的画卷。

杭州西湖国宾馆入口处的溪流、岛屿和水杉林

6. 水深和安全区

从安全的角度考虑，模拟自然的水景要求水深不宜过深，以免人们不慎落水时出现危险。面积比较小的水景，水深应尽量控制在60~90cm之间；面积比较大的水景，根据水面大小及放坡情况来具体计算水深，水深一般应控制在3m以内。同时，在靠近驳岸处要布置一段宽度≥2m，水深＜0.5m的

安全区，以防小孩跌落溺水。

7. 驳岸

水景的驳岸做法有很多，第一种为草坡与水景直接相交的形式，体现了简洁自然的美，如上海共青国家森林公园的部分水景驳岸。而在上海滨江森林公园中，草坡上还点缀大量的地被植物和灌木，形成水边色彩斑斓的景观效果。为了避免过于单调，通常在水景畔种植一些水生植物，如上海滨江森林公园的水生植物区，通过芦苇、香蒲、菖蒲、再力花等水生植物和高大乔木背景的搭配，在平静的水面上形成美丽的倒影，营造出具有江南情韵的景观效果。

第二种是用石材来堆叠驳岸。如上海滨江森林公园的部分水面使用龟纹

上海共青国家森林公园草坡自然入水的驳岸形式，夏季

上海共青国家森林公园草坡自然入水的驳岸形式，冬季

上海滨江森林公园中点缀大量植物的自然草坡驳岸

上海滨江森林公园的水生植物和驳岸

上海滨江森林公园杜鹃园中的龟纹石驳岸

杭州云松书舍的太湖石驳岸

石堆叠驳岸。石材表面沉稳古拙，与石缝中栽植的杜鹃花相映成趣。两者倒映水中，非常唯美，具有高雅、隽永的意境。又如杭州云松书舍的水景是以传统的太湖石做驳岸，但是通过浓密的绿化来遮挡石材，使之疏密有致，忽隐忽现，既具有传统的儒雅气质，在整体氛围上又体现出现代感。

第三种为石笼驳岸，即用钢丝笼固定放置于水中的石材，并保证大量的石笼在水面以下，然后在其中覆土种植水生植物，形成自然生态的景观效果，而且让驳岸更加坚固。如上海山水四季城就局部采用石笼驳岸，并在其上方种植鸢尾，在其下方的水中种植梭鱼草，形成一种类似草坡入水的景观效果。

上海山水四季城的石笼驳岸

除了上述三种做法之外，还有木桩、浆砌块石等其他驳岸形式，可根据项目的实际情况选择合适的做法。对于防洪要求较高的水域，应优先考虑用钢筋混凝土等材料确保驳岸的抗洪能力，然后再进行相应的美化。

8. 桥

水景中架设的桥，可以很好地展示出东方园林典雅、优美的神韵。如在杭州杨公堤通航的河道中，有几处设计成江南水乡所特有的拱桥。拱桥的半圆形洞口和水中的倒影虚实结合，共同“拼接”成一个圆形的自然景框。从景框中可以看到穿过桥洞的游船、安静的湖面、两岸的垂柳、远处的山峦和蓝天等景观元素所形成的一幅优美的自然山水画卷。又如杭州西湖天地设计了一个江南情韵的小型石拱桥，两侧用石质栈道连接。人们站在该桥上，可以观赏西湖的水面和远处

杭州杨公堤游览河道中的圆拱桥所形成的景框

杭州西湖天地的石拱桥和两侧的栈桥

云南丽江黑龙潭公园的水景与植物

杭州曲院风荷的水景与植物

杭州西湖学士公园的入口水景与植物

层层退晕的群山。同时，石质拱桥和栈道本身也成为西湖一个重要的景观节点。另外，在水景中也常用一块或几块石板搭成简易而牢固的小桥，人们两三步即可跨过，有一种亲近自然和悠闲舒适的感觉。

9. 水景与植物

水景本身是一块“画布”，要靠周边的植物及其他元素来共同描绘。因此，在水景设计中，首先要在水畔种植适宜的植物，作为整个水景的基调，并形成丰富的层次。这些植物通过四季不同的色彩和形态变化，形成鲜活多姿的景观。如云南丽江黑龙潭公园，用不同品种的植物形成水畔优美的林冠线，并在水中形成倒影。

在水畔种植植物时，应注意形成一定的层次。例如，在杭州曲院风荷的一段溪流景观中，水边的植物十分茂密，而且品种丰富，上层植物有水杉、广玉兰、朴树等；中下层植物为红枫、南天竹、野迎春、薹草等；水中还有梭鱼草、香蒲、菖蒲等水生植物，共同形成了一片层次丰富、充满生机的自然式水景。又如杭州西湖学士公园中的水景水深很浅，两侧种植杜鹃，再点缀若干红枫，使整个湖面色彩缤纷。水景远处漂浮在水面上的不是杂物和污染物，而是植物的飞絮和花瓣。再如北京奥林匹克森林公园中龙形水系的尾端“龙凤呈祥”花卉水景区，通过蓝花鼠尾草、八宝、万寿菊、碧冬茄、蓝猪耳、鸡冠花、千日红、五彩苏、芒草等花卉、地被植物以及水生植物的种植，成为国家体育场前面的重要景点。

此外，还应在水景中种植相应的水生植物，以便与水畔的乔木、灌木、地被植物等共同形成丰富的景观层次。如上海滨江森林公园的杜鹃园，在溪流中种植水葱、菖蒲、再力花、玉蝉花等水生植物，与周围的杜鹃、鸡爪槭、珊瑚树、红枫等融合成一个宁静的空间，让人们有种回归自然的感觉。而且，近几年来有不少地方利用水畔或公园的低洼地带种植池杉、水杉、柳树以及其他沼泽植物和水生植物，并配以相应的石景、栈桥等，形成湿地或类湿地景观，这不但增加了植物品种的多样性，而且改善了该地区的生态系统，形成自然优美的观赏景点。如鄢陵建业君邻大院项目，由于项目有一处人工湖，因此在方案设计阶段重点讨论如何将建筑、前场景观空间与人工湖三者之间建立起联系。设计师提出将前场空间与水体之间抬高 2m 的高差，使建筑成为水体的“源头”。整个前场空间划分以水为脉，呈现梯田式跌水水景，水自上而下流淌至人工湖，宛如一幅山水田园画。梯田树池中全部种植水杉树和粉黛乱子草，

鄢陵建业君邻大院的水景边种植大片的粉黛乱子草［景观设计：上海易亚源境景观设计有限公司（YAS DESIGN）］

一大片粉红色的花卉，让游客眼前一亮；水杉林夹道，拾阶而上，风景园林师在有限的空间内设计了不规则形状的种植池，与水景相连形成一座座的岛屿。层层叠叠的树池与水景巧妙地化解了场地高差问题，增加空间层次感。漫步其中，雾气氤氲，水声潺潺，阳光洒下穿过树影，倾泻于园路，营造出梦幻般的仙境。总之，无痕设计是自然的本源需求，但又不刻意追求精巧华美的设计，而是更注重灵感与思想的表达，并以类同自然的方法表现出来。

五、规则式水景

1. 空间布局及意境

规则式水景在平面布局上以几何形为主，驳岸为直线条的侧壁或台阶，多使用在与建筑相互结合的水景设计之中，形成呼应。风景园林师经常将水景紧贴在建筑的边缘并让建筑倒映在水面上，来展示它与众不同的立面效果。如苏州博物馆的中心庭园，主要为一个人工开凿的水池，建筑临水而建，在水面上形成优美的倒影。同时，在水景的边缘处用现代手法创造出几何形的广场和台阶，而在水景的中部设计了桥、亭和台等构筑物，这些细部设计都营造出静谧优雅的意境。

苏州博物馆中心庭园的规则式水景

苏州博物馆水景驳岸、台阶和水面的高差处理

2. 池壁与水面

根据水景面积的大小，池壁的顶部一般高出水面约 20~30cm，给人们带来亲水的体验。如果两者的高差太大，就会让人们感觉比较粗糙。如苏州博物馆，其水景池壁顶部和水面约有 30cm 的高差，表达了建筑师希望建筑和人们都亲近水面的愿望。而且，在水景的主桥和驳岸交接处设计了延伸并淹没在水中的台阶，这不仅丰富了水景的驳岸形式，也让人们能更好地接近水面。总之，这种设计手法现代、简洁，充满情趣和意境。又如丽江悦榕庄，其水景池壁顶部比水面高约 25cm，池壁为青砖和石材结合铺砌，池壁靠近道路的铺装处设置一圈排水沟，上铺卵石。这种水景的池壁处理简洁大气，并融入乡土材料，很好地体现出当地的地域特色。

丽江悦榕庄水景的池壁做法，驳岸与水面

3. 镜面水景

水面的高度可设计成与池壁一样高，甚至高于池壁外侧的铺装地面，并用不锈钢槽或石材收边，使水面基本保持为一条直线，形成镜面水景的效果。如上海仁恒河滨城的水景，用不锈钢板作为水景的收边材料，体量很薄、形式也很简洁，展示出挺直平整的现代感。

上海仁恒河滨城中，池壁和水面一样高的镜面水景

4. 溢水水景及无缝水池

溢水水景是指水面高于地面，水流沿着侧壁缓缓地溢出，流入外侧底部卵石覆盖的排水槽，经收集后循环使用。如上海仁恒河滨城的水景，其难度在于要在一定的长度上保持侧壁顶部的水平，否则水池中的水流会集中在池壁

上海仁恒河滨城的溢水水景

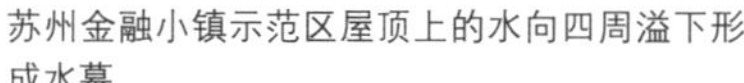

苏州金融小镇示范区屋顶上的水向四周溢下形成水幕

苏州金融小镇示范区水景在屋顶上向四周溢水

[上述两张照片为上海易亚源境景观设计有限公司（YAS DESIGN）作品]

偏低的一侧流走，无法形成一整条池壁都均匀流水的效果。而在酒店的景观中，经常使用这种溢水的手法形成“无边水池”，即让水池远端的一侧从视觉上看不到边界，水景几乎和远处的背景融为一体。如苏州金融小镇的示范区，在雨篷的屋顶上设置薄薄的水景，既倒映出周边的山峰树影，又形成溢水瀑布。

5. 水深及池底做法

规则式水景的水深一般控制在60cm以内，以30~45cm居多，这样既便于排空清洗，也不会产生安全隐患。池底多为硬质的钢筋混凝土结构，上面铺一层石材或卵石，产生不同于自然水景的景观效果。水中可放置石景或安装喷泉，周边可用灌木或景墙围合，形成一个具有现代感的细部。

6. 水景中管线的隐藏

当水景中有管线时，要设置泵坑及潜水泵等设备。以前的做法是将设备及管线暴露在水池中，这种做法影响其景观效果。现在的做法是在离池底一定高度的位置上撑起一层可活动的盖板，以遮住底部的管线，形成干净、整洁的池底。同时，在盖板上对应喷头的位置钻洞，让喷头从下面穿上来。当需要维修时，把水排干，局部掀开盖板，即可进行维修。另外，水景一般应使用水循环和水处理设施，但由于规则式水景的水深一般都较浅，因此可采用每隔一段时间排干清洗的措施进行日常维护，则可以保持水景的清洁。

7. 水景与石景

水景可与石景相互结合，通过两者在材料质感上的对比，形成现代的东方意境。如前述的苏州博物馆中心庭园，在最北侧靠近拙政园的白墙前布置自然山石，形成规则式水景与石景相结合的细部，展现了贝聿铭“中而新、苏而新”的设计理念。

8. 水景汀步

中国传统园林中水景汀步做法是在水面上放置太湖石等石材形成路径，便于人们行走。当前，景观设计中可将太湖石汀步古朴自然的神韵和现代主义的设计风格相结合，形成具有特色的水景汀步。如丽江悦榕庄的滨水平台就巧妙地借用了滨水空间，让水景环绕在平台周围，并有水生植物点缀其中，既提供了在优美的风景中进行餐饮、交流和休憩的场所，又创造出舒适、高雅的意境。

丽江悦榕庄的滨水平台

9. 水景与植物

规则式水景和植物相结合，主要是为了在建筑空间中通过上述两者相对柔和的特性来化解建筑刚硬、冰冷的感觉，创造出生态自然的景观效果。如三亚丽思卡尔顿酒店，在其景观中轴线上的东西两处水景中各种植一棵大型乔木，使得原本一览无余的水面在竖向空间上有了对景。树池的细部体现出大型乔木在水景中的种植方式，给人一种植物如同从水中冒出来的新鲜感。同时，水池的水也平缓地溢出，仿佛流到树池里去。走到近处仔细观看，其实溢水是排入铺满卵石的排水沟，这样就不会影响水景中植物的生长。而在其景观中轴

三亚丽思卡尔顿酒店的规则式水景与植物

线的收尾处有一个规则式荷花池，当荷叶铺满水面、荷花盛开的时候，水景和绿化共同化解了周边体量巨大的建筑所产生的压迫感，营造出轻松、幽雅的氛围。又如天津格调林泉项目的水景与植物层叠交织在一起，乔木与灌木的搭配形成丰富的层次，植物下方的水景靠近人的尺度，将植物倒影于黑色石材承托的镜面水景之中。另外，该项目中有一个荷塘月色园，借鉴了苏州传统园林的

天津格调林泉项目的水景与植物

天津格调林泉项目的荷塘月色园

驻马店建业天中府项目的水景与松

苏州花样年碧螺湾项目的水景与植物

苏州花样年碧螺湾项目的水景与植物

盐城均和华府项目的水景与植物

[上述六张照片为上海易亚源境景观设计有限公司（YAS DESIGN）作品]

做法，堆叠湖石假山作为驳岸，周边有亭台楼榭搭配特色的色叶植物及造型植物作为点景围绕在水景周边。而苏州花样年碧螺湾项目的水景与植物搭配与上述做法类似，都传承了苏州传统园林的风格。又如驻马店建业天中府项目，水景是流动的曲线形式，周边是起伏的草坡地形，遍植高大挺拔、造型优美的黑松，与建筑共同形成一种极富中国韵味的格调。还有，盐城均和华府项目的水景采用直线形式，中间为涌泉，周边是自然的草坡绿地结合孤植的乔木。这种在自然植物中有几何形体的水景穿插，形成了自然与现代的融合。

10. 喷泉

水景中可设置喷泉，如雾喷、鼓泡泉、涌泉等，形成动静结合的景观效果。喷泉的高度要适宜，尽量不要采用高大突出、五颜六色、变化多端的形式，建议以低调、稳重、朴实的形式为宜。而且，喷泉的喷头和管线要隐蔽好，尽量保持水景整洁。水景的水质要经过处理，减少杂质，防止堵塞喷头。还有，当前在广场上比较常用旱喷泉的水景形式，其好处是便于人行和互动体验。

11. 人造瀑布

人造瀑布一般通过几何形体的组合来实现。如常熟琴湖小镇示范区，其一层入口需要人们向下走 8 级台阶之后进入建筑，该建筑周边环绕着涌泉水景和侧面的跌水瀑布，景观效果非常震撼。又如宁波万科白石湖东的入口商业街区，设计了一条长度为 40m 的跌瀑水景。该水景的墙体原为商业街区和

常熟琴湖小镇示范区跌瀑水景

常熟琴湖小镇示范区乌桕林与溪流

[上述两张照片为上海易亚源境景观设计有限公司（YAS DESIGN）作品]

森林山体的分界挡土墙，高度约 4m。风景园林师在该挡土墙的表面粘贴凹凸起伏的石材，并在顶部设计跌水的瀑布，成为该商业街区的主要景观对景点。再如大连保利时代项目示范区主建筑的入口处，风景园林师设计了约 33 级台阶，并形成高度约 5m 的双层瀑布跌水，气势恢宏。再如南宁均和源盛长乐府的下沉式庭园，一条高度约 5m 的围墙布置大型瀑布，成为在室内休息交流的人们观赏的景观。

12. 水景中的雕塑

规则式水景常与雕塑结合起来，创造出具有文化品位的景观效果。如盐城金科集美望湖公馆的主体建筑入口处，在镜面水景中设置了一个千纸鹤造型的金属雕塑，夜晚在灯光照耀下熠熠生辉。

常熟琴湖小镇示范区跌瀑水景

宁波万科白石湖东跌瀑水景

大连保利时代跌瀑水景

南宁均和源盛长乐府跌瀑水景

[上述四张照片为上海易亚源境景观设计有限公司（YAS DESIGN）作品]

盐城金科集美望湖公馆跌瀑水景

盐城金科集美望湖公馆跌瀑水景鸟瞰夜景

[上述两张照片为上海易亚源境景观设计有限公司（YAS DESIGN）作品]

总之，水景是景观设计中不可或缺的一部分。自然式水景设计时要把静谧的水景建造得像自然形成的一样，要把自然界中溪流、瀑布的特点展现得惟妙惟肖，通过增加岛屿、驳岸、桥梁、植物等元素让水景更加生动、自然，让人们意犹未尽，不愿离开。

而规则式水景，则讲究空间布局、意境及诸多细部处理，以及水景与石景、水景与植物的关系，让水景小中现大、精致高雅，充满设计之美。

第四节 墙体、窗和门

一、中国传统园林的墙体、窗和门的设计

中国传统园林中的墙体，具有遮挡和分隔两个不同空间的功能。墙体的材料通常为土、石、砖等。墙体的做法有云墙、漏窗墙等多种形式，并能独立成为一景。如杭州虎跑公园的入口处景墙，墙体呈现一定的弧度，顶部为波浪形的瓦片，远观像流动的云彩，非常优美且具有动感。墙体的尽端处设计了一个龙头，成为引人注目的景点。

杭州虎跑公园的入口处景墙

窗的做法是在园林的围墙、隔墙及游廊上开凿圆形、方形、瓶形、海棠形等的洞口，有些还用檩条拼出各种图案。从中国传统园林中的窗望去，能看到虬枝盘桓的古树及满枝的红叶显现于眼前。而且，阳光透过窗洒在园林之中，光影随着时间而变化，仿

佛整个园林空间有了生命的气息。如苏州留园“古木交柯”处对景的墙体上开凿了六个形状不同的花窗，成为美化墙面、联通空间的重要元素，还起到了对景和借景的作用。

苏州留园的花窗

门是联系建筑内外空间的媒介。门的样式很多，有园林大门，也有瓶形门、海棠门、月洞门等形式。其作用不仅是用来通行，还可用于对景和框景。如苏州沧浪亭的大门，高大宏伟，很有气势；而从园内向外看，门框框出了一个长方形、竖构图的“画卷”，形成一幅以折桥和远处的小门作为对景的水墨画，具有高雅、悠远的意境。

苏州沧浪亭的大门正立面（从外向内看）

门的形式中，最具有中国园林特色的是月洞门。它把门洞设计成圆形，如同满月一般，多用于两个空间的交通组织和互相对景，通过它可以把对面的景色框出一幅圆形的“画卷”。如苏州拙政园中的半亭“别有洞天”中隐藏着一个月洞门，成为联通东西庭园空间的转折点。而月洞门的门洞从圆形演变出长方形、葫芦形、宝瓶形、海棠形等不同的形状。如苏州网师园梯云室庭园的月洞门门洞为四瓣海棠花的形状，人们在“花瓣”中穿行，此景与对面的假山一起构成“梯云曲月”的意境。又如沧浪亭的园内有葫芦形的门洞，古代认为葫芦多子，所以有“子孙满堂”的寓意。

苏州沧浪亭的大门框景效果（从内向外看）

总之，这些细部都显示出中国传统园林独具特色的文化内涵。

苏州拙政园半亭“别有洞天”中的月洞门

二、西方景观的墙体、窗和门的设计

西方景观设计在墙体、窗和门的设计中，与中国传统园林有着完全不同的思路，主要体现在以下几点：第一，体现回归生活的自然情调和居家的温馨氛围，如将粗糙的木制花格墙改造成精巧的庭园构筑物；第二，景观设计吸收了建筑设计的现代主义思想，景观墙体按照现代空间的构成原则进行平面布局，选择材料尽量少而精，墙体上开的窗演变为几何形状的洞口，如墨西哥建筑师巴拉甘的墙体作法；第三，墙体、窗和门的细部设计运用大量的新型材料，如耐候钢板、玻璃等，体现科技感与现代感。

三、现代中国景观设计的墙体的设计

1. 功能

首先要明确墙体在园林中的功能是作为重要的景观元素，还是作为空间的分隔。作为重要景观元素的墙体，应着重考虑它的体量和形态，使

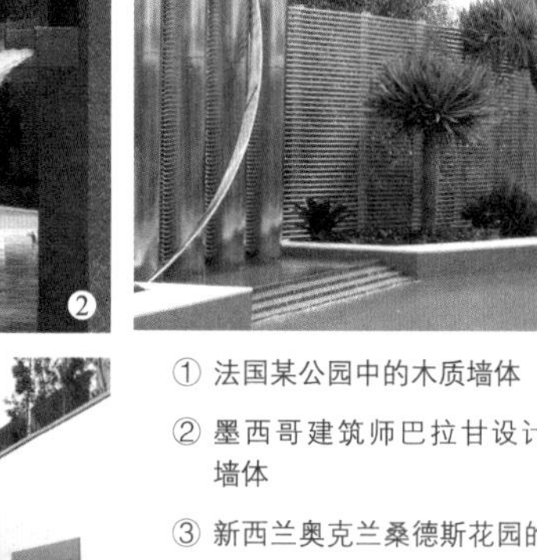

① 法国某公园中的木质墙体

② 墨西哥建筑师巴拉甘设计的墙体

③ 新西兰奥克兰桑德斯花园的金属墙体

④ 深圳万科第五园项目的墙体

⑤ 苏州万科中粮本岸项目的墙体

它与别的景观元素（如植物、水景等）相结合，共同构成细部。如在深圳万科第五园项目中，设计师设计的景墙墙体延伸到水中并挖出洞口，成为对景和障景的元素。由于这些别墅都临水而建，因此，墙体倒影在水中，虚实结合，层次丰富，使原本略显拥挤的居住空间在视觉感受上放大了许多。而且，白墙也随着清晨及黄昏不同的光线，演变出浅黄色的暖色调及深青色的冷色调，创造出丰富的光影变化。而分隔空间的墙体则要着重考虑交通流线以及通过怎样的形式进行分隔（哪里要封闭、哪里要通透、哪里要半封半透），通过仔细地推敲才能形成空间的趣味性。如苏州万科中粮本岸项目，别墅的院墙为白色粉刷墙体，顶部为石材压顶。它的主要功能是分隔出交通流线和每一户别墅庭院，因此墙体的立面呈现高低起伏的形态，用现代的材料和简洁的手法来体现江南地区“粉墙”的意境。

2. 尺度

在设计墙体时，要根据功能和人的感受来设计墙体的尺度。一般来说，墙体的高度为 0.45~3m。0.45~0.6m 的墙体适合用于花坛的收边以及供人坐憩，0.6~2.4m 的墙体适合作为主要的景观元素，2.4~3m 的墙体大多用于分隔空间。当墙体要与建筑相结合，或形成特色节点、流水景墙以及供人通行时，则可适当升高到 3~4.5m，甚至更高。在一般的景观空间中，较少用到 3m 以上的墙体，以免产生空间的压迫感，特别是在居住区中使用的墙体更应接近人体的尺度。

如丽江悦榕庄采用浅红色暖色调的石材形成高度逐级递减的墙体，展现

丽江悦榕庄高度为 4.5m 的墙体

丽江悦榕庄高度为 2.4m 的墙体

丽江悦榕庄高度为 1.2m 的墙体

丽江悦榕庄高度为 0.6m 的墙体

了系统化的细部设计。高度约 4.5m 的墙体，主要用于与建筑相结合，因此要符合建筑的尺度。而且，也由于该墙体所在的位置为入口处和水景之间的空间，所以其高度也比一般居住区的景墙略高。

入口处的亭子、柱子也是浅红色的石材，高度约为 3m，用于分隔内外空间。在别墅的庭园中，浅红色的石材形成高度约 2.4m 的景墙，适合人体尺度，成为重要的景观节点。另外，庭园中的泳池及休息躺椅处的矮墙高度约 1.2m，可供人们休息和停留，而不会形成压迫感。

酒店中的标志牌、指示牌及座椅等也用浅红色的石材制作而成，高度为 0.6m。这一系列同一材质却不同尺度的墙体设计，体现了设计师植根于传统并适当融入现代设计语言，形成统一的细部的设计理念。

墙体的长度要根据平面布局而定，不宜太长，如果为超过 10m 的连续墙体，会引起人们的视觉疲劳。而围墙一般较长，为了解决上述问题，可采用石材墙面和通透的铸铁栏杆相结合，形成具有韵律感的墙体。栏杆的间距应控制在最小的合理范围内，以保证儿童的安全。同时结合绿化种植，形成整齐、简洁、现代的序列感和破墙透绿的景观效果。

3. 石墙

墙体要慎用多种材料的组合，因为其面积通常较大，如果材料的色彩和质感搭配得不美观，就容易给人烦琐杂乱的感觉。石墙是当前用得比较多的形式，如以平整的烧毛面石材为主体，不规则地搭配几块同一材质的蘑菇面石材，形成同种材料不同肌理的对比，在统一中有所变化。

如云南香格里拉的松赞林卡酒店，它依山而建于当地著名的噶丹·松赞林寺后侧。风景园林师运用当地的毛石，以碎拼的形式砌筑了许多直线及弧线的挡土墙，甚至建筑的墙体也采用这种材料和形式，与当地藏族的木雕、印染画布、陶罐等文化元素相搭配，体现了古朴粗犷的藏族风

云南香格里拉松赞林卡酒店的弧线型的石材景墙

情，成为噶丹·松赞林寺周围最受欢迎的酒店。

又如上海方塔园的石墙堑道，建筑学家冯纪忠模拟山区民间石块垒筑挡土墙的做法，形成高低错落的墙体和曲折有致的道路，堑道深度约 2.5~3m，宽度约 4~6m，以花岗石石材砌成墙面，局部形成突出的肌理效果。在堑道两侧的山上种植了浓荫蔽日的乔木，行走在这里感觉非常凉爽和舒适。出堑道后，登上天后宫大殿平台，即可看到标志性的方塔与广场，让人感觉豁然开朗。这个石墙堑道的设计体现了冯纪忠以中国传统园林“幽旷开合”的空间营造手法来营造地形的设计理念。再如佛山龙光玖誉台示范区项目，在一片暖黄色墙体的中部为浅灰色凹凸多变的墙体，上面摆放着发光的案名标识。前景为低矮的黑色镜面水景，其中点缀着阵列式涌泉。还有郑州永威望湖郡示范区项目，有一条很长的混凝土挡墙，前面用三层耐候钢板搭建了三层花坛，种植了多个品种的芒草，效果十分生态自然。

云南香格里拉松赞林卡酒店的石材景墙上嵌入藏式门牌

云南香格里拉松赞林卡酒店的石材景墙与木质窗户相结合

云南香格里拉松赞林卡酒店的石材景墙与木结构走廊相结合

上海方塔园的石墙堑道

佛山龙光玖誉台石头墙、logo 与水景 [景观设计：上海易亚源境景观设计有限公司（YAS DESIGN）]

郑州永威望湖郡混凝土墙及三层耐候钢板花坛 [景观设计：上海易亚源境景观设计有限公司（YAS DESIGN）]

4. 砖墙

现代中国的墙体也常用砖来建造。砖墙通过不同的处理方式，与其他材料结合使用，能形成具有中国文化内涵的景观效果。早在20世纪初，中国就出现了将砖墙与西方的宗教雕塑相结合的设计手法。如成都平安桥天主教堂，入口处为欧式教堂的外立面造型，而围墙却是中国传统园林常用的青砖花窗墙，且墙上还设计了壁龛用来摆放欧式雕塑。该教堂整体建筑风格为欧式，院落布局为中式，是少有的中西合璧式天主教堂。

成都平安桥天主教堂的青砖花窗墙的壁龛内摆放西方的宗教雕塑

当前在砖墙的细部设计中，通过对砖块不同的构筑方式能产生出新颖而丰富的景观效果。如上海八号桥创意园区，其入口处墙体巧妙地将青砖凹凸放置，让原本平淡的砖墙产生了意想不到的光影效果。又如深圳万科棠樾项目中的别墅建筑，砖块通过错落与斜角堆叠等砌筑方法，与木质墙体、玻璃窗户、钢结构等形成丰富的立面效果。通过与上述材料的对比和结合，展现出砖墙的现代设计手法。

上海八号桥创意园区的入口处砖墙

同时，砖墙是表达意境最重要的材料之一。如上海新天地，将青砖的建筑墙体与玻璃窗、室内的装饰品、灯光、室外家具等有机地组合在一起，让人感受到一种“城市客厅”的效果。

上海新天地建筑的砖墙

5. 乡土材料构筑墙体

用乡土材料（如竹、木材等）来构筑墙体，能形成一种优雅的东方意境。如北京“长城脚下的公社”中的竹屋用竹来构建墙体。建筑师隈研吾用竹来构成建筑的外立面、地面和屋面，并在客厅中用竹墙形成景框，将远处的长城山麓框在竹墙形成的“画框”之中。另外，用木材来做墙体，通过其易于搭建、融于自然及形式多样等特性，也能设计出很有意境的墙体。如上海俏江南881号餐厅，设计师将墙体用40cm×20cm×10cm的木头单元像砖块一样叠起来，形成一系列20cm×20cm×20cm的洞口。白天阳光可以从洞口照进室内，夜晚室内的光线可以从洞口中透出来，形成具有现代感的东方情韵。

北京“长城脚下的公社”中的竹屋，用竹来构建墙体

上海俏江南881号餐厅的木质墙体

6. 传统材料与现代材料构筑墙体

用中国传统材料（如瓦片、青砖等）和现代材料相结合设计景墙，常常会产生意想不到的效果。如成都宽窄巷子的入口处景墙，用黑色的钢结构框架结合底部的青砖墙体，重点部位用瓦片拼成不同类型的花瓣图案，并适当布置内透光的广告牌，整体上形成一个传统材料与现代材料相结合的新中式景墙。又如上海万科朗润园的售楼处外墙，墙高度约5.4m，用钢结构框架作为主要的支撑体系。墙体所采用的材料可分成三段式，上部主要以木板拼成长条状的横向肌理，中部以瓦片竖向排列形成主要的展示面，下部以瓦片横向叠拼形成现代的花窗形式。人的视线可以透过下部的

成都宽窄巷子的入口处景墙

上海万科朗润园的售楼处外墙

杭州中国美术学院象山校区的墙体

杭州中国美术学院象山校区的建筑外立面

苏州万科中粮本岸的会所运用了绘制水墨画的玻璃墙体

南京颐和公馆使用磨砂钢化玻璃和木格栅共同形成墙体，并搭配石景、红枫 [景观设计：上海易亚源境景观设计有限公司（YAS DESIGN）]

瓦片及后侧的玻璃窗看到建筑的室内。这个墙体通过对瓦片的巧妙使用，产生了具有震撼力的视觉效果。另外，建筑碎片、废料的使用也能产生与众不同的景观效果。如杭州中国美术学院象山校区，入口草坪处的某展示墙体在钢结构外框的包裹下，除书法文字区域为花岗石石材外，其余的墙体和地面全都用碎瓦片和碎瓷片铺砌而成，在视觉上产生平、立面融为一体的效果。而且在该校区中，多座建筑的外立面也大量使用上述材料，黑、白、灰、红等颜色杂糅在一起，远看仿佛是一幅通过点彩技法所形成的中国水墨画，而近看可以感受到这些中国传统材料的碎片所形成的细腻变化和这座建筑的沧桑感。总之，上述材料通过设计与铺砌又取得了重生，开始了在另一座建筑上全新的“生命”。

在墙体的设计中采用现代材料，也可创造出有中国文化内涵和意境的景观效果。如苏州万科中粮本岸的会所分隔室内外的墙体采用现代的钢化玻璃，把玻璃绘制上水墨画的质感，整个空间形成一种幽静高雅的感觉。再如南京颐和公馆，使用磨砂的钢化玻璃和木格栅共同形成墙体，然后用其搭配特色的石景和红枫，极具现代中国的韵味。而且在阳光照射下，木格栅和玻璃的影子重叠在一起，形成虚实结合的“编织”效果。另外在苏州晋合水巷邻里花园项目中，风景园林师在围墙的设计上借鉴中国传统园林的“回纹”图案，用现代的钢板形成框架，并在钢板的空隙中局部嵌入青砖，使传统材料和现代材料很好地融合在一起。

7. 墙体演绎历史故事

墙体通过不同材料的变化和组合，可以用来演绎发生在该地区的历史故事。如成都宽窄巷子中的井巷子区域有一段长度为400m，东西向的墙体，名为成都“砖的历史文化博物馆”。它的特色是收集了成都各个时代的砖（如羊子山土坯砖、秦砖、汉砖、唐砖、宋砖、明砖、清砖、火砖、七孔砖、民国砖、水泥砖、瓷砖等），采用残断、印痕、斑迹、装置、垒砌、陈列等设计手段，将历代地图和图像嵌合并设置在墙体上，共同记载了有成都特色的“台、城、墙、壁、道、碑、门、巷”等元素的历史片段，讲述了成都兴废交替的城市发展史。下面列举该项目中两个有特色的墙体设计：第一，某段墙体与“七孔砖”结合起来，用于介绍这种20世纪50年代末成都广泛使用的建筑材料；第二，某段墙体描绘了成都人在巷子中打牌的场景。墙体大部分是画，局部为突出的鸟笼、桌椅和人的腿部，栩栩如生。又如南京的长江路为了表现中华民国时期南京“首开女禁”的历史事件，通过青砖墙、混凝土墙（墙上设计有文字和浮雕）、木格栅墙体以及路边雕塑等组合形式，详细介绍了1920年夏

苏州晋合水巷邻里花园用钢板和青砖相结合制成的围墙［景观设计：诗加达景观设计公司、上海易亚源境景观设计有限公司（YAS DESIGN）］

成都宽窄巷子中的井巷子，用墙体来形成“砖 的历史文化博物馆”，墙体局部结合“七孔砖”

成都宽窄巷子中的井巷子，井巷子某段墙体节点处展现了成都人在巷子中打牌的场景

天南京高等师范学校招收了八名女学生及五十余名女旁听生，成为中国第一所男女同校的高等学府。

南京的长江路，通过墙体设计表现了中华民国时期南京“首开女禁”的历史事件

总之，墙体是景观设计中常用的元素之一。其色彩、材料、形式不同，会产生差异巨大的意境和效果。由于墙体一般用于分隔两个不同属性的空间，所以墙的尺度高低对人的心理感受影响极大，这也是风景园林师要把握的一个设计重点。由于石墙、砖墙、竹墙及传统材料与现代材料搭配的墙体，会产生不同的景观效果，带来历史感、时尚感、乡土感等不同意境和情调，因此墙体也成为演绎历史故事的重要载体。

四、现代中国的窗的设计

1. 当代中国窗的细部设计

在建筑和景观设计中，窗是形成对景、借景和框景的重要元素。在墙体的适当部位开设窗，应配合整体的设计构思，将窗一侧的树木、石景及水景等景观，透过它纳入另一侧的观赏视线，创造出经过“剪裁”的空间意境。如贝聿铭在苏州博物馆的建筑外立面上，用现代材料建造的花窗来借景。他在大堂北侧的墙体上开两个六方式花窗，将中心庭园的景观纳入眼帘，营造出一种悠远而静谧的意境。在东廊尽端处

苏州博物馆的六方式花窗

的茶室墙体上设计了一个巨大的海棠花窗，室内一侧为玻璃，室外一侧为钢结构制成的冰裂纹图案。海棠图案和冰裂纹图案都是中国传统园林的“语言”，但是通过钢材等现代材料进行加工制作，以现代与传统相融合的方式来表现中国传统园林“虚实结合，内外借景”的手法。又如深圳万科第五园的售楼处，建筑师设计了有中国特色的“套方式回纹”图案的钢格栅窗户。在阳光的照射下，钢格栅在地面的光影也形成了回纹图案，进一步地强调了现代中式的特点。为了增强装饰效果，可在窗上铺设具有透明度或不同色彩及材质的遮盖物。如杭州富春山居项目中，酒店客房的窗户上都挂着竹帘，从室内向窗外看去，形成窗框和竹帘的框景，相应的对景是庭园中所摆放的古董及艺术品，背景则是群山和茶园，这些都体现了隐逸山林的意境。又如苏州博物馆，贝聿铭在“虎丘云岩寺塔”展厅的方形窗户上覆一层薄纱，阳光射入能满足幽暗展厅的采光。而当人们在室内不经意间抬头远眺窗外，能

苏州博物馆的钢结构冰裂纹图案和海棠花窗

深圳万科第五园售楼处中“套方式回文”图案的钢格栅窗

从杭州富春山居的建筑室内向窗外看去，形成窗框和竹帘的框景

苏州博物馆在“虎丘云岩寺塔”展厅的方形窗户上覆一层薄纱，远眺窗外朦胧的美景

隐约地看到整个中心庭园的美景。这里使用薄纱作为窗的装饰，不仅使室外照射到室内的光线不会太刺眼，也让室内望去感觉室外的景观影影绰绰，营造出江南水乡烟雾朦胧的意境。

2. 窗的符号性

当窗不局限于建筑外立面的一小块区域，而是拓展到整个外立面时，用现代而简洁的窗来进行设计能产生与众不同的景观效果。如杭州中国美术学院象山校区的图书馆，其建筑外立面是用混凝土材料制成的一整片“回纹”图案的窗，并在窗中嵌入玻璃和木板，创造出有力的视觉冲击，强化了现代中式的特点。又如上海新天地透明思考餐厅，窗户为常见的长方形，但是却用内侧的金色装饰物挖出一个圆形洞口和竖向线条，表示了一种简化的、具有象征意义的古钱币符号，使整个窗的细部充满了东方情韵。

3. 现代几何形式的窗

窗的设计从过去烦琐复杂的形式逐渐演变成现代简洁的形式，窗的使用也从功能性的通风采光逐步转变成装饰性的细部及建筑符号语言。如深圳万科第五园，墙体形成方形的、长条形的镂空洞口以及嵌入青砖的洞口等，除了具有实用性的功能外，还具有建筑外立面装饰效果。另外，窗洞一侧种植竹子，形成框景和对景，既体现了空间上的虚实对比，又营造出高雅的现

杭州中国美术学院象山校区图书馆，建筑外立面是一整片“回纹”图案的窗

上海新天地透明思考餐厅的窗内侧为象征古钱币的圆形洞口

深圳万科第五园建筑墙体上特色的窗洞，白色墙体上方形和长条形的窗洞

代中式氛围。如杭州中国美术学院象山校区的教学楼的外墙为混凝土材料建成，墙上开凿了多个形态各异的不规则洞口。人们站在墙外可以看到内部的庭园空间，同时阳光也从洞口照射到建筑内的庭园，形成丰富的光影效果。

杭州中国美术学院象山校区的教学楼，混凝土墙体上开凿了多个不规则的窗洞口

4. 天窗

窗不仅可以设计在建筑物及构筑物的立面上，还可以运用在建筑的顶部，形成天窗。以便于更好地透光，并利用光线来进行设计。光线落在建筑内的投影随着时间而变化，通过天窗产生丰富的视觉效果，其中也蕴涵着“虚实结合、循环往复”的哲学思想。如苏州博物馆中覆盖钢格栅的天窗，颇似中国传统园林中的竹帘，光线透过它落在室内的白墙上，形成不断变化的光影效果。整个建筑在光影的变化中，展示出现代中式的高雅格调。又如日本美秀美术馆同为贝聿铭设计，大厅的天窗也覆盖类似的钢格栅，用钢结构形成支撑体系，墙体为浅黄色的大理石贴面。该美术馆的天窗透光面积比苏州

苏州博物馆顶部覆盖钢格栅的天窗

日本美秀美术馆顶部覆盖钢格栅的天窗细部

日本美秀美术馆顶部覆盖木纹钢格栅的天窗营造出的光影效果

博物馆更大，所以室内空间更加明亮，光影效果也更丰富。而且，该美术馆的构造节点十分精细，体现了日本精良的施工工艺。再如苏州金融小镇示范区的入口处要向上走高度约 4m 的台阶，而台阶的周边是一片设计在屋顶上的镜面水景。设计师在该水景的正下方做了一个圆形的天窗，这样阳光就可以从水景透过天窗打到地面上，光影还会随着时间而移动。

苏州金融小镇示范区的入口台阶周边是一片设计在屋顶的镜面水景［上述两张照片为上海易亚源境景观设计有限公司（YAS DESIGN）作品］

苏州金融小镇示范区镜面水景的正下方设计了一个圆形的天窗，光影随着时间而移动

5. 乡土材料构筑窗

当前在景观设计中，窗不拘泥于常规的材料，很多乡土材料都可以用来实现窗的功能，要根据不同的场地背景和空间属性进行细部设计。如三亚亚龙湾万豪度假酒店在大堂的室内外空间交接处用天然的藤条形成窗的框景效果，不仅凸显了海滨度假的休闲氛围，也契合了生态环保的设计理念。

三亚亚龙湾万豪度假酒店大堂的室内外空间用藤条来形成框景的窗

总之，窗不仅是用于采光通风的构件，而且可以形成对景、借景和框景的设计手法。窗丰富的样式也成为富有象征意义的景观符号。

五、现代中国的门的设计

1. 传统风格的门楼及牌坊

门具有很强的标识性，而且传统风格的门楼及牌坊体量高大、形态精美，让人过目不忘。如北京市漫春园，将原来荒废的传统园林重新进行了规划设计，改造成现代的开放式广场供人活动。为了体现对北京历史文化的尊重，风景园林师在北入口处保留和修复了原有的牌坊门楼，希望能将传统元素和现代的活动需求在这个空间中衔接起来。又如无锡江南坊项目，为了体现江南园林风格，风景园林师特意聘请了苏州香山帮传统建筑营造技艺的传承人薛福鑫，在项目的入口处制作了一座四柱五顶三开间结构的牌坊门楼。其顶部采用悬山顶的形式，并在墙体上方及斗拱等位置雕刻了精美的图案，体现了江南园林处理细部的精湛技艺。

北京市漫春园保留和修复了原有的牌坊门楼

无锡江南坊入口处的牌坊门楼

江南坊的牌坊门楼顶部砖雕的细部做法

[上述三张照片为上海易亚源境景观设计有限公司（YAS DESIGN）]

2. 传统风格与现代风格融合的门

传统风格的门通过立面形式和材料的简化，逐渐演变成现代风格的门，但还是要体现源于中国的精神内涵。如建于 20 世纪 80 年代的上海方塔园入口处大门，其形体比较大，通过螺纹钢焊接的支撑结构和连续变化的梁柱结构共同撑起屋顶，而且两片屋顶是互相错开的倾斜面，光线从中间镂空处透下来，给人们留下深刻的印象。又如苏州博物馆主入口处的大门，分为上下两部分：上部分为双层玻璃的顶篷，内衬钢格栅，与主体建筑的形式一致；下部分的中部为朱红色推拉门，两侧为透空的钢格栅，大门打开时都各自

上海方塔园的入口处大门

苏州博物馆入口处大门

盐城金科集美望湖公馆“千纸鹤”的大门

周口建业山水湖城项目的大门

大连保利时代的大门、墙体

[上述三张照片为上海易亚源境景观设计有限公司（YAS DESIGN）作品]

隐藏到两侧的墙体之中。大门一侧的墙体上展示着该博物馆的中、英文名称和标志。建筑师贝聿铭希望用创新和大气的大门形式吸引人们进入，并体现出该博物馆的气魄和魅力。

通过构筑物将传统风格与现代风格相融合也是现代景观设计中常用的手法。如盐城金科集美望湖公馆示范区的入口处大门，柱子和顶部全部用该项目的“千纸鹤”符号堆叠而成，在灯光的照耀下光彩照人，独具特色。又如周口建业山水湖城示范区的入口处大门，绵延的流线型墙体围合内部空间，纯白色的金属板凸显整个空间的纯净。随着动线向内部深入，金属板的厚度产生了变化，演变成更为精细纤薄的线条，镶嵌于金属板之间的圆孔发光二极管灯带，构成一条条随墙体水平延展而舞动的流光。在光线的中心，从屋顶倾泻而下的是主题为“鱼龙之舞”的艺术装置，在金属线垂坠围合成的柱状空间里，以抽象形式模拟了自由游动、欢快的鱼群。再如大连保利时代示范区，入口处大门撷取“山谷之形”为设计灵感，通过提炼颠覆传统入口处大门的表现手法，简洁流畅的线条带来充满张力的视觉效果，入口“精神堡垒”如高大的山峰直插云霄。大门内部以倾斜的几何形体营造空间，并在墙体上雕刻“保利时代”字样象征该项目特有的气质。阳光透过墙体间隙洒下斑驳陆离的光影，与墙体顶部的星星灯互为对景。大门整体采取沉着的黑白灰色调，贴近“山谷之形”主题。再如常熟琴湖小镇的入口处大门门廊以现代简约的折线形态在统一中寻求变化，门廊的风铃装饰也是取琴弦的形态，清风拂过发出悦耳的叮咚声，与入口迎宾镜面跌水上的喷泉一起“演奏”琴曲的序幕，弦音悠扬。在镜面水景上的艺术雕塑作为亮点，丰富了入口处的景观，聚焦人们的视线，成为点睛之笔。又如合肥城建琥珀御宾府项目的入口处大门在石材的墙体中部用格栅和山形照壁营造对景，在夜景灯光照耀下高大气派。再如佛山龙光玖誉台项目的大门掩映在一片花海之中，体现其独一无二的生态自然环境。还有，宁波万科白石湖东的入口处大门，并没有采用常见的门的造型，而是通过右侧的白砂石墙体与左侧的 U 形玻璃形成重与轻、实与虚的对比关系。加之入口是跨过一段桥体而进入，远处是象征“四水归堂”的钢结构屋顶和一棵挺拔飘逸的古松，整体空间形成一种沉稳庄重的仪式感。

常熟琴湖小镇的大门

合肥城建琥珀御宾府的大门

佛山龙光玖誉台的大门

宁波万科白石湖东的大门

[上述四张照片为上海易亚源境景观设计有限公司（YAS DESIGN）作品]

3. 传统风格的元素与现代风格的元素结合

传统风格的元素可以与现代风格的元素结合起来，通过材料和风格的对比形成一个有特色的景观细部。如上海新天地沙宣美发研修中心有限公司，外侧以一扇富有老上海

上海新天地沙宣美发研修中心有限公司的“石库门”和现代风格的构筑物相结合［景观设计：上海易亚源境景观设计有限公司（YAS DESIGN）作品］

无锡江南坊中别墅内部的门形成院落感，层层院落的门之间互为对景

无锡江南坊项目中某别墅入口处的月洞门及门上“藏胜”的匾额

地域特色的“石库门”墙体作为入口；内侧为通往二层的楼梯，其侧面为弧形的清水混凝土墙体，结合钢结构和玻璃幕墙。石库门和现代风格的构筑物，共同形成了一个有上海地域特色的景观细部。因此，通过把传统风格和现代风格的元素结合在一起，体现了上海新天地“昨天和今天对话”的主题，也说明了结合现代风格和传统风格的元素能产生出令人印象深刻的细部。

4. 现代的“粉墙黛瓦”

中国传统园林中的建筑讲究“粉墙黛瓦”，即用白色墙体和深灰色瓦片屋顶共同形成建筑外立面。当前在大门的设计上，可通过将白墙设计成简洁的几何形体，将瓦片屋顶简化成深色的线条，来形成强烈的反差和对比。如杭州花圃中的小隐园，其入口处大门大面积的白墙和横向线条的瓦片将屋顶塑造得简洁明快。人们可通过墙体中部长条形的门洞进入园中，并看到作为对景的太湖石。门洞上方为瓦片屋檐和“小隐园”的牌匾，给人一种高雅的中式氛围。又如天津泰达格调竹境项目的书园入口处大门以相互穿插的白墙为主体，形成不同尺度的几何形洞口。大门墙体的顶部不用瓦片，而是改用简洁的几何形石材作为压顶。在大门上部用圆形的钢管制成雨篷的形状。整个大门形式现代简洁、几何感强，明确地表达了源于中国的现代景观设计风格。又如天津泰达格调林泉项目的大门也很有特色，在屋顶挖出一个方形的洞口，一棵大树从洞口中生长出来。墙体采用混凝土砖块筑成，种植多肉植物，很有特色，另一侧墙体下方有水流淌出来。

5. 院落感

除了大尺度的门外，还有小尺度的门。中国传统园林通过门形成院落感，通过院落创造出流动的空间。如无锡江南坊项目中的别墅，充分发挥江南园林“小中见大”的特点，利用层层院落的门互为对景，半开半合的木门让阳光洒进室内，而打开的落地玻璃门将室内空间延续到室外的庭园，让建筑室内和庭园的空间相互流动起来，汇聚成一个整体，创造出和谐的居住环境。

6. 月洞门

月洞门是特别富有中式情调的造型门洞。在现代中国景观设计中，在划分不同空间并需要相互对景的情况下会设计月洞门。如无锡江南坊项目，某户住宅的入口处设计成月洞门的形式。当木门虚掩时，能透过月洞门看到房子内部的石阶、墙边的竹林和太湖石，这呼应了月洞门上的匾额“藏胜”之意境。

当前，对月洞门的设计除了传统的形式之外，还可以用传统材料与现代材料相结合，并在可能的条件下配置石景、水景和植

杭州花圃的小隐园入口处大门

天津泰达格调林泉项目的大门

天津泰达格调竹境书园入口大门

［上述两张照片为上海易亚源境景观设计有限公司（YAS DESIGN）作品］

物，形成一个具有丰富细部的景观节点。如绿地常熟老街项目的入口广场，用传统的瓦片和现代的不锈钢材料共同塑造了一个月洞门。其特色是有水从瓦片上流下来形成瀑布，溅落在月洞门下方的石景上，成为整个广场的视觉焦点。

月洞门除了作为特色的景观小品，它主要的功能还有通行和划分空间，并起到借景、对景和框景的作用。如南京颐和公馆项目中的月洞门，就是划分两个不同空间的边界，一边是车行道的终点以及别墅的入户通道，另一边

绿地常熟老街项目入口广场上的月洞门，西北面看流水时的侧立面

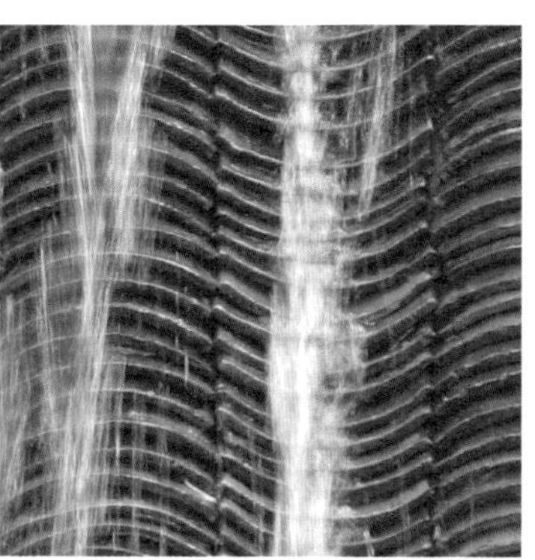

绿地常熟老街项目月洞门的水帘瀑布冲刷瓦片的效果

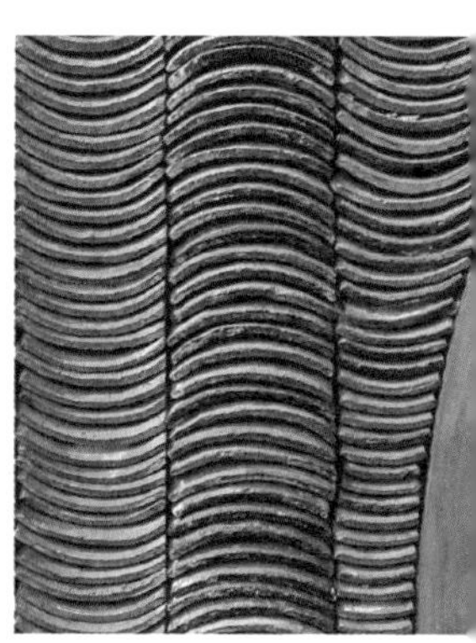

绿地常熟老街项目月洞门上不锈钢和瓦片的质感对比

[上述三张照片为上海易亚源境景观设计有限公司（YAS DESIGN）作品]

深圳万科第五园项目中的水景

日本美秀美术馆用月洞门作为主入口大门

中国银行总行大厦的室内景观用两个月洞门，互为对景

则是一个安静的休憩小花园。人们的视线透过月洞门，可以看见花园中的红枫和一块造型优美的太湖石相互搭配，形成对景。该月洞门的特点是外围用花岗石包边，圆洞粉刷为白色，墙体为上下拼叠成波浪的瓦片造型，整体形成一个用来分隔空间的现代中式的景观细部。

月洞门作为中国传统园林的景观符号，不仅在现代的景观设计中被创新，且还被运用在现代建筑设计中，成为体现中式风格的重要元素。如贝聿铭在苏州博物馆以及日本美秀美术馆这两个项目中为了体现东方意境，都使用了月洞门作为主入口大门，用一种园林化的语言来表达现代的建筑形式。又如他设计的中国银行总行大厦的室内景观，有两个月洞门相互呼应，透过它们可以看到远处对景的一片竹林。月洞门不仅是几何意义上的门，更表达了中国传统园林的空间意境。既用墙体遮挡形成私密性，又成为对景的视觉焦点，同时还体现出现代中国的精神内涵。总之，通过上述项目，可以看出月洞门作为中国传统园林的典型符号，能巧妙地运用在现代景观设计和建筑设计中，创造出流动的空间和隐喻的意境。

应该说，门是礼仪性很强的景观细部。中国传统的牌坊、门楼是很重要的建筑物与构筑物。而门在现代风格的演变下，更突出造型的艺术性，象征主义大于实际的功能。门所营造的院落感，通过月洞门得到了更好的表达，这是在中国传统园林中经常会用到的空间转换细部，月洞门的功能也从通道变为景观小品，甚至建筑外立面的构成语言。总之，在设计中还要不断寻找门的创新。

第五节 建筑

一、中国传统园林中的建筑

中国传统园林中的建筑，大致分为亭、台、楼、阁、桥、廊、榭、舫、轩、斋、馆、殿、堂等，基本以木结构和石结构为主，通常作为传统园林的重要节点。首先，讲究法式。中国皇家园林建筑以大式为主，强调宏伟的气魄，如北京皇家园林中轴线上的节点建筑都为大式。而私家园林建筑，如苏州园林中的建筑基本都是小式。其次，讲究材料和形态。中国传统园林建筑基本是以木结构为骨干，结合土、石和瓦，构件尺度大，形态较厚重。在建筑的屋脊上，有仙人、吻兽等作脊头，而且在斗拱、木结构梁架及栏杆上也都有雕刻，给人复杂的感觉。再次，讲究色彩。中国皇家园林建筑多使用金黄色的琉璃瓦，凸显尊贵辉煌。而私家园林建筑基本以黑、白、灰、暗紫色为主，灰瓦、白墙、暗紫色门窗梁架，显得清淡高雅。最后，讲究对称。中国传统园林建筑以对称为主，从殿堂到亭台，基本都为中心或轴线对称。

① 北京天坛的祈年殿，大式的景观建筑
② 苏州网师园的月到风来亭，小式的景观建筑
③ 天津蓟县独乐寺观音阁建筑上的仙人、吻兽等细部
④ 西方景观设计常见的凉亭
⑤ 无锡江南坊庭园中传统式样的亭［景观设计：上海易亚源境景观设计有限公司（YAS DESIGN）作品］

二、西方现代景观中的建筑

西方现代景观中的建筑，一般都是具有使用功能的构筑物，主要包括遮阴棚、拱形木结构架、木质或金属材质的凉亭以及栽花的温室等，有古典风格、乡村风格和现代风格等。其特点就是：从功能出发进行设计、材料和形体都趋于简洁、风格与功能定位相适应。

三、现代中国景观中的建筑

景观建筑是整体环境中的点睛之笔。现代中国景观建筑的设计要注意如下几个问题：在景观布局中，景观建筑要追求少而精，把景观建筑放置在最重要的位置上；在建筑形式上，要追求化繁为简，综合运用传统和现代的材料，并在传统建筑的形式上进行重塑和创新；在施工技术上，要尽量采用模数化和工业化的精确施工。

1. 亭

亭，是中国传统园林中重要的元素。现代的亭有着多种风格，所以要因地制宜地进行设计。

在有历史遗迹的地方，可适当地修建传统式样的亭，但不宜过多使用。如无锡江南坊项目，离寄畅园不远，为了城市风貌的统一，在庭园中设计了一个传统式样的亭，并严格遵循传统营造法式。

在注重绿化效果的地方，建议使用木结构的亭，放置于堆坡地形的顶端，或是水景的岸边。如追求生态自然的效果，也可以设计茅草亭。如杭州杨公堤水景边的茅草亭，成为人们观赏的视觉焦点。

当前，亭越来越重视运用现代的材料和形式，造型越来越简洁。其设计原则是要把握好尺度和比例，满足使用功能，并推敲好空间感受。如苏州博物馆中心庭园的水池中设置了一个现代的亭，以该亭为观赏点，可以看到庭园的全景，同时它与博物馆的建筑也互为对景。该亭的形态为双层玻璃顶，内侧局部覆盖钢格栅。该亭的结构形式为钢结构，钢柱上设置照明灯具。在使用功能上，该亭内部布置座椅供人围坐休息，中间设计了一处漱洗台。分析该亭的设计，得到了如下的启发：第一，亭的平面和立面尺度一定要仔细推敲，要和整个景观空间相协调；第二，亭的柱子不论是用钢结构还是其他材料，都要注意比例和尺度，不能太纤细，也不能太粗大；第三，亭的檐口不能过低，否则会遮挡住人们的视线，并使亭内的空间过于阴暗；第四，要从使用功能来考虑，可适当增加一些实用的设施。

杭州杨公堤水景边的茅草亭

苏州博物馆中心庭园中的亭

在周边建筑比较多的景观空间内（如居住区等），为了不造成拥挤的感觉，亭的体量应尽量小巧、精致，适合人体的尺度，并与周边的环境融合在一起，掩映和隐藏在绿化之中。如苏州晋合水巷邻里花园项目中有一个钢结构亭，设计成倒“L”形，并在顶面和立面上用方形钢管制成回纹图案，整体漆成白色，给人感觉既有现代感，又有中国情调。这个项目说明了通过把中国传统园林建筑分解出一两个有代表性的符号，用现代立体构成的设计手法进行解构和重塑，就能创造出全新的现代中式的景观建筑。

苏州晋合水巷邻里花园项目中的钢结构亭，俯视实景［景观设计：上海易亚源境景观设计有限公司（YAS DESIGN）作品］

亭的造型可以大胆地突破常规，来表达设计上的创新。如南京仁恒翠竹园项目中也设计了一个椭圆形的钢结构亭，由于其周边环境比较开阔，所以它的尺度略大一些。该亭的钢结构顶设计为冰裂纹图案，上覆玻璃，内部铺设木格栅，既有中国的元素，又极具现代感。而且，风景园林师特意在屋顶的钢结构中挖了一个面积较小的椭圆形洞口，让光线可以透下去，照在下面的绿化之中。它下部的钢结构柱是倾斜的造型。这个项目说明了用现代主义的建筑手法能设计出新颖的景观建筑，也能体现中国的历史文化内涵。

南京仁恒翠竹园项目中椭圆形的钢结构亭

杭州杨公堤景区中传统式样的廊桥

2. 廊

廊是中国传统园林中常用的建筑形式，在体现历史风貌的地方，可适当地修建传统式样的廊。如杭州杨公堤景区新建了一座传统式样的廊桥，美轮美奂，给人们留下如诗如画的江南印象。

杭州西湖柳浪闻莺景区中，称为“林霭漫步”的景观廊

杭州中国美术学院象山校区的廊桥倾斜而交错的钢结构柱

杭州龙湖天璞示范区廊桥［景观设计：上海易亚源境景观设计有限公司（YAS DESIGN）作品］

成都万科城市花园项目中的轩，墙体可开启成不同的角度

在设计时，应该更多地采用现代的材料来设计和建造具有现代中式风格的廊。如杭州西湖柳浪闻莺景区中有一组特色的建筑“林霭漫步”，是用木材、混凝土、石材和不锈钢结合而成的观景廊。它建在一片被保留下来的水杉林之中，与树林融合成一个统一而自然的整体。从建筑形态上看，这个廊围绕着树林不断地进行高低起伏的变化，创造出流动而丰富的空间，满足了人们的观赏体验。又如中国美术学院象山校区中一座大尺度的廊桥，它跨过一条天然的溪流，从校园延伸向远处的山林之中。该廊桥用倾斜而交错的钢结构柱体来支撑整个桥梁，表达出一种现代主义的建筑气质。再如杭州龙湖天璞示范区中的一座廊桥，通体采用白色穿孔铝板，局部内透光并设置雾喷，整体造型高低起伏，成为主要的视觉对景点。

3. 轩

轩是中国传统园林中体量较大的建筑，在体现历史风貌的地方，可适当修建传统式样的轩。

轩主要的使用功能为休憩和娱乐，因此可以用现代的建筑形式来建造，使用钢材、木材及玻璃等材料相结合，易于构建丰富的空间，而且采光和通风性能较好，相对适合户外活动使用。如成都万科城市花园项目的游泳池旁边有一个现代的轩，它作为茶室及休息场所，能满足甲方的不同需求进行灵活布置。它采用钢结构作为整体的支撑结构，用玻璃作为屋顶，墙体由带木格栅的钢框架制作而成，可调整角度解决通风和采光的问题。应该说，它是一个可以伸展的建筑，能创造流动的空间。又如新加坡的一处钢结构轩，其功能是作为供人休息活动、餐饮交流的场所。它的特色在于整体为钢结构，立面的木格栅门能旋转 360°，因此它的采光和通风效果都非常好。由上述两个项目可以看出，通过现代材料来塑造简洁的形式和实用的功能，是将来景观建筑的发展方向。再如天津泰达格调松间项目，在偶园中有一处景观建筑，是被称为"山水间"的轩。该轩以钢结构为主，立柱外框包木头。由于天津少雨故顶部不设玻璃。轩内设置座椅，供人们停留及休憩。

新加坡的钢结构轩，立面上的木格栅门能旋转 360°

天津泰达格调松间项目偶园的山水间 [景观设计：上海易亚源境景观设计有限公司（YAS DESIGN）作品]

4. 传统与现代的材料相组合

风景园林师可以用传统和现代的材料相结合来建造源于中国的现代景观建筑。传统的材料有瓦片、白墙、木材、竹子、茅草等。它们与现代的混凝土、钢材等材料相互结合，能形成很有特色的细部。如杭州富春山居度假村以元代黄公望的《富春山居图》为灵感来源，借用富春江畔的自然美景，将建筑群规划成背山面水的格局，与周边的富春江、群山和茶园等自然环境融为一体。其建筑在屋顶部分进行了简化处理；墙面部分主要为白墙，并有韵律地布置了一系列

杭州富春山居度假村的建筑外立面与山水的融合

上海松江方塔园的何陋轩，远看整体形态

上海松江方塔园的何陋轩，内部用竹子作为支撑结构

深圳万科棠樾项目售楼处的木结构屋顶

30cm × 150cm 竖条形窗及 120cm × 150cm 的长方形窗，整体上形成了现代的外立面效果。同时，该建筑的内部空间用天井、院落等传统空间形式来贯穿分散布局的客房。入口大厅用两排直径 60cm 的深色木柱撑起高大的屋架，气势宏伟。这些都是在传统的建筑设计语言中进行的提炼和重塑。又如建筑学家冯纪忠在 20 世纪 80 年代设计的上海松江方塔园，其中的何陋轩是一个在中国建筑界具有时代性和地标性的现代景观建筑。其屋顶的设计灵感来源于当地民居的做法，屋脊呈弯月形，中间凹下，两端翘起，屋面铺设茅草。下部的支撑结构完全用竹子制作而成，竹子的节点用绑扎的方法，并把所有竹子的交接点漆成黑色，以“削弱其清晰度”。而各杆件的中段漆白，从而强调“整体结构的解体感”。这使得“所有白而亮的中段在较为暗的屋顶结构空间中仿佛漂浮起来”(加引号的部分为冯纪忠语)。以当前的眼光来看，该景观建筑依然具有很强的前瞻性。它使用的是中国传统的乡土材料，形式上也很有中国特色，而其内部的构造工艺和空间形式却非常现代，它是源于中国的现代景观建筑的典范。再如深圳万科棠樾项目的售楼处，其木结构屋顶与何陋轩的内部竹结构有相似之处。该屋顶木结构梁架的铰接处用黑色的钢构件固定起来，在灯光的照射下十分醒目。在这个项目中，建筑师用黑色强调

了结构的清晰度，并形成整齐而统一的序列感。总之，上述三个项目都是通过立体构成的手法以及色彩的对比来体现现代主义的设计理念。另外，建筑师王澍认为中国传统建筑就是将“自然”置入“城市”，因此他在中国美术学院象山校区的规划设计中运用了三个步骤：首先，建筑的总体格局要考虑与当地的自然山水相融合；其次，重整地形，让建筑和地形相融合，让人们曲径通幽地进入建筑的内部，并观赏建筑与地形、水体、植物一起形成的景观；最后，在曲折反复的行进中营造一系列具有诗意的空间。因此，王澍设计了山房、水房和合院这三种建筑形式，使它们和象山一起成为整个校园的一部分。

杭州中国美术学院象山校区中的建筑形态

5. 用现代的景观设计语言来创新

为了展示中国与时俱进的精神风貌，当前建筑师和风景园林师经常用现代的材料和设计语言进行创新。这样不仅能形成更加稳定的建筑结构，以便于后期的维护，而且还能体现出现代风格和传统意境之间的相互融合。如苏州博物馆通过错落有致的建筑外立面形式，既体现了江南水乡的坡顶建筑特色，又与周边的传统建筑形成了鲜明的对比。另外，它的屋顶不使用瓦片，而是使用了加工成菱形的中国黑花岗石。这种石材黑中带灰，不仅能体现瓦片的神韵，还能体现现代的几何感。从这个建筑设计中，得知“现代中式风格”绝不仅仅是简单地复制传统的建筑和园林形式，而是要吸取中国历史和文化的核心内容，并加以现代的营造手法，然后通过全新的设计语言来表现现代的建筑和景观风格。又如上海九间堂别墅区，建筑师在建筑的外立面设计了高

苏州博物馆的屋顶

大的白墙作为屋顶的支撑结构。而屋顶则用两层不同倾斜角度的圆形钢管来代替传统建筑中起翘的屋脊和瓦片，钢管内侧为玻璃幕墙制成的可遮风避雨的实体墙面。同时，钢管之间的空隙可以让光线漫射进建筑的室内，形成很好的采光效果。总之，建筑师对传统的大屋顶所进行的诠释与苏州博物馆的处理方法虽有不同，但都是用现代的材料和设计语言来隐喻传统的文化，并满足现代人的使用需求。

上海九间堂别墅区的白墙和钢管形成的屋顶

6. 强化象征意义

当风景园林师将景观建筑的功能弱化，并把它演变成景观小品时，景观建筑就更加具有象征意义。如北京奥林匹克公园的下沉式庭园“合院谐趣”，风景园林师利用传统四合院“墙倒屋不塌”的原理，清除了所有的围合物，以彻底打破室内外空间的界限，使原本私密和封闭的室内空间转换为开敞的公共空间。由于该景观建筑的屋顶和立面都使用同一规格的钢管，形成了具有现代感的“解构”效果。这种手法把建筑演变成景观，弱化了它遮风避雨的使用功能，但是却鲜明地展示出一个历史与现实、全球化与地域化等理念相互融合后所生成的景观建筑，具有强烈的时代感。

北京奥林匹克公园的下沉式庭园“合院谐趣”中，用钢管制作而成的景观建筑

7. 体现地域文化特色

中国幅员辽阔，因此各地的景观建筑要体现出不同的地域文化特色，要结合当地的历史文化进行创新。如云南香格里拉的松赞林卡酒店体现了藏族的地域文化特色，表达了它与著名的藏传佛教建筑噶丹松赞林寺之间的关

系。首先，该酒店的地理位置非常优越，位于噶丹松赞林寺的后山上。因此，酒店的客房都是可以望见该寺庙的，人们站在房间的阳台上，就能清晰地看到整个寺庙的全景以及背面山坡上的植物和田野，十分壮观。其次，该酒店建筑的风格是用石材砌筑的形式和木结构形式相结合而成的，手工砌筑的石材粗犷大气，木结构则雕刻出斗拱以及收头处的龙头，非常细腻精致，两种材质的对比和结合，体现了该地区精巧的建筑施工工艺。还有，该酒店的细部装饰有藏族的绘画、印染的纱布、陶土罐等民俗物品，与建筑形式结合起来，给人们特别的感受和体验。又如云南丽江悦榕庄酒店的建筑形式，体现了云南纳西族的民族文化。从建筑的类型上看，主入口两侧对景的两个餐厅和接待处是最大的、最重要的建筑，因此它的造型是双层重檐的形式，屋脊呈弯月形，两端翘起，非常具有地域特色。而进入别墅后，主体建筑的屋顶做法与主入口建筑类似，只是屋脊的弧度较小，形式更加简洁。另外别墅入口处的小院门，屋顶造型也是同样的式样，只是尺度再次缩小。因此，通过主入口建筑、别墅建筑到别墅院门这三个层次的屋顶的对比，虽然建筑的尺度缩小了，形式减弱了，但是建筑风格是保持一致的。从上述两个项目可以看出，不同地域的风土人情和历史文化是景观建筑在形式上取得创新的源泉。只有尊重当地的历史文化，并适当加入现代的设计语言，才能设计出精彩的作品。

云南香格里拉松赞林卡酒店的建筑外立面

云南丽江悦榕庄酒店的入口景观建筑

第六节 景观设施和景观小品

一、中国传统园林的景观设施和景观小品

中国传统的景观设施和景观小品主要为栏杆、美人靠、盆景、石桌凳、石雕、砖雕、碑碣、石鼓、铜麒麟等。它们能划分空间，成为视觉焦点，并起到画龙点睛的作用。这些景观设施和景观小品的材料大多为石材、金属及木材等。正是由于它们深厚的历史文化内涵，使之在现代成为古董或文物，并具有一定的收藏价值。

二、西方现代景观的景观设施和景观小品

西方的景观设施和景观小品，是指随着居住生活的改善、新的活动方式的出现、技术的进步以及新的需求，所产生的座椅、垃圾箱、电话亭、标识及指示设施、雕塑等日常在城市公共空间及居住区中广泛使用的景观元素。其使用的材料没有具体的限制，从石材到金属等都可使用，关键在于要体现出项目所在地的历史文化及社会风貌。其设计和施工的要求基本可以总结

为：以人为本、设计合理、满足功能。

三、现代中国景观的景观设施

1. 标识及指示设施

日本东京中城商业区的标识及指示设施

标识及指示设施是让人们通过阅读它所提供的内容，来了解所在地的交通、商业等相关信息。在布局上，由于标识具有重要的引导功能，因此一般应设置在引人注目的出入口处。在风格上，要与周边的建筑及景观风格相统一，并符合现代人的使用习惯。如西安曲江池遗址公园的标识及指示设施，以石柱作为主要的支撑结构，固定上下两根圆木，中间为一块标注公园主要信息的磨砂钢化玻璃。它的特别之处是在石柱上雕刻的唐朝宫女彩绘，使人们立刻意识到这个公园独具特色的“唐风”。又如杭州西湖天地的标识及指示设施，在一块铜板上用现代的平面设计手法雕刻了该项目的标识符号，其风格时尚而简洁，在绿化的掩映下十分醒目，而且与周边高雅的建筑风格相互呼应。再如成都宽窄巷子的标识及指示设施，整体为灰色调的钢结构，一侧为可更换的广告贴图，另一侧为红底白字的“宽巷子”标识，显得精致隽永。还有南京远洋万和方山望项目，其入口用层叠的树脂材料做出中英文标识设施，在黑色石材基座、地面瀑布水景及背景玻璃幕墙的映衬之下，显得熠熠生辉，光彩照人。总之，上述的

西安曲江池遗址公园的“唐风”的标识及指示设施

杭州西湖天地的标识及指示设施

成都宽窄巷子的标识及指示设施

标识及指示设施都用各具特色的设计语言突出了源于中国的现代景观的韵味。

2. 灯具

灯具是在夜间用来照明的景观设施。当前，灯具不仅要满足使用功能，而且还要通过形式上的创新来体现场地的风格。如杭州西湖湖滨的灯具，其设计灵感来源于“古钱塘门”的碑碣。该灯具高度约 4m，顶部由斗拱和瓦片组合而成，中部为半透明的磨砂玻璃，下部为喷水槽及方形小水池。虽然，该灯具顶部和中、下部的衔接稍显生硬，但是它表达了风景园林师把中国传统建筑的元素和现代材料相互结合的理念。而在同一个区域内，还有另一种体量更加高大的灯具，高度约 10m，上部为半透明的磨砂玻璃，在夜间变幻着红、绿和蓝等色彩灯光，下部也为同样的喷水槽及方形小水池。由于该灯具没有顶部的斗拱，所以比前一种灯具更加现代和简洁。总之，这两种灯具用相似的设计手法，在不同的尺度上表达出现代中式的效果。又如苏州博物馆的灯具，高度约 50cm，其材质为黑色光面花岗石石材，线条刚硬，造型为“方括号”形。该灯具的上半部设计了方形磨砂玻璃灯罩，内藏照明的灯泡。从布局上看，它比较适合左右对称使用，既展示出现代几何形体的体块感，又给人一种高雅的现代中式的意境。与之相类似的是日本美秀美术馆中的灯具，在建筑的主入口台阶两侧对称放置四个“方括号”形灯具，形成强烈的序列感。在整个园区的主入口处则对称布置了两个高度约 4.5m 的灯具，形态和风格与前者统一，整体上展示出现代高雅的东方韵味。

南京远洋万和方山望入口处灯具［景观设计：上海易亚源境景观设计有限公司（YAS DESIGN）作品］

杭州西湖湖滨的“古钱塘门”碑碣

杭州西湖湖滨的高度约 4m 的灯具

杭州西湖湖滨的高度约 10m 的灯具

苏州博物馆的灯具

日本美秀美术馆建筑主入口台阶两侧对称的灯具

日本美秀美术馆园区主入口处对称的高度约 4.5m 的灯具

3. 座椅

座椅是人们在行走或活动一段时间之后可以坐下来休息的景观设施。当前景观设计中大多使用成品座椅，样式比较雷同，容易产生单调的感觉。因此，座椅设计时一方面要满足坐憩的舒适度，另一方面要体现出该地域的文化特色，使之成为一个有意义的细部。如苏州新加坡工业园区的广场上布置着以青砖作为饰面材料的座椅，在布局上形成一系列大小统一的“长方体”。同时，宽度约 20cm 的灰色花岗石所形成的“线条”从地面一直延续到座椅的表面。通过这个简洁而有趣的细部，座椅、铺装以及周边的景观环境共同形成了一个整体。又如上海松江方塔园中的座椅也精心设计过，其“赏竹亭”内的座椅运用了现代主义的构成手法，从亭外直接延伸至亭内，相互垂直且并不相交，表达了风景园林师希望用现代的设计语言来对中国传统园林进行重塑和创新。

苏州新加坡工业园区广场上布置的座椅

上海松江方塔园赏竹亭内相互垂直放置、互不相交的座椅

4. 垃圾桶

垃圾桶是收纳垃圾的景观设施，应满足其使用功能，且与场地的设计风格相统一。如上海新天地的垃圾桶，为了和建筑墙面及地面的青砖材料相统一，它以不锈钢作为外框，立面贴青砖，与周边环境非常协调。而在形式方面，如成都宽窄巷子的垃圾桶通过木质坡顶造型来体现巴蜀的地域文化。又如西安大唐芙蓉园内的垃圾桶采用抽象、简化的手法，精细地塑造出现代“唐风”的效果。

5. 栏杆

栏杆是为了防止发生跌落等意外事故而起保护作用的景观设施。其做法以符合规范为原则，较少考虑风格和特色。因此，现代中国的景观设计希望在栏杆上也能有所创新，体现出地域特色。如杭州中国美术学院象山校区的教学楼都使用了很有特色的竹篱栏杆，该设计源于江南地区农村中常用的围篱做法。其外框为漆成黑色的铸铁框架，内部为竹条编织而成，简洁耐用，

上海新天地的垃圾桶

成都宽窄巷子的垃圾桶

西安大唐芙蓉园的垃圾桶

并具有浓厚的乡土气息。又如该校区中的其他教学楼，其侧立面上有多条竹篱栏杆围护的坡道，人可从地面直接到达三楼。这些高低起伏的竹篱栏杆和坡道已经成为该建筑外立面上一道美丽的风景线。

杭州中国美术学院象山校区的竹篱栏杆

6. 树池和花坛

树池和花坛是景观设计中常用的景观设施，通常用石材围合而成，形式比较单调，缺乏新意。因此，在这些景观设施设计时也要展现出场地特色，给人们留下深刻的印象。如杭州西湖天地的树池颇具特色的收边处理，在细部设计中表达出它的吉祥寓意。又如上海佘山月圆园艺术雕塑公园的树池高度约60cm，上部用深灰色水洗石作为表面，下部用色彩斑驳的青砖堆叠起来，并一层层向上缩小，造型独特，也很有趣味。另外，景观设计中也常用古色古香的花坛来种植花卉，如成都宽窄巷子用龙头形状的花坛来种鲜花，深圳万科棠樾项目用古代的饮马池来种植荷

杭州西湖天地的树池

上海佘山月圆园艺术雕塑公园的树池

成都宽窄巷子龙头形状的花坛

深圳万科棠樾项目种荷花的饮马池

花，两者都给人一种富有文化韵味的历史感。

7. 窨井盖

窨井盖是一种比较容易被风景园林师所忽视的景观设施。但是，如果在此细部上精心设计，也能展示出别具一格的景观效果。如北京奥林匹克公园的下沉式庭园“古木花厅”，其中的窨井盖用钢材做成类似瓦片层层堆叠起来的平面造型，与整个庭园用瓦片进行设计的主题互相融合。

北京奥林匹克公园的下沉式庭园“古木花厅”中的窨井盖

8. 桥

桥是在特殊地形供人和车通行的重要景观设施。一般而言，景观设计中的车行桥尺度较大，对结构的要求较高，因此造型不能太复杂。而人行桥则对于造型限制较少，可以丰富多样。下文主要以人行桥为例进行阐述。桥的类型根据材料的不同，分为石桥、木桥以及钢结构桥等。当前，在桥的设计上既要借鉴如九曲桥、拱桥等传统桥梁造型，又要学习先进的构造技术，设计出具有中国特色的现代桥梁。

首先，石桥要通过石材来“做文章”，使其与周边的环境相互融合，形成独特的风格。如苏州博物馆，贝聿铭在主庭园的水景上设计了一座平桥。人们走在桥上，一侧可观赏倒映水中的建筑和亭台，另一侧可观赏“以壁为纸，以石为绘”的石景。桥体在平面构图上向西北角的石景位置倾斜约30° 延伸过去，形成十分强烈的透视感，让人们感觉水面上的山石更加俊逸。又如杭州

苏州博物馆主庭园中水景上的平桥和水景、植物的关系

西湖湖畔有两座石桥，一座是紧贴着水面，让人们得以亲水；另一座是高高地拱起，形成一道优美的弧线。这两种形式都很有中国情韵，也成为观赏的视觉焦点。

其次，木桥也是景观设计中较常用的桥梁形式，它更易营造出中国传统园林“小桥流水”的意境。如杭州杨公堤景区中有一座木拱桥，为了让游船能够通过，起拱的弧度很大，立面上形成一条非常优美的弧线。而且，其下部也主要为木结构，并在木结构的尾部雕刻龙头，非常精美。又如北京奥林匹克公园，水景的面积很大，其中有一座木桥不是向上走，而是先向下走，然后在略低于水平面的位置行走。桥体的局部为透明玻璃，让人们以平常看不到的角度，更加亲切地看到水景和水生生物，具有很好的生态教育意义。再次，钢结构桥是比较现代的桥梁形式。在公园绿地中，它经常布置在水面较大的区域内，成为主体景观。

杭州西湖湖畔紧贴着水面的亲水石桥

杭州西湖天地高高拱起的石拱桥

深圳万科第五园，折桥与水景、白墙的关系

杭州杨公堤的木拱桥

杭州杨公堤的木拱桥尾部雕刻龙头

北京奥林匹克公园的木桥

四、现代中国景观的景观小品

在景观空间中，通过景观小品的设计可以更好地表达相应的主题及历史文化内涵。可以从中国剪纸、石狮、鼓、水井等具有象征意义的“中国符号”中汲取灵感，进行艺术化的加工，形成源于中国的现代景观小品。

1. 雕塑

布置反映中国历史典故或地方风俗的雕塑，是营造现代中国景观设计比较常用的手法，往往能成为景观的视觉焦点。如北京奥林匹克公园的下沉式庭园“水印长天”中，有一组以宋人李公麟绘制的《明皇击球图卷》为蓝本的雕塑，再现了唐明皇、杨贵妃与王室贵族驰骋赛场，纵马戏球的盛景。这个围绕马球所设计的雕塑既表现了历史故事，又呼应了2008年北京奥运会的体育主题。又如杭州西湖内有大量的雕塑，表现了在杭州出生和生活过的名人的历史故事。这些雕塑有的布置在道路边，有的布置在建筑的庭园里，还有的甚至布置在水中。它们与周边的绿化相互融合，让人驻足观赏。再如西安大唐芙蓉园和曲江池公园中也设计了许多雕塑，多数反映了盛唐时期的人文故事和风俗习惯。雕塑中的人物形象饱满，动作栩栩如生，让人们仿佛回到了唐朝。另外，在大雁塔广场

北京奥林匹克公园下沉式庭园“水印长天”中的雕塑

杭州西湖的“送白公”雕塑

杭州西湖涌金门“浪里白条”张顺雕塑

杭州西湖曲苑风荷“风荷御酒坊”雕塑

西安大雁塔广场的关中民俗雕塑

成都宽窄巷子造型各异的石雕

中有一些关中民俗雕塑，体现了陕西民间的人文趣事，让人们在游览中回味无穷。

2. 用古董作装饰

当前在景观设计中，可在适当的位置上布置一些古董作装饰，用来展示该地区的历史文化，起到画龙点睛的作用。如成都宽窄巷子，通过造型多样的石雕展示其悠久而高雅的历史底蕴和文化内涵。

3.中国剪纸

中国剪纸是中国民间的非物质文化遗产。早在汉唐时期，民间妇女就有使用金银箔和彩帛剪成方胜、花鸟等形状，贴在鬓角上作为装饰的习俗。后来逐步发展为用色纸剪成各种花草、动物或人物故事，贴在窗户、门楣上作为装饰品。当前，通过把剪纸艺术进行处理使其成为景观小品，能很好地体现出植根于中国传统的现代景观设计理念。如南京仁恒翠竹园项目，风景园林师将中国剪纸中的狮子放大数倍，并放置于水景边，形成了极富喜庆色彩的红色狮子雕塑。通过这个设计，中国剪纸在景观设计中获得新生，这两种艺术的交融将会创造出更多体现中国历史文化的景观作品。

南京仁恒翠竹园项目中，源自中国剪纸艺术的红色狮子雕塑

北京奥林匹克公园的下沉式庭园“礼乐重门”中，用几百面鼓形成的景观

上海新天地的石鼓

杭州西湖天地的石鼓地图

上海 88 新天地酒店入口处的水井

4. 鼓

鼓是中国传统的打击乐器。在景观设计中可以尝试将鼓作为一个象征符号，来体现中国传统文化的现代演绎。如北京奥林匹克公园的下沉式庭园“礼乐重门”中，风景园林师用漆成红色的钢结构架子支起上百面大小不同的“响鼓”。鼓内藏着灯具，可以敲打，也可以照明，展现了优美而高雅的东方礼乐。又如上海新天地的石鼓，以石材做成鼓的形状，成为颇具中国文化内涵的雕塑。而在杭州西湖天地中，对石鼓进行了优化，在它的表面刻上该区域的地图，并把它倾斜地放置在绿地之中，石鼓也因此变成了一个标识和指示设施。

5. 水井

水井是用于开采地下水的工程构筑物，中国已发现最早的水井是浙江余姚河姆渡古文化遗址中的水井，其年代距今约 5700 年。而张艺谋的电影《老井》也展现了中国人坚韧不拔地追寻水源的精神。由于水井具有丰富而深刻的象征意义，因此在景观设计中常把水井设计成一个景观小品，给人们带来更多关于历史文化的思考。如上海 88 新天地酒店，其入口处放置一口水井，体现了传统与现代相互交融的理念。又如绿地常熟老街项目，其商业街入口用一口水井引出水源，水从水井中喷涌而出，然后流过月洞门，最后流入后面的湖中。这表达了中国人传统意识中寻根溯源以及择水而憩的观念。

6. 竹

竹是景观设计中经常使用的植物之一，它与中国诗歌、书画、造园之间有着不可分割的关系。因此，经常设计各种各样的竹园供人们观赏。但是，也可以将竹设计成景观小品，使之产生意想不到的效果。如日本东京国际花卉博览会通过巧妙地编织竹竿形成舞动的雕塑，象征着飞翔的翅膀，告诉人们要保护环境，要使用可再生的能源。又如南京仁恒翠竹园项目用数百根细长的不锈钢柱制作成反映“竹”主题的景观小品，具有很强烈的象征意义。上述两个项目说明了竹不仅是常用的植物品种，也是制作景观小品的重要材料。

7. 汉字

汉字是起源于中国的最古老的文字之一，它是传承和弘扬中华文化的重要载体。由汉字发展出书法和篆刻，书法以其独特的艺术形式来表现情感和意蕴，而篆刻是具有艺术价值的印章设计。因此，把汉字结合书法、篆刻等艺术形式，融入现代的景观设计之中，将能极大地强化“源于中国”的理念。如北京奥林匹克公园中的一些构筑物，用混凝土制成墙面，并巧妙地在墙面上雕刻出汉字。通过楷书、行书等汉字字体，融合篆刻的技巧，使得这个景观细部展示了中国源远流长的历史文化。

绿地常熟老街项目中的水井 [景观设计：上海易亚源境景观设计有限公司（YAS DESIGN）]

日本东京国际花卉博览会中用竹竿编织的具有动感的景观小品

南京仁恒翠竹园的“竹”景观小品

北京奥林匹克公园中的构筑物，在墙面上雕刻出汉字书法

秦皇岛汤河公园“绿荫中的红飘带”，贯穿公共活动场地

上海 8 号桥的“中国红”墙体

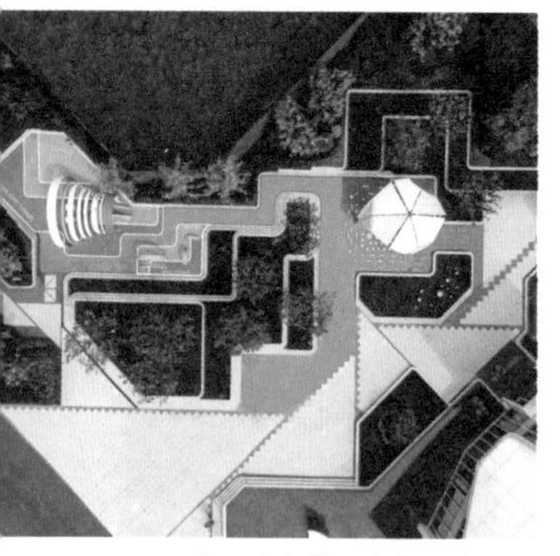

河南鹤壁建业花溪小镇示范区七巧板铺装概念 [景观设计：上海易亚源境景观设计有限公司 (YAS DESIGN)]

8. 中国红

红色是中华民族最喜爱的颜色，中国红也成为中国人的文化图腾和精神皈依。中国古代以赤、黄、青、白、黑为五方正色，赤为五色之首。如今，中国人用红色来表现民族风貌，“中国红”代表着平安、吉祥、康寿、和谐、团圆、成功、兴旺、能量、热情等意义。因此，将中国红融入景观设计之中，不仅能体现中国味道，而且容易塑造出景观焦点。如秦皇岛汤河公园以红色作为标志色，设计了不同长度、曲折多变的红色玻璃钢体块，形成“绿荫中的红飘带”。这些红色体块蜿蜒曲折，整合了包括步行道、座椅、环境解释系统、乡土植物展示、灯光等功能，在绿色的背景中十分醒目。又如上海 8 号桥的“中国红”墙体，一整面墙体都漆成红色，同时墙体设计成折线伸展的形状。通过在墙体上适当地布置艺术品，营造震撼的视觉冲击。

9. 七巧板

七巧板是一种古老的中国传统智力玩具，由七块板组成，可拼成许多图形，如三角形、平行四边形、不规则多边形以及各种人物、动物、桥、房、塔等，历史可追溯到前 1 世纪，在明朝基本定型。如河南鹤壁建业花溪小镇示范区，用七巧板的形式作为铺装的式样，结合儿童活动场地和绿化空间，体现了一种用景观设计的语言对传统文化的现代表达。

10. 油纸伞

提到油纸伞，在中国人的印象中就是出现在江南朦胧烟雨之中的。伞起源于中国，《史记·五帝纪》中就有关于伞的记载，在中国已有四千多年的历史了。最早的伞由鲁班的妻子云氏发明，初期的伞多以羽毛、丝绸等材料制作。东汉发明纸后，丝绸由纸代替，制成纸伞。油纸伞作为日常用的雨伞至少有 1000 多年了，历经岁月风雨，也有着美好寓意。如在苏州方言中，“油纸”谐音“有子”，故女方家庭会以油纸伞为嫁妆，含“早生贵子”的意思；“伞”的正体字里有五个“人”字，象征着多子多孙；伞面张开后，伞形为圆，则取其“圆满”之兆，寓意新人生活美满、团圆、平安；油纸伞的伞轴意取中空正直，无私无邪。伞骨为竹，竹报平安，寓意节节高升，且代表多子多福。因此，苏州招商金融小镇的广场设计了三座巨大的油纸伞小品，高度约 10m，色彩鲜艳，并用灯光和喷泉与其搭配，成为整个场地的主景，突出了苏州的地域文化特色，也展现了源于中国的现代景观意境。

总之，景观设施及景观小品，从细节上体现了设计的精细程度、工艺精度、文化内涵、地域性材料的运用等，可谓是“细节决定成败”。这部分内容往往是一个项目最能展现景观效果的部分，但风景园林师有时容易忽略。在这部分内容的设计上需要合理地进行，要小中见大，关注每一个细节。

苏州招商金融小镇广场上的油纸伞小品［景观设计：上海易亚源境景观设计有限公司（YAS DESIGN）］

第四章 空间营造

空间营造，重点讲述空间布局、路径引导和观景体验三个部分。每个部分分别对中国传统园林和西方现代景观进行对比分析，最后通过深入分析项目，总结出源于中国的现代景观设计方法论。

第一节　现代景观空间营造的理念

中国传统园林的空间营造讲究“天人合一”，西方现代景观的空间营造追求“以人为本”。而中国的现代景观空间营造则是通过对空间布局、路径引导及观景体验这三个部分的分析，总结出的设计理念。

一、空间的概念

1. 空间的定义

在东方，中国的老子在《道德经》第十一章中写道：“三十辐共一毂，当其无，有车之用。埏埴以为器，当其无，有器之用。凿户牖以为室，当其无，有室之用。故有之以为利，无之以为用”。在这段话中，老子提到了关于“空间”的哲学思想：有形的容器与无形的空间。

在西方，维尔纳·布雷泽在他编著的《东西方的会合》一书中讨论了：“什么是‘空间’”该书写道：

“康德在他的《纯理性批判》(Kritik der reinen Vernunft)一书中写道：‘对

于空间并没有先验的规定。因此，空间的概念无法通过实践来获得’。对空间的体验（由观察所产生，因感觉而多彩，由灵感所表达）不过只是我们接近空间的方式而已。当我们试着去‘理解’空间的时候，日常生活中的空间术语就有可能成为关键词。‘空间’这个词首先让人想到的是墙体围合起来的建筑。直到我们不经意间站到了路灯下，包围在‘光的空间’中。尽管周围漆黑一片，但是这个‘光穴’（cavern of light）却是完全开放的，它的‘墙体’不是实体，而是近乎透明的、无须吹灰之力就可以轻易地穿行而过，然而人们仍能清晰地感受到空间的存在。‘空间’描述的是一处能遮风避雨的地方。然而它同样可以延伸到精神领域、延伸到对提升生命境界的渴望中去，以求不朽。空间的意义远远超出了建筑本身，而且存在于各种不同的设计媒介之间。”

2. 景观空间

（1）空间的构成

从建筑设计的角度来看空间，一般指通过墙体围合起来的建筑所形成的区域。然而，空间的概念从建筑设计延伸到景观设计，是指通过材料和细部等结合起来所形成的区域。一方面通过青砖、石材、不锈钢及玻璃等不同的材料，带给人们不同的体验，如中式或欧式、现代或传统等；另一方面通过不同的细部结合，形成空间的功能、形式和特色，如苏州博物馆的主要景观空间“中庭”，通过铺装、植物等元素与石景、水景、亭台等细部共同构成了一个“中而新、苏而新”的景观空间。

（2）空间的尺度

景观空间的尺度一般为 $100m^2$~$10000m^2$ ，通常大于建筑空间和室内空间的尺度，是一个囊括山水、绿化、建筑和活动场所的空间。因此，景观空间大致分为三类。

第一类为小型景观空间，如广场、活动场地、道路环岛等区域，满足了休闲、活动及交通等城市功能；第二类为中型景观空间，如公园、绿地、道路绿化带、城市防护林带等区域，展现出形式各异的地域景观特色；第三类为大型景观空间，如城市中心区、滨水区、乡村风貌区、历史保护街区等区域，展示出当地的文化内涵和历史文脉。

（3）空间的属性

景观空间有不同的空间属性，并由这些属性产生出不同的空间特质，正如约翰·O·西蒙兹（John O. Simonds）等所著的《景观设计学》一书中列举的十种类型。

类别	内容
紧张	不稳定的形式；零碎的细部；不合逻辑的复杂性；价值变化幅度大；色调不协调；令人紧张的色彩；线或点缺乏视觉平衡；没有视觉焦点；坚硬、光滑或锯齿状的表面；不熟悉的元素；耀眼、刺目、抖动的光线；在某一范围内令人不舒服的温度；尖锐、刺耳、使人极度紧张的声音
松弛	简洁；尺度包括从私密到开放的空间；熟悉的元素；平滑的线条；结构具有明显的稳定性；柔和的光线；令人镇定的声音；充满了平和的色彩
恐惧	具有压迫感；无法判断位置和尺度；隐藏的区域和空间；倾斜、扭曲或折断的平面；危险而不可靠的底面；无保护的空间；尖锐突出的元素；扭曲的空间；暗示着恐怖、痛苦、苦闷或暴力的符号；模糊、昏暗、可怕、残忍的场所；暗淡、令人目眩、鲜艳刺眼的光线；反常单一的色彩
欢乐	自由的空间；平滑、流动的形式和图案；感性而非理性的形式、色彩和符号；受人青睐的事物；热烈、明快的色彩；闪烁、发射、灼热的光线；节奏轻快、感情充沛的声音
沉思	对尺度没有限制；整个空间温和而不露锋芒；没有刻意讨好的成分；没有尖锐、对立所引起的心烦意乱；空间产生一种孤立、私密、超然、安全与平和的感觉；柔和、漫射的光线；宁静、消退的色彩；如果有声音，也是可在无意间领略的、柔化的声音
动感	巨大的规格；有尖角的平面；对角线；有沟槽的垂直面；焦点集中于活动的中心，曲折的线条、成束的光线；鲜明的原色；飘扬的旗帜；渐强的铃声；铜锣的敲击声；喇叭的吹奏声；鼓的捶击声
亲密	空间的私密性、内向性；亲切的尺度；低矮的顶棚；水面；流动的线条；柔和圆润的物体；角和曲线的并存；柔和的、温暖的光线；节奏性强、令人兴奋的音乐
崇高的敬畏	超越常人体验的巨大尺度；同低矮平展形成对比的高耸形体；人们可以在宽阔的平面上伫立，而目光和思维却沿着垂直面升腾的空间设计；指向远处或象征无限的符号；完整的构成秩序，通常是对称的；无限延伸的序列；使用昂贵而坚固的材料；冷色调、单色调，如蓝绿色、蓝色、紫罗兰色；漫射光中的强烈光束，传达着深沉、圆满、升腾的音乐

(续)

类别	内容
不愉快	令人沮丧的展示序列；与期望用途不符的区域和空间；障碍；过度的摩擦；令人不舒服的质地；材料的不恰当运用；不合逻辑、虚假、不安全、冗长乏味、俗丽、单调、秩序混乱的事物；不合宜的色彩；嘈杂的声响，令人不舒服的温度或湿度，令人恼火的光线；丑恶的事物
和谐	无论是空间、形式、质地、色彩、符号、声音、光线、性质、气味或其他事物，都设计得恰到好处；期望、要求得到满足；序列得以延伸并趋于完美；变化中有统一；和谐的关系；美的综合体

(4) 空间的形态与功能

景观空间的形态与功能是相互关联的。景观空间的形态是为功能服务的，同时功能也造就了景观空间的形态，正如19世纪美国建筑师路易斯·沙利文（Louis Sullivan）提出在设计中要“形式追随功能”。

景观空间的功能	景观空间的形态
居住功能	安静而简洁的，布置满足生活使用所必需的灯具、座椅及活动场地，不使用张扬和夸张的大体量构筑物，也不使用强烈而刺激的色彩，而是大面积种植常绿植物和落叶植物，包括丰富的地被植物、花卉、灌木及乔木等
儿童活动功能	布置造型夸张、色彩丰富、材质多变的玩具和活动器械，让儿童在游戏的过程中充分发挥想象力，在强身健体的同时快乐地玩耍
展示城市形象	大面积的硬质铺装，以满足人们交流、活动的需要，绿化基本以阵列式种植在铺装上的乔木为主，灯具的体量一般较大并要满足光照强度的要求，座椅和垃圾桶的数量比较多，有一个或多个地标性的雕塑、景观小品或水景，代表着这个城市的形象

二、中国传统园林的空间营造

1. 中国传统哲学思想

中国传统园林的空间营造，是在中国传统哲学思想的影响下逐步形成、发展和完善的。而《景观设计学》一书认为，中国传统哲学思想对中国传统园林的空间营造影响最大的是“道——是世间万物所内在的，也是看不见、摸不着的规律，它是隐含在万物（Creation）之中的创造意志（creativewill）。”该书对“道”作了进一步解释：“道——中国最基本的关于自然之秩序与和谐的思想。这一伟大的思想产生于遥远的古代，通过对大自然的观察得出：日月星辰的出没，昼夜的轮回、季节的交替，预示着一种规范着天地间一切形式的神圣自然法则的存在。道家学派的最初目的是使社会生活与自然（道）的力量和睦相处。”其中一个核心的哲学思想是“天人合一”。道家学派创始人老子说：“人法地，地法天，天法道，道法自然”，即人和自然在本质上是相通的，因此应顺应自然规律，达到人与自然和谐。由于这种哲学思想深刻地烙印在中国传统文化的内核之中，因此它在中国代表了“生命的哲学(philosophy of life)”。在这个哲学思想中，古人认为任何事物都不是绝对的，而是相对的，万事万物都在周而复始地朝着它的对立面转化，即所谓的“有生于无，有无相生”。为了达到和谐，“有”和“无”两者互相依存、辩证统一。在“道”的理论中，“无”就是“阴”，“有”就是“阳”，“阴阳”的转换就如同“无”和“有”一样。

正如《东西方的会合》一书通过对中国传统建筑与路德维希·密斯·凡·德·罗（Ludwig Mies van der Rohe，下文简称“密斯”）的现代主义建筑进行对比，得出东西方的上述两种建筑作品都可以看作“道家学派哲学思想的一种开拓性实现”。该书将中国的哲学思想及中国传统园林建筑的设计手法整理如下：“人和自然以及本质意义之间的关系是不可分割的；室内、室外两个极端跨越了空间的界限，构成了一个整体；让人感觉自由的空间，意味着渗透、灵活和轻盈，借助墙体构成的网络体系来达到突出‘空’（void）的目的。”

2. 景观空间营造

在中国传统园林的设计中，中国传统哲学思想就体现在空间布局的“内和外、动和静、虚和实”等一系列关系之中，通过有组织地结合与对比，形成空间秩序的对立统一，最终达到人与自然的“天人合一”。

（1）内和外

“内和外”是指在中国传统园林中，建筑的室内和室外（指园林）这两个空间不是对立的，而是通过渗透和虚实对比，让人感觉两者能很好地融合成一个整体。《东西方的会合》一书中写道：“中国古代关于空间的连续和统一的思想在提出问题的同时也给出了答案：‘花园在什么地方结束？房屋从什么地方开始？哪里既是花园结束又是房屋开始的地方？’传统的中国建筑示范了如何彻底适应居住者的生活方式，无论是日常的饮食、睡眠，还是诸如冥想之类更高层次的精神活动。人们住在能够让自己完全独立的空间里，这些空间同时又提供了向外开放并包容外部世界的可能。这种开放可以进一步细分：对坐着的人来说，它截止到篱笆或者由灌木、低矮乔木围成的绿墙；而对站着的人来说，它局限于柱子和房顶的檐口轮廓中，向地平线的广阔视野延伸。于是，外部景观融入了内部世界：这种身处自然的空间体验，极大地丰富了人们对美的感知与共鸣。这样的‘自然’已经左右了中国传统建筑的开放式空间长达几个世纪。”而在西方，1928 年密斯把“建筑与自然的关系”总结为“由内及外，由外而内（From inside to outside， and from outside to inside）”。由“内外”的概念继而延伸到“通（transparency）”与“透（permeation）”。

（2）动和静

“动态空间”如山上奔流而下的泉水、空中的飞鸟、水中的鱼、四季生长的植物（发芽、开花、长叶、落叶、变色及结果等过程）及在园中漫步的游人等；“静态空间”如屹立不动的石头与假山、砖石及沙砾所铺砌的步行小径，供人休息的桌椅以及平静的湖水等。“动和静”是表达生机勃勃的动态空间与安静祥和的静态空间这两种状态的对立统一，两者在中国传统园林及建筑中大量存在，并和谐地相互转化。可以想象，当年园林的主人和朋友们安静地坐在水边、树下及建筑旁听戏、喝茶、赏月的情景，那是整个园林最美好的时刻，空间也因为有合适的人存在而显得“圆满”。因此，可以说当人作为主角成为“动”的一方，自然成为“静”的一方的时候，人与自然就合二为一了。

（3）虚和实

“虚和实”是在探讨“无形和有形”的空间。“虚”是指“没有”，但这是让人体会到强烈自由感的空间，有时比有形的空间更为重要。用老子的思想来理解，自然就是“太虚（the great void）——天地统一体，也就是人类安身立命之所中一个建立秩序的因素。”另外，从人的角度来看，冥想就是一种典型的“虚和实”的关系。《东西方的会合》一书中写道：“在东方，冥想一直都是生命力（life-forming energy）。冥想就是要贴近人类内在的潜能和局限的原点，只有在那里，人类本质的意图才有可能为人所见并得以实现。在人类寻求内在原点的努力中，身体和精神获得了统一，这个沉默的修行可以让人变得自律和质朴。从这点来看，东方智慧的出发点就是把诸如此类的体验放到人与空间、建筑与生活的关系之中。”

（4）建筑贴近自然

“建筑应当贴近自然”这一观点在东西方都是一致的。在中国传统园林的空间营造上，建筑作为自然环境中的一个组成部分，与自然很好地融为一体。而《东西方的会合》一书中写道：“秩序与功能这两个名词在西方古典建筑中几乎是同义词——美取决于严格的对称，得益于以黄金分割为依据的直线、三角形、方形以及圆形的数学计算。如果把这样的美强加给自然的话，那么得到的就是文艺复兴时期的园林和巴洛克园林、凡尔赛宫园林与佛罗伦萨园林等。它们都是建筑形式的附庸，自然的野性被人类的观念驯化了。另一方面，将自然带入建筑的尝试以及将建筑带入自然的尝试，把人们的注意力引向了自然所具有的那种自由、跳跃以及流动的形式上来；由此人们能得到更多诸如‘自由’‘活泼’‘原创’‘质朴’‘独特’等感受。这种形式语言用老子的话归纳如下：‘大直若屈，大方无隅，大象无形。’中国传统园林落实了老子的话，例如苏州园林的形态大多是效法自然而塑造的。在 18 世纪的欧洲，特别是英国，以奇斯威克和布伦海姆为例，自然决定了园林的发展方向。”

（5）营造意境

中国传统园林的空间营造目标主要是营造意境，形成艺术审美情趣。中国传统的诗画强调意境，如彭一刚在《中国古典园林分析》一书中提到：“王国维的《人间词话》：‘境非独谓景物也，喜怒哀乐亦人心中之一境界，故能写真景物、真感情者，谓之有境界，否则谓之无境界’。而且自古以来就有诗画同源的说法，宋代苏轼评王维时说：‘味摩诘之诗，诗中有画；观摩诘之画，画中有诗’。所以诗情画意总是紧密联系、不可分割的”。而相对于诗画艺术，中国传统园林更是诗画意境的延伸与真实的展示。园林的主人，通常也是园林的设计者，他们往往一边写田园诗、画山水画，一边设计园林，并不断修改完善。造园者从一开始就是按照诗画的创作原则对园林进行设计，并追求诗情画意。园林中所有的空间、细部和材料等都是为了表达造园者所追求的意境，这也是中国传统园林的立意、风格、品味和情趣的集中体现。明代计成《园冶》一书中描述意境的语句不胜枚举，如“紫气青霞，鹤声送来枕上；白苹红蓼，鸥盟同结矶边”“移竹当窗，分梨为院；溶溶月色，瑟瑟风声；静扰一榻琴书，动涵半轮秋水”“曲曲一湾柳月，濯魄清波；遥遥十里荷风，递香幽室”“寻幽移竹，对景莳花；桃李不言，似通津信；池塘倒影，拟入鲛宫”等。

《中国古典园林分析》一书中对意境的营造做了如下阐述：“园林景观的意境，经常借匾联的题词来破题，这种形式犹如绘画中的题跋，很有助于启发人的联想以加强其感染力。例如网师园中的待月亭，其横匾曰‘月到风来’，而对联则取唐代著名文学家韩愈的诗句‘晚色将秋至，长风送月来’，在这里秋夜赏月，对景品味匾联，确实可以感到一种盎然的诗意。再如拙政园西部的扇面亭，仅一几两椅，但却借宋代大诗人苏轼‘与谁同坐。明月清风我’的佳句以抒发一种高雅的情操与意趣。总之，中国传统园林正是通过整体环境的创造，并综合运用一切可以影响人的感官的因素来获得诗的意境美。此外，春夏秋冬等时令变化，雨雪雾晴等气候变化也都会影响人们的感受。这种借助听觉、味觉以及利用时令、气候的变化而赋予诗的意境美的见解在《园冶》一书中也屡见不鲜。”

（6）空间营造手法

中国传统园林的空间营造手法很多，主要有空间布局、路径引导和观景体验等。

空间营造手法	内容
空间布局	中国传统建筑具有厚重的屋顶和坚固的结构，其空间给人一种安全和稳固的感觉，室外的空间则给人以通透和变化的感觉。因此在中国传统园林中游赏时，始终能感觉到这两种不同空间的对比和融合。造园者也恰恰利用这种特点，巧妙地营造空间
路径引导	通过步行道、廊道等路径的引导，把室内空间与室外空间相交融，让人们在行走中感受到园林的步移景异、曲径通幽
观景体验	通过精心布局，将外部的景致引入人们的视线，产生借景和对景的效果，或是让人们体验疏密结合与虚实对比，让人们领悟其中的巧妙构思，与造园者产生共鸣

总之，造园者通过空间布局来营造园林景观的整体结构，用路径引导让人们根据造园者的意图来观赏景点，并结合观景体验来感受其中的意境。

三、西方现代景观的空间营造

1. 从密斯的现代建筑设计谈起

开创西方现代主义风格的建筑大师密斯与东方的哲学思想、建筑理念之间有相似之处，而且从本质上来看两者是一致的。《东西方的会合》一书中写道："一些暗中影响我们的代表东方智慧的思想以及由此而形成的一些建筑理论，在西方哲学和建筑理论中找到了可以相提并论的回应，两者之间并没有直接的相互影响。因此，人类思想原型的协调统一超越了所有藩篱。"该书列举了三个例子来说明密斯的建筑空间设计理念（人性的空间）与东方传统建筑、园林之间的相似性，这也有力地说明了东西方的思想及设计理念之间有着明确的交汇。

第一，关于四合院。中国古代有围合式的四合院，如北京的胡同民居，建筑功能和设计理念被统一起来：内敛而不失开放。而密斯在他的建筑设计中，"无论是 20 世纪 30 年代初在包豪斯，还是后来移民到芝加哥伊利诺伊理工大学，他都把四合院的设计理念引入到城市形态的塑造中。庭园或是花园在某种程度上偏离空间的中轴线，但这并不会丧失其庇护隐私的功能和内敛的核心思想。他的框架结构建筑如同中国传统建筑一样，承重构架和外围护墙泾渭分明。功能和美学因此达成了一致。与之同样重要的是开放式空间的设计、空间的灵活运用、室内外的交融以及开敞的房屋形式。可以说，四合院延续了千百年来最舒适的居住方式。"

第二，关于亭。中国的亭外观通透，由几根柱子支撑，朝多个方向开敞，体现了"有和无、虚和实"的哲学思想，与周边环境融为一体。《东西方的会合》一书提到"密斯的现代建筑与中国传统建筑是那么明显地接近，如 1929 年巴塞罗那国际博览会德国馆。密斯以一种解放内部空间的方式来选择其建筑结构。他采用一面独立的缟玛瑙墙，以此来代替艺术品。和谐的比例、精选的材料以及结构和空间，被组合起来以求达到更高层次的和谐，并因此创造出一种特殊的建筑语言。疏朗摆放的物品仅有雕塑，没有任何多余的东西，一切都服从于整体。”

第三，关于墙。中国的墙会用到一些立柱来限定空间，《东西方的会合》一书中指出“密斯在现代主义建筑技术方面提出了‘皮包骨’（skin and bones）的框架结构体系。外墙玻璃则会在这种情况下成为室内外空间的媒介。这样的一面‘墙’就仿佛是内部使用者与外部世界之间的一层可呼吸的皮肤；‘在空间中生活’的人与建筑之间的对比就变得清晰起来。随着厚重的承重隔断所带来的空间明晰性与确定性的消解，轻盈感随之产生，从而满足了人们对于明亮通风的空间的需求。现代建筑中的轻盈感，则是通过新型材料（钢、玻璃）的运用或是通过追求细节的精美来获得。对于轻盈感的需求，也很有可能是来自东方建筑文化中古老的空间观和空间构成手法。”

2. 西方现代景观学

彼得·沃克在他的著作《看不见的花园——探寻美国景观的现代主义》一书中，讨论了自第二次世界大战以来美国风景园林师的理论和作品。该书提到：“现代主义运动，是西方在过去数百年中形成和发展的传统价值、信仰和艺术形式的一个巨变。在欧洲绘画、雕塑及建筑等领域，现代主义运动的明显证据可追溯到第一次世界大战以前。现代主义景观于20世纪10年代开始在欧洲出现，特别是在巴黎及周边地区。但对内涵更加宽广、包含大量不同尺度与目的的景观设计而言，现代主义运动的影响直到20世纪30年代才逐渐引人注目。”该书关于景观作品，写道：“在景观学领域中，我们最起码认为‘现代’景观，就是当时那些构思新颖、个性鲜明、因地制宜、富有时代感的作品。现代绘画、雕塑和建筑的形式，连同它们的空间关系以及在某种状态下的材料质感，至少能成为景观学中现代手法的表现。”

在美国的现代主义景观学中，弗雷德里克·劳·奥姆斯特德（Frederick Law Olmsted）被公认为美国景观设计学的奠基人。从他的作品中央公园可以看出，他一方面试图将景观学专业建成“设计的艺术”，另一方面他关注作品的社会意义，这两个方面相互交织、相互促进，达到了良好的均衡。除他之外，还有克拉伦斯·斯坦（Clarence Stein）、野口勇（Isamu Noguchi）、托马斯·丘奇（Thomas Church）、佐佐木英夫（Hideo Sasaki）、劳伦斯·哈普林（Lawrence Halprin）、伊恩·麦克哈格（Ian McHarg）、丹·克雷（Dan Kiley）等许多杰出的风景园林师，他们通过对该领域的研究，为西方现代景观学做出了贡献。

在西方现代景观学中，“空间”作为重要的设计手段被重新提出并进行讨论。1950 年，加勒特·埃克博（Garrett Eckbo）提出这样的问题“现代景观学的含义是什么?”他开始将 20 世纪的现代主义运动比作一条传统的溪流。虽然那条溪流会随时被沿途的障碍物所阻挡，但它总能够发现新的渠道而最终“带着新的力量而爆发”。因此，他提出“认真而睿智的现代艺术家不会拒绝传统，他仅仅是拒绝模仿溪流过去的片段”。埃克博在一篇选自其著作《为生活的景观》（Landscape for living，1950 年）的文章里，围绕两个方面暗示了现代景观学的定义。第一，景观与现代建筑的关系。当时现代建筑（柯布西耶、赖特、格罗皮乌斯、密斯等代表人物）正在试图回应新的社会问题，并在探索“功能主义和空间的丰富性”。第二，埃克博探讨了现代主义运动中艺术所包含的三要素：空间、材料和人。埃克博在书中提供的不是实践的方法，而是原则：“生命力和创造力在于因地制宜，而非预想的形式。生命力、创造力以及最终人与自然的和谐表达，并不存在于理论上走极端的规则式或不规则式的设计，而是居于两个极端之间并植根于富饶的大地上。”

总之，西方现代景观设计是以人的需求为根本，从功能出发来营造景观空间。他们认为，只有人的参与、体验和活动，才能创造出有生命力的空间。因此，景观空间的营造一方面要满足各种功能的要求，在形式上追求生态自然、简洁明朗、大气优雅的现代风格；另一方面，要以现代科学技术为依托，讲究比例、尺度和秩序，遵循建造的工程原理，用科学的方法来分析不同的空间做法。然后再根据分析的结果，调整不同的空间形态，最后营造出好的空间效果。因此，诺曼·T·牛顿（Norman T.Newton）在其著作《在大地上设计》（Design on the Land，1971 年）中对“景观学”的定义为：“为了满足人类安全、有效、健康、愉快的使用目的而对大地、空间以及其间各类物体进行规划布置的一种艺术或科学。”

四、源于中国的现代景观空间营造

1. 追求人与自然和谐相处

无论东方还是西方，景观的风格流派只是一个时代的表达方式和特定产物。每个新时代都会孕育不同的景观空间营造风格，风景园林师根据不同的地域特点进行创新，最终演变成一种新的风格。中国的景观空间营造在追求“天人合一”理念的引导下，从“畏惧自然”到“战胜自然”，再到追求“人与自然和谐相处”。因此，景观空间要确立一个有机秩序的原则，这个原则可以总结为：通过以人为本的景观空间营造，达到人与自然、建筑形成统一的整体。具体做法为适当增加自然的元素，并减少人工的痕迹。例如，构筑物的数量尽量减少，一般放在需要营造对景或供人休憩的空间中；而植物作为景观空间营造的重要元素，可以形成自然生态的景观效果。同时，又要学习西方现代科学技术和方法，使风景园林师能将自然科学和设计技术相结合。

2. 景观与建筑空间相结合

无论中国传统园林营造理论，还是西方现代景观学，都在探寻景观与建筑的关系。因此，现代中国的景观空间营造在与建筑空间的结合中存在两种情况：一种情况是建筑为空间的“主角”，如大型的高密度住宅区，耸立在场地上的高层住宅楼成为景观空间营造的先决条件。这时候，风景园林师就要探索如何用绿化、地形、水体，甚至是亭廊等构筑物把这些建筑之间的空间连接起来，而且要满足居民最方便的回家路线，还要提供居民活动、玩耍及交流的功能场所，这样景观空间就与建筑空间交融了；第二种情况是建筑为空间的“配角”，如公园中的一个咖啡馆或茶室，它的建筑形式可能随着山体的起伏地形或湖水的驳岸边界而发生变化，或成为覆土建筑，或悬挑在水面上，通过空间的灵活布局和有机协调，使建筑空间与景观空间相互结合。总之，在现代中国只有将建筑空间与景观空间完美地结合在一起，才能真正营造诗意的空间。

3. 景观与艺术相结合

在中国传统园林中，艺术与园林是统一的。因为中国传统园林的主人通常有双重身份，既是造园家，又是诗人或画家。这些园林主人从一开始就是按照诗画的创作原则进行设计，并追求诗情画意所带来的园林意境。因此可以说，中国传统园林本身就是一件精美的艺术品。而西方现代景观学追求“景观设计是一门崇高的艺术形式”这一理念，如野口勇创作雕塑的目的不仅仅是为博物馆创作艺术品，而是让艺术为大众的生活服务。他认为艺术家的社会责任就是使生活变得生动有趣、有价值，而且丰富多彩。在现代中国，景观空间同样具有功能性和艺术性。

第一，雕塑、绘画，甚至堆山置石等艺术形式都已经成为专业的、独立的学科，因此分工越来越精细化，越来越专业化。第二，中国的现代景观空间由于尺度基本都大于中国传统园林，空间的使用功能也越来越复杂，因此应该以满足人的功能需要为主；重点的区域用艺术作品营造出锦上添花的效果。第三，风景园林师和大众的审美不断提高，因此整体景观空间的艺术性也随之提高，展现出精致高雅的内涵。第四，艺术和景观空间的结合，可以让人们感受到它们的结合所爆发出来的精神力量。

4. 将东西方的理念融为一体

中国的现代景观空间营造在手法上要遵循以下三点：第一，要把中国传统的哲学思想及造园经验，与现代的科学技术有机地结合起来。中国传统的哲学思想及经验是感性的，但它是中国几千年文化的体现。第二，要把中国传统园林营造的思路，与现代简洁、明朗、大气的审美品位有机结合起来。第三，要把中国传统园林空间营造的三个重要手法（空间布局、路径引导及观景体验），与西方“从功能出发进行设计”的手法有机结合起来。在体现中国历史文化的景观节点，要灵活运用传统的造园手法来营造意境，增强审美情趣；而在大多数的景观空间中，应根据功能需求来进行设计。以下重点阐述两个方面：意境的营造与景观空间的流动性。

（1）意境的营造

意境是中国传统园林的精华所在，也是景观设计的主题与立意，是哲学思想的表达，也是空间营造的核心。意境的营造是为达到使用者与景观空间及风景园林师之间的共鸣。那么，现代中国的景观如何营造意境呢？由于意境是来源于场地的，是与场地结合在一起的，因此寻求场地的独特之处有利于构思出巧妙的意境。同时要更多考虑现代人们生活的需求和审美观念的变迁，在景观设计中注意不要将空间营造得封闭、烦琐和复杂。

（2）空间的流动性

中国传统园林的营造讲究“步移景异”，就是指由路径的引导所产生的流动空间。空间的流动性在于能把不同区域的功能贯穿起来，并由此产生空间新的活力和魅力，从而由空间的流动带动人的流动，最终达到人与空间的融合。那么，现代中国的景观空间如何营造流动性呢？首先，空间营造追求序列性。例如，利用材料的肌理、材质、色彩，光影的变化，体现空间序列的韵律、节奏及延展。通过空间组织，在统一中求变化，在变化中求统一。其次，空间营造追求视觉上的流动性。通过一定视距形成一系列较为有序的景观节点，让人们在不同的位置与视角感受不同的景观空间，也就是“步移景异”的手法。另外，时间、气候的变化，如一年四季、一日晨昏，也可以形成不同的视觉效果，这也是空间流动性的体现。总之，景观空间流动性的营造，最终是为了达到整体景观空间与人的和谐。

5. 继承与创新

中国传统园林是历史长河中不可复制的文化瑰宝，其技艺与精魄应代代相承。继承中国传统园林，到底要继承什么，又如何来继承？

第一，继承中国传统园林的材料与细部构造。第二，继承中国传统园林的空间营造手法，在新的空间中融入中国传统园林的空间意境。第三，继承中国传统哲学思想，如“天人合一、道法自然”等。这如同 20 世纪初西方的现代主义建筑风格与古典主义风格完全决裂，这种决裂是在继承了西方传统建筑思想的基础上有所创新。

德国风景园林师协会编著的《德国当代景观设计》一书，谈到了2007年德国景观设计大赛中关于“传统与创新”的话题。该书中写道：“一件设计作品本身就存在着一定的新生事物，但是很少超过原来的观点和思想，不只是对某具体场地运用经过反复考验的方法，将熟悉的元素进行重组。一般来说，真正的景观创新极为罕见，同时也不受重视。其中的缘由是建造商更喜欢常规和熟悉的事物。”

该书列举了以下几种风景园林领域的创新：

第一，风景园林领域的创新需要以实践为基础，同时要对环境有清晰的认识和思考。

第二，创造新的空间类型和空间关系、应用新型材料和新型建造技术、重新思考建筑和开放空间的关系，创造令人惊奇的环境氛围，形成舒适宜人的感官体验。

第三，为人和自然的关系提出不同于常规的看法，尽可能以新的视角来看待景观的变化，着力于景观与建筑、艺术和新媒体的完美结合。

第四，景观可以营造空间的多功能，为空间规划创造新的可能，从而使不同的空间相互关联。

第五，随着科技力量的飞速发展，人们对于空间定位的准确性也在不断地增强。当强大的科技力量与景观空间营造相结合的时候，景观空间的科学性和传播力都会大大增强，进而推动风景园林学科的发展。

由上述风景园林专业的创新，可以探讨中国现代的景观空间营造的新趋势。

（1）极简主义

极简主义设计风格在建筑界从密斯的“少就是多（less is more）”开始，逐步发展到安藤忠雄（Tadao Ando）的“丝绸般的混凝土”的极简空间；在工业设计领域从日本的无印良品（Muji）发展到美国苹果公司（Apple）的iPhone、iPad、iMac等电子产品。苹果公司的创始人史蒂夫·乔布斯（Steve Jobs）说过，“在苹果的世界中，创新意味着消除多余的元素，进而凸显必要的元素”。其实，极简主义看似简单，实际上要把一个复杂的空间变得简单需要付出更多的精力，而且由于这种风格对结构已经精简到极致，因此对材料要精挑细选，对尺度比例要精确计算，对细部做法要千锤百炼，最终才能达到完美的效果。

（2）地域性——“民族的，才是世界的”

全球化浪潮导致中国的城乡面貌趋同、商业品牌趋同，民众的工作模式、生活习惯也基本趋同，个性化、地域化的景观也正在减少，功能属性正在趋同，所以景观的地域性在现代中国就显得非常重要了。由于植物是有地域性的，很多南方的植物北方种植不了，而北方气候所形成的景观在南方也看不到，因此在材料的选择方面要凸显地域性。另外中国各地区不同的民族文化（如风土人情、自然风光等）都可以作为体现景观地域性的设计语言。因此，具有地域特色的景观空间营造是未来的新趋势，即“民族的，才是世界的”。

（3）高科技的运用

当前，高科技正在改变着世界，也在重塑着很多学科和行业。风景园林学作为一门古老而又年轻的学科，应该与时俱进，运用高科技进行创新。

第一，高科技将改变材料。例如，中国 2010 年上海世博会意大利馆使用了透明混凝土材料，当前又由密西根大学的两位科学家发明了高延性的混凝土。当长期使用或者遇到地震的时候，传统混凝土会非常容易断裂，但是高延性混凝土只会弯曲，而不会完全断掉。当高延性混凝土上细小的裂缝遇到水和二氧化碳的时候还会自动复原，复原后仍然非常坚固。再如德国的科学家研发出“混凝土布”制作成的座椅。混凝土布结合了布和混凝土，造型后淋上水，在 24 小时内就能完全变硬，其质地既有布的柔软，又有混凝土的坚固，设计出来的座椅室内外皆可使用，还可抵抗紫外线、防水、防火、另外，高科技也培育出更多的植物品种，让风景园林师在更大的范围内挑选适用于景观空间营造的植物。

第二，高科技带来的新技术和新工艺，使所营造的景观空间的功能和外观产生质的飞跃。例如，亭子从古代厚重的石材或木材的结构，转变为现代轻巧、简洁的钢结构，甚至将来会出现更加轻便的材料。

第三，高科技将改变施工质量。通过运用高科技手段，景观施工将更加标准化、专业化，有效解决当前施工质量良莠不齐的问题。

（4）低技设计与还原自然的设计

低技设计包括以下几个方面：第一，低技设计产生于传统的技术，有着悠久的历史，该技术形态具有相对的稳定性，与地域文化有紧密的联系；第二，低技设计带有手工个体加工的痕迹，与自然的关联较多、较深，因此呈现出自然的特质和个性特征。而还原自然的设计就是把一些已遭到人工破坏的景观空间，恢复成场地的原貌，让其自然地发展。这两方面有相通之处，都是尊重自然，用自然的力量来化解景观空间营造中的难题，符合中国“天人合一、道法自然”的哲学思想。在现代中国还有许多地区科技落后、资金紧张，盲目使用高科技的景观设计不切实际，也未必能形成较好的效果，还会造成不可逆的环境破坏，这时候低技设计应该是一条更好的保护自然的道路；而有些地区已经对原有环境造成了破坏，那么通过还原自然的设计予以修复，也是务实可行、高效环保的景观空间营造手法。

（5）景观空间和建筑空间的交融

《德国当代景观设计》一书中提到，建筑设计已经从古典城堡式的石材墙体演变成如今的混凝土、钢结构及玻璃墙体，从原先完全不透明的质感演变成透明、半透明及不透明相结合的质感，可以说原先建筑空间与周边环境是割裂的、无关的，但是当前的建筑空间与周边的景观空间是相互渗透和融合的，室内外的空间区分将越来越不分明。当人们不需要通过打开或关闭窗户来调节室内温度和空气流通的时候，当墙体和窗户都消失的时候，建筑将彻底与景观融为一体。日本建筑师妹岛和世（Kazuyo Sejima）提出“建筑是人与城市沟通的媒介”，无论是金泽 21 世纪美术馆还是法国卢浮宫朗斯分馆，她始终坚持开放式的空间设计和大量透明材料的使用。妹岛和世接受采访时说：“博物馆也好，美术馆也好，这些公共场所都应该如同一个公园。这些场馆并非为一些特定人群服务，相反的，它们应该能够包容下不同种族、不同阶层的市民，让他们自由地休憩、谈话、直接跟城市对话。”因此，在景观空间营造上最重要的问题还是要处理好建筑空间与景观空间的关系。

（6）应对气候变化的景观空间

由于气候变化对地球的自然环境产生了很大的影响，因此在建筑行业出现了绿色建筑的标准，关注低碳环保的景观空间营造也成为一种新趋势。如当前广泛提倡的建筑立面绿化、屋顶绿化等，通过在有别于地面的多个空间中实现绿化功能，使之在夏天利用植物提供阴凉，在冬天储藏能量。能源危机将使新能源产业成为市场投资的重点，景观设计也将在该领域中发挥重要的作用。

（7）百花齐放的景观设计风格

建筑设计从现代主义到后现代主义等多种风格自由发展，例如现代西方的建筑师赫尔佐格（Jacques Herzog）和德梅隆（De Meuron）追求给建筑一种情感，让建筑“讲述”自己的故事；扎哈·哈迪德（Zaha Hadid）的建筑“改变了我们感受空间的方式”等。由此可见，景观设计风格也应该向建筑风格那样因地制宜、百花齐放地发展，这样营造出的景观空间才能让大家看出多种发展方向，明确未来的行业趋势。而且，在设计时不需要去束缚设计的风格，在不同风格的对比中互相借鉴和学习，最终形成源于中国的现代景观风格。现代是知识和信息爆炸的时代、文化多元的时代，只有在各种形式和结构的景观空间的营造中不断创新，持续迭代和优化，才会有持续的生命力。另外，风景园林学科的未来要与多学科进行交流和合作，才能形成学科的可持续发展。

第二节 空间布局

中国传统园林将园林中多个不同性质的空间结合起来，进行合理布局，通过空间转换带给人们不一样的观景体验。而西方现代的园林空间布局从人的使用角度出发，从功能着手，也讲究空间的组合和对比。因此，源于中国的现代景观空间营造应汲取上述两者的优点，根据实际情况合理进行设计。本节主要阐述两个方面：空间属性分析与空间形态分析。

一、空间属性分析

1. 空间类型、尺度及构成元素

（1）空间类型

第一，大型与小型空间。根据材料、墙体等限定出空间的范围，计算出空间的体积，这是相对比较容易判断空间大小的方法。

第二，外向型与内向型空间。外向型与内向型空间可以理解为：开放与封闭的空间。

第三，动态与静态空间。这两种空间来源于外向型与内向型空间，由外向型空间产生了动态空间，由内向型空间产生了静态空间。但是，这两种空间类型更倾向于表达空间的形态和功能。另外，前文中的流动空间与动态、静态空间概念不同，是指让不同的空间形态能互相渗透、融合，达到人与空间的和谐。

第四，上升式与下沉式空间。这两种空间类型是指如上升的山坡与下沉的山谷等纵向对比的空间。

第五，主体与背景空间。这两种空间是指如中心广场与背景绿化等表现主次关系的空间，从空间属性中两者具有不同的功能和作用。

（2）空间尺度

空间尺度决定了设计的合理性和空间营造的准确性。因此，风景园林师常常提到的“尺度感”就是对空间营造的尺度进行最基本的判断，这是所有空间营造的前提。一般而言，在小型的空间中，人的脚步步行的距离和手臂伸展的范围决定了该空间的尺度；在中型的空间中，由人们对场地面积的需求决定了该空间的尺度；在大型的空间中，人们的视线范围则决定了该空间的尺度。

空间尺度包括三个方面：距离、高差及视线。

第一，距离，指人与构成空间边界的物体（如墙、建筑及自然山水等）的距离。

第二，高差，指空间内最高点和最低点的高程之差，带来不同的空间体验。高差小，空间体验局促而压抑；高差大，空间体验疏朗而开阔。

第三，视线，由于人们观察空间的视点、视角及视域存在不同，因此对于空间尺度的体验和感受也不同。

（3）空间构成元素

意大利建筑家莱昂·巴蒂斯塔·阿尔伯蒂（Leon Battista Alberti）说道：“我将美定义为所有部分的和谐，无论出现在什么主题中，它们都以如此适当的比例和关系结合在一起，以至于什么也不能加，什么也不能减，不可改变，否则就会更糟。”而空间属性正是由线条、质感、声音、气味、色彩等许多空间构成元素结合在一起所构成的，由此体现出该空间的特点。如一条弯曲的（线条）由碎石（质感）铺砌的步行小径，旁边是一条发出音乐般流水声的（声音）小溪。该小径掩映在丰富的植物中，植物盛开着五彩斑斓的（色彩）花朵，同时散发出一阵阵馥郁的（气味）花香。这些空间构成元素组合在一起所形成的空间属性，说明了这是一个安静而美丽的花园。又如由直线型的（线条）花岗石石材铺砌而成的广场，中心树立着巨大的由不锈钢制成的（质感）城市雕塑（形体）。广场上正在举行着庆祝活动，有表演节目的演员和唱歌的歌手，能听到欢快的音乐声、笑声和鼓掌声（声音），空气中弥漫着美食、花朵以及各种香水的味道（气味），广场中有着五颜六色的（色彩）彩旗、气球以及各种玩具。这些空间构成元素组合在一起所形成的空间属性，说明了这是一个欢乐的功能丰富的城市开放空间。

2. 中国传统园林和西方现代景观的对比分析

从有代表性的项目来分析，中国传统园林的空间营造手法基本上以内向型和外向型这两类不同属性的空间进行结合的模式为主。从居住建筑和庭园的总体规划来看，庭园都被高大的围墙和建筑所包围，形成私密而安静的内向型空间。而走入位于中心位置的主庭园，就变成了相对外向型的园林空间，通过如月洞门、长廊、亭、墙体、漏窗等元素，把人们引导到不同建筑各自围合的庭园之中。人们在游赏的过程中，不断地进行内向型、外向型空间的转换，产生强烈而多变的观赏体验。

西方现代景观的空间营造也非常重视不同空间的结合，并根据建筑不同的功能分区和交通组织来确定空间的属性。如主要的交通出入口、交通流线、开放式公园绿地等为外向型空间，而建筑周边或与建筑融合在一起的休息、餐饮的空间则为内向型空间。两种类型的空间没有明确的围墙分隔，而是通过具有流动性的空间转换让人们感觉到不同的景观效果。如美国常见的住宅，一般其前院的景观多为疏朗的大草坪，是比较开放的外向型空间；而内庭院则是绿化浓密的、比较私密的内向型空间。

当前，对中国景观空间营造比较有参考价值的是现代日本的景观设计，他们既延续了东方传统的文化理念，又结合了西方现代主义的思想，在他们自身的建筑园林体系中完美地融合于一体。通过对各个国家优秀项目的学习，能得到很多收获。

项目一

苏州网师园——围绕着中心水景而营造的园林

苏州网师园始建于南宋时期（1127 ~ 1276 年），原名“渔隐”，至清乾隆年间（约 1770 年）进行重建，并定园名为“网师园”，现面积约 0.67hm^2。从该园林的总平面图来看，各个庭园被不同的住宅建筑及墙体所围合，形成一个内向型的园林空间。

进入中心庭园，可明显感觉到它是该园林中相对外向型的园林空间，以长度、宽度均为 20m 的方形水池为主景，使人们观赏水池边各景点都具有垂直视角不超过 30° 的绝佳视距。水池的南侧区域古时为宴饮区，客人从宅门大厅可直接进入建筑“小山丛桂轩”，其旁边为宴饮时弹琴奏乐和歌舞表演的“蹈和馆”和“琴室”。这三座建筑的西北侧为“濯缨水阁”，它悬挑在水面上，供人们观赏水景。

以中心庭园为中心向其他方向发散，则形成三个各具特色的内向型空间。从中心庭园向东北方向，经过“射鸭廊”和“竹外一枝轩”，可进入“五峰书屋”的庭园，这是一个安静且私密的内向型空间。循着廊继续向东走，出院门就能看到“梯云室”前山石层叠、林木茂盛的另一个内向型空间。而从中心庭园向北为“看松读画轩”，植三株松柏，叠若干湖石，形成一个若隐若现的内向型空间。从中心庭园向西可看到“月到风来亭”，依亭边曲廊前行数十步，越过小桥，穿过门洞，进入“殿春簃”庭园，其西侧墙体上有半亭，称为“冷泉亭”，这是颇为高雅清幽的内向型空间。

总之，通过这些内向型、外向型空间的结合，形成了一系列小中见大的观景体验。而且，内向型、外向型空间的连接部位形成了丰富的层次变化，也是重要的观赏景点。如在水池边的“小山丛桂轩”的北面堆叠黄石假山“云岗”，在“看松读画轩”南面布置松柏及折桥。在“撷秀楼”西面增加“射鸭廊”和黄石假山，在池西曲廊东边突出六角亭以及多个特色的对景门洞，这些都使环池四周的空间在内向型、外向型之间转换时，细部丰富又错落有致。

太湖石为主要造景元素，成为视觉焦点

亭是中国传统园林重要的构成元素

太湖石堆叠的假山与植物融合在一起，体现人造的自然

项目名称：苏州网师园
项目地址：江苏省苏州市姑苏区带城桥路阔家头巷 11 号
占地面积：约 0.67hm²
摄 影 师：俞昌斌

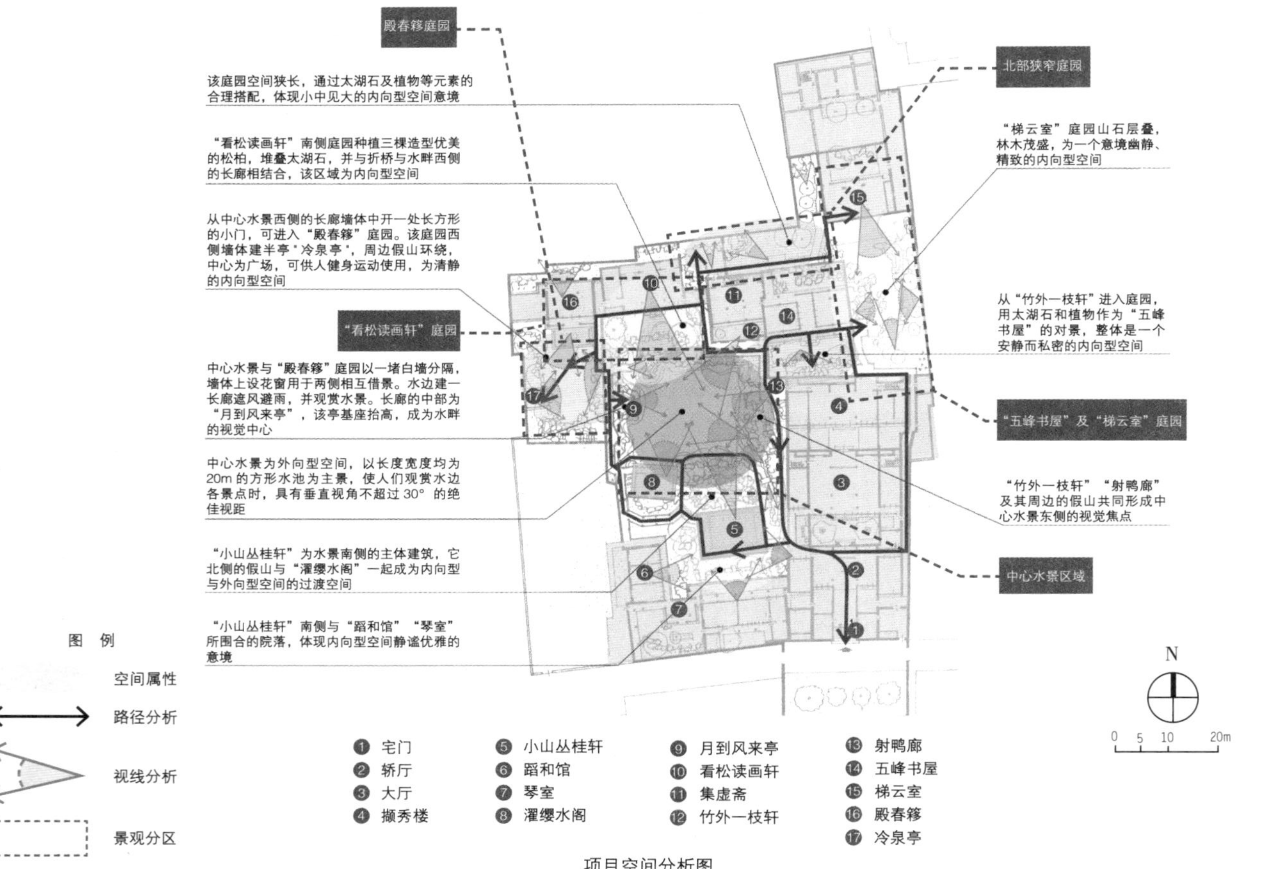
殿春簃庭园
该庭园空间狭长，通过太湖石及植物等元素的合理搭配，体现小中见大的内向型空间意境
“看松读画轩”南侧庭园种植三棵造型优美的松柏，堆叠太湖石，并与折桥与水畔西侧的长廊相结合，该区域为内向型空间
从中心水景西侧的长廊墙体中开一处长方形的小门，可进入“殿春簃”庭园。该庭园西侧墙体建半亭“冷泉亭”，周边假山环绕，中心为广场，可供人健身运动使用，为清静的内向型空间
“看松读画轩”庭园
中心水景与“殿春簃”庭园以一堵白墙分隔，墙体上设花窗用于两侧相互借景。水边建一长廊遮风避雨，并观赏水景。长廊的中部为“月到风来亭”，该亭基座抬高，成为水畔的视觉中心
中心水景为外向型空间，以长度宽度均为20m的方形水池为主景，使人们观赏水边各景点时，具有垂直视角不超过30°的绝佳视距
“小山丛桂轩”为水景南侧的主体建筑，它北侧的假山与“濯缨水阁”一起成为内向型与外向型空间的过渡空间
“小山丛桂轩”南侧与“蹈和馆”“琴室”所围合的院落，体现内向型空间静谧优雅的意境
北部狭窄庭园
“梯云室”庭园山石层叠，林木茂盛，为一个意境幽静、精致的内向型空间
从“竹外一枝轩”进入庭园，用太湖石和植物作为“五峰书屋”的对景，整体是一个安静而私密的内向型空间
“五峰书屋”及“梯云室”庭园
“竹外一枝轩”“射鸭廊”及其周边的假山共同形成中心水景东侧的视觉焦点
中心水景区域
N
0 5 10 20m
图 例
空间属性
路径分析
视线分析
景观分区
1 宅门
2 轿厅
3 大厅
4 撷秀楼
5 小山丛桂轩
6 蹈和馆
7 琴室
8 濯缨水阁
9 月到风来亭
10 看松读画轩
11 集虚斋
12 竹外一枝轩
13 射鸭廊
14 五峰书屋
15 梯云室
16 殿春簃
17 冷泉亭

项目空间分析图

中心水景区域：

“看松读画轩”南面的折桥及松柏。折桥作为中心水景的西北侧通道，具有外向型空间的标志属性；而倾斜生长的白皮松则巧妙围合出一个内向型庭园的边界

从东南角水尾处远眺，整个中心水景为外向型空间。“小山丛桂轩”北侧的假山和“射鸭廊”南侧的假山形成夹景，小拱桥成为前景，“月到风来亭”成为地标建筑，“看松读画轩”外的三棵松柏成为主景。整个空间气韵流动、意境深远

中心水景的西南侧为“濯缨水阁”“月到风来亭”以及一段连廊，“月到风来亭”成为该外向型空间的地标

从中心水景到“殿春簃”的门洞将中心水景（外向型空间）与“殿春簃”庭园（内向型空间）巧妙地连接起来

中心水景东南侧的狭长水尾将外向型空间逐步过渡到“小山丛桂轩”及大假山的内向型庭园空间，同时在风水上有“来去无尽”的隐喻

在外围高墙的围合下，中心水景成为一个外向型空间，水景东北侧的“竹外一枝轩”与“射鸭廊”倒影在水中，既是被观赏的风景，又是供人停留的景观建筑

“五峰书屋”庭园及“梯云室”庭园：

“五峰书屋”庭园用太湖石和植物展示其内向型空间的个性和格调

“梯云室”庭园，取名为“云窟”。月洞门成为两个空间的连接点，产生移步换景的景观效果

色彩丰富的绿化使该内向型空间充满情趣、生机勃勃

“看松读画轩”庭园：

“看松读画轩”庭园植三株松柏，展示出古拙高雅的内向型空间意境

“殿春簃”庭园：

“殿春簃”庭园中布置“冷泉亭”，展示出冷静清幽的内向型空间意境

北部狭窄庭园：

北部狭窄庭园通过太湖石、芭蕉、竹林、石笋、古井等，体现小中见大的内向型空间意境

项目二

日本东京中城（Tokyo Midtown）——以外向型空间融入城市

日本东京中城是在东京旧防卫厅原址的场地上进行的商业地产开发项目，它将整个区域 40% 的规划用地（约 4hm²，含桧町公园）用于建设开放的景观空间，从而形成了该项目与其周边区域相互贯通的场所。在东京这种建筑高密度的城市中，该项目的景观设计要按照城市设计的尺度来进行，作为城市的一部分融入东京的整体环境之中。

该项目的模型俯瞰图，表现建筑与周边的关系

模型透视图，主体建筑为城市地标，周边为城市开放空间及公共绿地

该项目的区位分析，引自《东京商务区的艺术与设计》一书，[日]清水敏男主编

项目名称： 日本东京中城（Tokyo Midtown）
项目地址： 东京都港区赤坂九丁目 7 号
开 发 商： 日本三井不动产株式会社
建筑设计： 美国 SOM 建筑设计事务所
景观设计： 美国 EDAW 景观设计事务所
摄 影 师： [日]登坂诚、俞昌斌、孙迪、寇伟刚
占地面积： 约 10.2hm²
竣工日期： 2007 年 3 月底

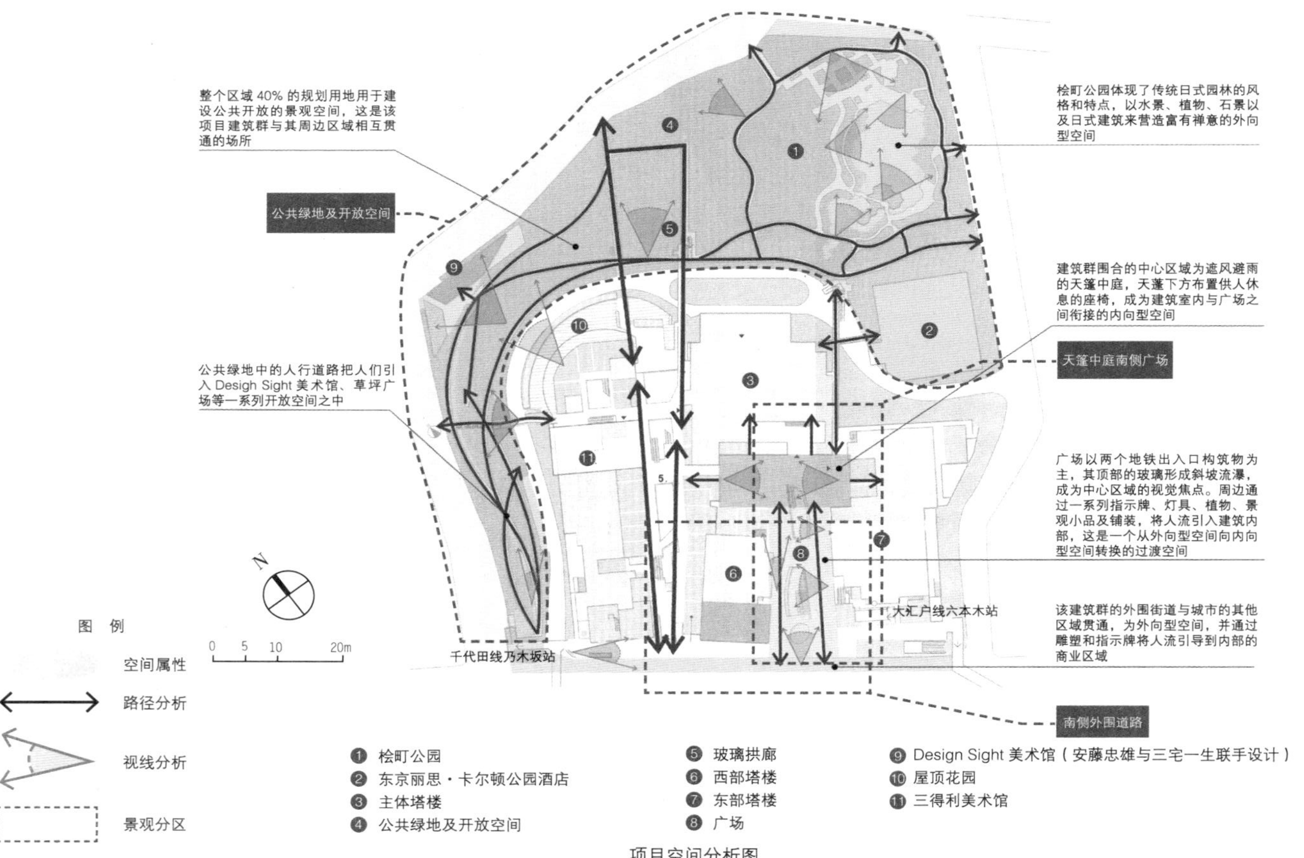
整个区域40%的规划用地用于建设公共开放的景观空间，这是该项目建筑群与其周边区域相互贯通的场所
公共绿地及开放空间
公共绿地中的人行道路把人们引入Design Sight美术馆、草坪广场等一系列开放空间之中
桧町公园体现了传统日式园林的风格和特点，以水景、植物、石景以及日式建筑来营造富有禅意的外向型空间
建筑群围合的中心区域为遮风避雨的天篷中庭，天篷下方布置供人休息的座椅，成为建筑室内与广场之间衔接的内向型空间
天篷中庭南侧广场
广场以两个地铁出入口构筑物为主，其顶部的玻璃形成斜坡流瀑，成为中心区域的视觉焦点。周边通过一系列指示牌、灯具、植物、景观小品及铺装，将人流引入建筑内部，这是一个从外向型空间向内向型空间转换的过渡空间
大江户线六本木站
该建筑群的外围街道与城市的其他区域贯通，为外向型空间，并通过雕塑和指示牌将人流引导到内部的商业区域
南侧外围道路
千代田线乃木坂站
N
0 5 10 20m
图 例
空间属性
路径分析
视线分析
景观分区
❶ 桧町公园
❷ 东京丽思·卡尔顿公园酒店
❸ 主体塔楼
❹ 公共绿地及开放空间
❺ 玻璃拱廊
❻ 西部塔楼
❼ 东部塔楼
❽ 广场
❾ Design Sight 美术馆（安藤忠雄与三宅一生联手设计）
❿ 屋顶花园
⓫ 三得利美术馆

项目空间分析图

公共绿地及开放空间：

人行道将人流从城市周边和中城商业区吸引到桧町公园、Design Sight 美术馆、草坪广场等一系列外向型空间中

人们沿着公园步行道漫步，一侧是人造的溪流，另一侧是浓密的绿化，整体形成生态自然的空间氛围

人行道两侧的整石座椅具有引导性

天篷中庭是在主体建筑主入口处的广场上安装巨大的钢结构支撑构架及玻璃屋顶，形成一个不受天气影响的内向型景观空间，把景观和建筑很好地融合起来

透水混凝土人行道，可作为消防车通道

用卵石覆盖的旱喷泉，重塑场地原有的小河

广场上种植形态优美的植物，其季相变化形成一道靓丽的风景

外围道路：

该项目南侧的人行道较宽，成为建筑与城市对话的区域，是主要的外向型景观空间

南侧人行道与西侧绿地交汇处用现代雕塑和指示系统展示该空间的格调

青铜仿石雕塑“妙梦”和大型指示牌共同创造出标志性的外向型景观空间，并巧妙地把人流引导进商业区

天篷中庭南侧广场：

广场上一系列精美的指示牌，为了更好地引导人流

广场上布置灯具及广告牌。同时，布置休息座椅和点景植物

广场上的铺装、水景、植物、指示牌及特色石凳，共同组成精致的过渡空间

地铁人行出入口周边为特色弧形种植槽，种植竹子，并在种植槽周边布置特色的座椅和灯具

首先，该项目建筑群的外围街道构成了外向型的景观空间，与东京的其他区域相互联系。而西北侧的桧町公园也是重要的外向型空间，公园中的人行道把人们引入 Design Sight 美术馆、草坪广场等一系列开放空间之中。另外，风景园林师将场地原来流经此处的小河通过喷泉、溪流和观水平台等形式进行了再现。作为东京重要的地标景观，高耸的主体塔楼给人们远观的视觉体验；而最先迎接人们的由公共广场和绿地所组成的城市景观空间，则给人们留下最直观的印象。这体现出外向型景观空间在城市中的重要作用。

其次，建筑群围合的中心部位为供人休息并可遮风避雨的天篷中庭，它的支柱象征着不断生长的树枝，屋顶为复杂而现代的大跨度钢结构。这是景观和建筑相互结合的内向型空间。而建筑群南侧的广场为地铁的主要出入口，形成了由外向型到内向型空间相互转换的过渡景观空间。

总而言之，该项目周边以外向型空间为主，进入建筑到天篷中庭处感受到内向型空间，体验了以“和”为代表的日本民族文化。

通过上述两个项目的对比，总结如下：

第一，中国传统园林讲求“师法自然”，追求人与自然的融合。而西方现代景观有功能性、生态性、艺术性与社会性的要求，明确划分出使用功能的空间和艺术观赏的空间。“新与旧”“传统与现代”只是从材料和细部的对比上来讨论，这些是景观的“表皮”。抛开这些表皮不讨论，那么上述两个项目的空间营造在本质上是一致的，区别在于苏州网师园的空间更倾向于内向型，而日本东京中城的空间则更倾向于外向型。

第二，这两个项目在空间属性方面基本上都是外向型空间与内向型空间的对比和结合。中国传统园林大多为高墙围合的内向型空间，在这个大的构架体系中设计若干与建筑结合的外向型空间；而西方现代景观则是将不同属性的空间以开放的形态有机地穿插和组织在一起，这是现代景观空间营造的大趋势。同时，空间要流动起来，让人们参与其中，才能营造出人性化的空间氛围。所以，苏州网师园将景观与建筑完美地融合在一起，而东京中城是以建筑为主来营造整体空间，景观则作为人与建筑、城市之间相互融合的重要手段。

第三，两个或多个不同类型的空间连接部位是重要的细部设计。以苏州网师园为代表的中国传统园林，其空间连接部位精致、细腻、多变、含蓄，且富有情趣，体现了中国传统文化对其空间营造的影响。而以日本东京中城为代表的西方现代景观，其空间连接部位自然、简洁、大气，并与建筑相融合，表现出西方现代主义的风格，这也符合现代景观空间营造的发展方向。

3. 源于中国的现代景观空间营造

源于中国的现代景观空间营造，应先从研究景观空间的属性入手，然后有针对性地采用不同的空间形态，进行结合与对比。例如，在一般情况下外向型空间多运用于出入口、中心广场以及交通轴线等空间序列之中；内向型空间多运用于宅间绿地、别墅、私家庭院等要求小中见大、曲径通幽、私密性强的空间序列中。这两种不同属性的空间类型结合使用并进行对比，就能创造出丰富的空间效果。

项目三

三亚丽思卡尔顿酒店
——汉风建筑、大气景观与大海的完美融合

三亚丽思卡尔顿酒店占地面积为 $13.5hm^2$，总建筑面积为 $8hm^2$。建筑设计根据中国传统建筑的形式进行简化，并重塑了如中式坡屋顶、深色实木装饰等建筑符号作为酒店的立面元素，处处体现出庄重大气的中国风格。酒店大堂空间高大开阔，采用木结构柱体，如同气势恢宏的皇家宫殿。酒店通向客房的长廊也采用了现代中式风格的木结构柱体，其两侧分布着餐厅、商店和会议厅等功能性空间，给人极为震撼的仪式感。

酒店的景观设计从北面的入口大堂到南面的亚龙湾海滩形成了一个由大面积草坪和各种游泳池相互结合的外向型空间。这种开阔、通透、大气的景观空间符合“酒店和大海完美结合”的设计理念。该酒店的客房建筑设计成“U”

形，因此大量的人流从外向型轴线空间向两侧客房建筑的内向型景观空间渗透，在漫步的过程中感受内向型、外向型空间的不同体验。如西侧的海湾座和红树林座的客房建筑围合出幽静的适合眺望远景的内向型庭园空间。而西南侧的别墅区则更强调私密性和安全性，别墅周边绿化浓密、独门独院，并在各自的庭园中有独立游泳池，形成了私密性极强的内向型景观空间。另外，东侧的水疗中心、太极馆、健身中心等形成一个高雅的现代中式院落，通过月洞门、墙体以及大量种植的竹林，来体现具有东方神秘感的内向型景观空间。

总之，该项目通过外向型景观空间与内向型景观空间合理地串连，带给人们丰富多样的体验，让人感受到源于中国的现代景观意境。

客房建筑围合的景观空间

酒店大堂采用气势恢宏的木结构柱体营造空间，宛如古代皇家宫殿

项目名称：三亚丽思卡尔顿酒店
项目地址：海南省三亚市亚龙湾国家旅游度假区青梅路2号
开 发 商：中国金茂控股集团有限公司
建筑设计及景观设计：WAT&G Design 建筑设计事务所
摄 影 师：俞昌斌
占地面积：13.5hm^2
竣工日期：2008年3月

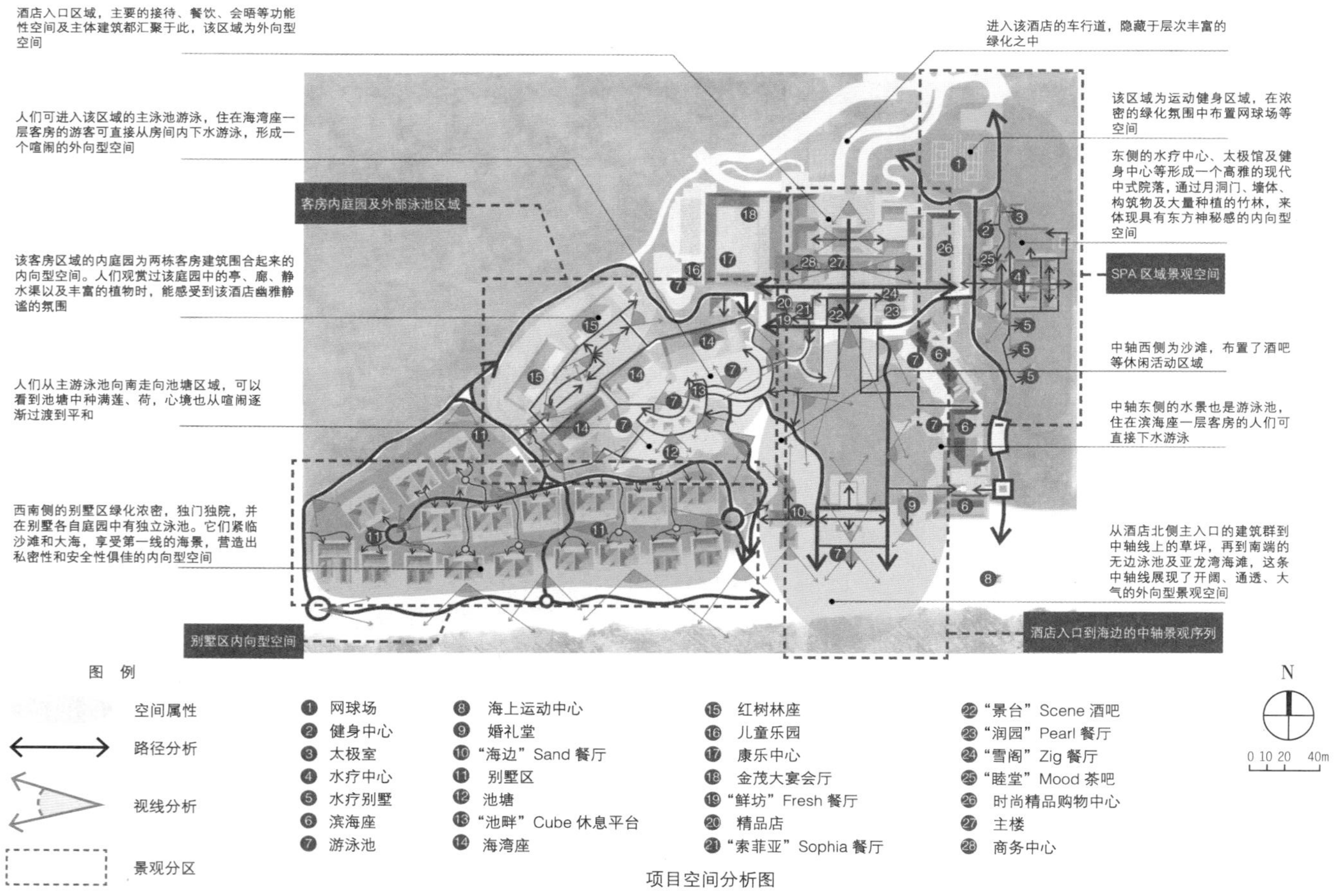

酒店入口区域，主要的接待、餐饮、会晤等功能性空间及主体建筑都汇聚于此，该区域为外向型空间
人们可进入该区域的主泳池游泳，住在海湾座一层客房的游客可直接从房间内下水游泳，形成一个喧闹的外向型空间
客房内庭园及外部泳池区域
该客房区域的内庭园为两栋客房建筑围合起来的内向型空间。人们观赏过该庭园中的亭、廊、静水渠以及丰富的植物时，能感受到该酒店幽雅静谧的氛围
人们从主游泳池向南走向池塘区域，可以看到池塘中种满莲、荷，心境也从喧闹逐渐过渡到平和
西南侧的别墅区绿化浓密，独门独院，并在别墅各自庭园中有独立泳池。它们紧临沙滩和大海，享受第一线的海景，营造出私密性和安全性俱佳的内向型空间
别墅区内向型空间
进入该酒店的车行道，隐藏于层次丰富的绿化之中
该区域为运动健身区域，在浓密的绿化氛围中布置网球场等空间
东侧的水疗中心、太极馆及健身中心等形成一个高雅的现代中式院落，通过月洞门、墙体、构筑物及大量种植的竹林，来体现具有东方神秘感的内向型空间
SPA 区域景观空间
中轴西侧为沙滩，布置了酒吧等休闲活动区域
中轴东侧的水景也是游泳池，住在滨海座一层客房的人们可直接下水游泳
从酒店北侧主入口的建筑群到中轴线上的草坪，再到南端的无边泳池及亚龙湾海滩，这条中轴线展现了开阔、通透、大气的外向型景观空间
酒店入口到海边的中轴景观序列
图 例
空间属性
路径分析
视线分析
景观分区
1 网球场
2 健身中心
3 太极室
4 水疗中心
5 水疗别墅
6 滨海座
7 游泳池
8 海上运动中心
9 婚礼堂
10 “海边”Sand 餐厅
11 别墅区
12 池塘
13 “池畔”Cube 休息平台
14 海湾座
15 红树林座
16 儿童乐园
17 康乐中心
18 金茂大宴会厅
19 “鲜坊”Fresh 餐厅
20 精品店
21 “索菲亚”Sophia 餐厅
22 “景台”Scene 酒吧
23 “润园”Pearl 餐厅
24 “雪阁”Zig 餐厅
25 “睦堂”Mood 茶吧
26 时尚精品购物中心
27 主楼
28 商务中心
N
0 10 20 40m

项目空间分析图

酒店入口到海边的中轴空间序列：

从酒店大堂俯瞰中轴线上的草坪及远处的亚龙湾海滩，展现出开阔、通透、大气的外向型景观空间

从海滩边的荷花池远眺中轴线上的主体建筑，其意境表达了“酒店与大海完美结合”的设计理念

从酒店大堂俯瞰东侧的滨海座客房楼以及丰富多彩的游泳池和绿化景观

从中轴线远眺西侧大气精致的主游泳池及海湾座客房楼

中轴线最南端临近海滩的无边游泳池，作为外向型景观空间序列的收尾

中轴线最南端无边游泳池外侧的木平台及沙滩

亚龙湾海滩，人们在海边玩耍

客房内庭园与外部泳池区域：

海湾座南侧的主游泳池为供人活动的外向型空间

泳池南侧为静谧的池塘，种植莲、荷，把人们从喧闹的游泳池逐渐引向安静的客房楼

走上客房楼，向下俯瞰，可感受到该内向型景观空间的布局和手法

别墅区内向型空间：

鸟瞰西南侧的别墅区，通过多层次的浓密绿化来营造私密性和安全性俱佳的内向型空间

通往别墅区的道路绿化越来越浓密，营造出私密性强的内向型空间

滨海别墅南侧为原生态沙滩，一条蜿蜒的步行小径供人们漫步

滨海别墅紧临沙滩和大海，享受第一线的美丽海景

SPA 区域景观空间：

庭园入口处的月洞门，营造出具有东方神秘感的内向型景观空间

静水面上铺砌方形的砂岩汀步，形成幽静的内向型庭园空间

用红色木柱形成空间序列，与绿色的竹林相互融合与对比

从酒店大堂走向 SPA 区域的柱廊，具有典雅的东方情韵

内向型的中式庭园鸟瞰，绿色的竹林展示出东方禅境

布置遮阳伞和休息座椅的内向型休息空间，精致温馨

庭园另一个出入口，通过门头、木格门扇、景墙及流水的景观元素共同展示出现代中式的空间意境

通过布置隐喻琴弦的景观小品，把人们引导到内向型的庭园空间之中

项目四

云南丽江悦榕庄酒店——纳西族风情的流动空间

云南丽江悦榕庄酒店位于云南省丽江市，于2006年建成开业。丽江古城已被联合国教科文组织列入世界文化遗产名录，它始建于宋末元初，却依然保持古朴的风貌。当人们沿着古城水畔光滑的鹅卵石路漫步，穿过纵横交错的河道和街巷，听着悠扬的乐曲，看着精心布置的茶室、酒吧和民居，可真正感受到“人在画中游”的意境。当地居民依然保留着纳西族的风俗文化，穿着传统服饰，用黑龙潭的水洗衣服，用当地的象形文字进行记录。该项目的建筑设计忠实地反映了纳西族的建筑风格，使用白墙灰瓦、起翘的飞檐、弯曲的坡屋顶以及黄褐色的金丝地毯等，在景观方面也进行了精心的设计，特别是外向型与内向型空间的结合运用十分典型。

第一，主入口外向型空间与酒店大堂内向型空间的对比与结合。由于该酒店的外围比较空旷，因此其外墙和大门在当地具有明显的地标性。该项目的主入口广场为外向型空间，广场中部为水景和绿化，周边为车行道，可提供出租车下客停靠。而走向大堂则进入一个内向型的庭园空间。该庭园被四周建筑所围合，东西两侧建筑为酒店及行政办公楼，南北两侧建筑为引导人们进出的长廊，在出入口处为对景的纳西族风格的亭式门楼。庭园的中部为规则的水池，池中种植水草，中心横跨一座拱桥，桥两侧镶嵌汉白玉的“祥云”图案。通过从外向型的入口广场空间走入幽雅的内向型庭园空间，内心也逐渐平静舒缓下来。也正是由于庭园空间收缩了人们的视线，使之透过亭式门楼观赏到远处的水景以及轴线中心的亭子。

第二，从酒店庭园的亭式门楼走出去，空间豁然打开，实现了由内向型庭园空间向外向型广场空间的转换。该项目广场比较开阔，种植十多棵乔木，地面铺装丰富，将人们向两侧的建筑分流和引导。再向北走，上两级台阶，空间被高大的红褐色墙体所收缩和挤压，让人们快步走向水边或进入水边两侧的餐厅。到达水边之后，由于空间被高墙挤压所产生的压抑感突然消失，让人们感觉这个中心水景的体量非常大。当人们再走入水面上的亲水平台喝茶聊天的时候，体验水景空间开阔和舒适，体现出外向型空间便于交流的特性。水景最北面草坪的中心建造一座亭子作为视线的对景，亭子后面种植几棵乔木作为背景，让这个外向型空间有一个明确的空间范围。

第三，从主轴向两侧客房区域的空间转换是外向型空间向内向型空间的逐步过渡。水景从中心大水面向两侧客房区域延伸，越来越狭窄，慢慢变成沟渠，而绿化也从中轴开阔的草坪上点植几棵乔木演变成丰富、整齐、高大的灌木丛结合阵列式的乔木树阵，目的是为了营造客房区域的私密性。而再向客房区域的深处走去，就要经过一些狭窄的巷道，里面也种植如竹林等浓密的植物，最后才来到客房区域的内庭园。这时候，整个内庭园就是完全私密的内向型空间了。在客房区域的庭园中，有私人游泳池可以游泳，有室外座椅可以聊天交流，更美的是每一户都可以从庭园中远眺丽江壮丽秀美的玉龙雪山，这里巧妙地运用了景观空间营造的借景手法。

总之，该项目充分融合了丽江当地的地域文化，又以现代简洁的空间营造手法来营造景观空间，体现出“天人合一”的哲学思想。

丽江大研古镇景观，传统民居建筑沿河而建，并有木桥相互连接

从玉龙雪山的顶部俯瞰丽江的群山峻岭

丽江束河古镇，溪流在森林中穿过，沿溪放置座椅，让人们悠闲地享受生活

项目名称：云南丽江悦榕庄酒店
项目地址：云南省丽江市束河古镇悦榕路
开 发 商：LRH（Laguna Resorts and Hotels Public Company Limited）拉古娜度假村及酒店公共有限公司（悦榕控股集团下属公司）
建筑设计：Architrave（悦榕集团设计公司）
景观设计：Terria（新加坡）
摄 影 师：俞昌斌
占地面积：$40hm^2$
竣工日期：2006年

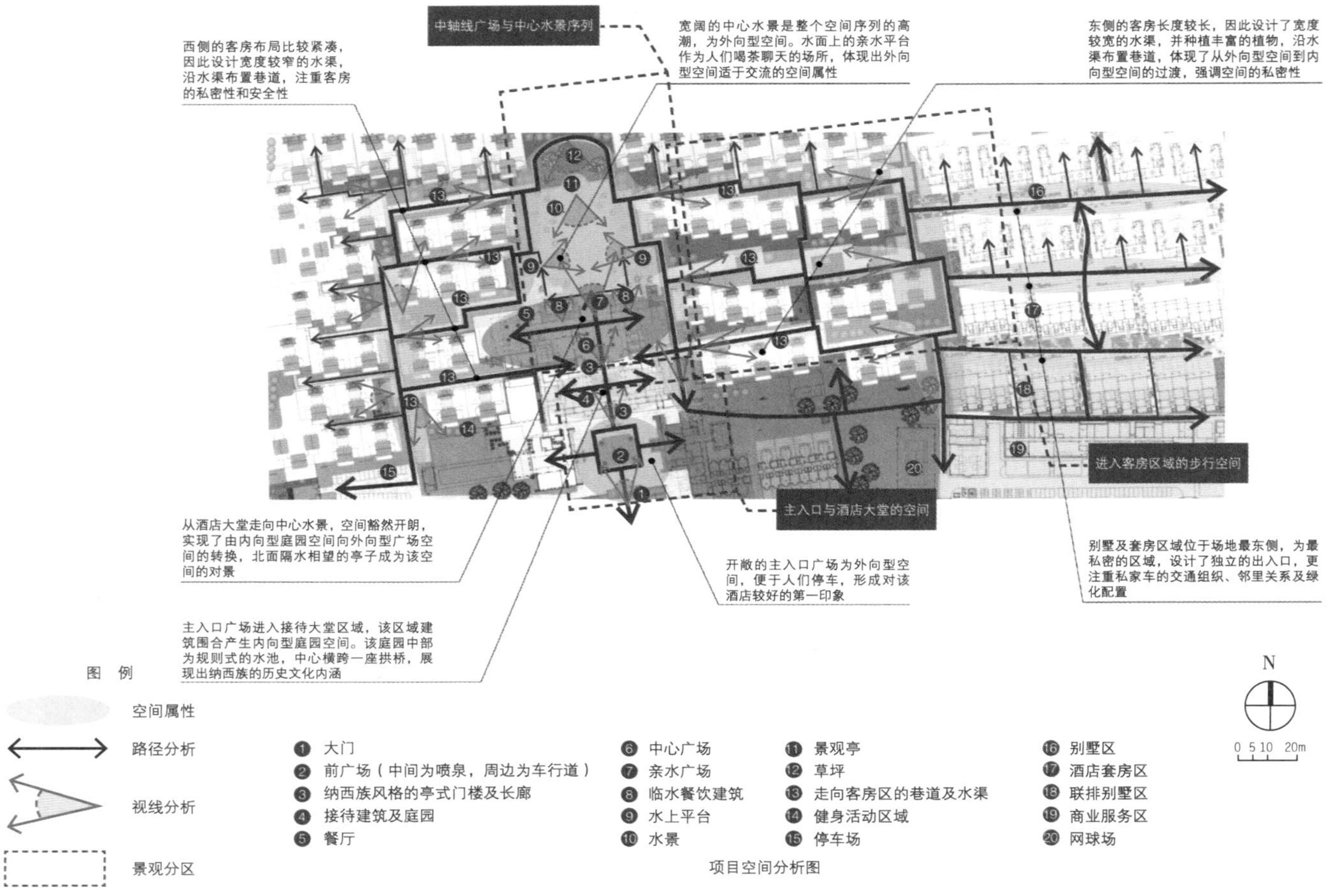

中轴线广场与中心水景序列
西侧的客房布局比较紧凑，因此设计宽度较窄的水渠，沿水渠布置巷道，注重客房的私密性和安全性
宽阔的中心水景是整个空间序列的高潮，为外向型空间。水面上的亲水平台作为人们喝茶聊天的场所，体现出外向型空间适于交流的空间属性
东侧的客房长度较长，因此设计了宽度较宽的水渠，并种植丰富的植物，沿水渠布置巷道，体现了从外向型空间到内向型空间的过渡，强调空间的私密性
进入客房区域的步行空间
主入口与酒店大堂的空间
从酒店大堂走向中心水景，空间豁然开朗，实现了由内向型庭园空间向外向型广场空间的转换，北面隔水相望的亭子成为该空间的对景
开敞的主入口广场为外向型空间，便于人们停车，形成对该酒店较好的第一印象
别墅及套房区域位于场地最东侧，为最私密的区域，设计了独立的出入口，更注重私家车的交通组织、邻里关系及绿化配置
主入口广场进入接待大堂区域，该区域建筑围合产生内向型庭园空间。该庭园中部为规则式的水池，中心横跨一座拱桥，展现出纳西族的历史文化内涵
N
0 5 10 20m
图 例
空间属性
路径分析
视线分析
景观分区
1 大门
2 前广场（中间为喷泉，周边为车行道）
3 纳西族风格的亭式门楼及长廊
4 接待建筑及庭园
5 餐厅
6 中心广场
7 亲水广场
8 临水餐饮建筑
9 水上平台
10 水景
11 景观亭
12 草坪
13 走向客房区的巷道及水渠
14 健身活动区域
15 停车场
16 别墅区
17 酒店套房区
18 联排别墅区
19 商业服务区
20 网球场

项目空间分析图

主入口与酒店大堂的空间：

主入口广场为外向型空间，广场中部为水景和绿化，周边为车行道，可提供出租车临时停靠

主入口连接酒店大堂庭园的亭式门楼，具有纳西族传统建筑风格

酒店大堂建筑的顶部为弯曲的坡屋顶，下部为木柱和玻璃幕墙，产生出传统与现代结合的美感

建筑围合产生内向型庭园空间。庭园的中部为规则的水池，池中种植水草，中心横跨一座拱桥，桥两侧镶嵌汉白玉的“祥云”图案

中轴线广场与中心水景的空间：

从北侧的亭子看入口建筑群、广场景观及中心水景

餐厅建筑外侧红褐色的墙体

餐厅建筑的室内布置，极富纳西族的民族风情

人们在中心水景东、西两侧的亲水平台上喝茶聊天，体验水景空间的开阔和舒适

庭园空间收缩了人们的视线，透过该亭式门楼的门框可观赏到远处的水景以及轴线中心的亭子

广场向北望向水景及中心作为对景的亭子

向南看整个水景、入口建筑群、广场以及水中的亲水平台，整个场景体现了内向型、外向型空间序列的对比与融合

进入客房区域的步行空间：

绿化设计从中轴开阔的草坪上点植的几棵乔木演变成院墙外侧的草坪结合阵列式的乔木树阵，提高了客房区域的私密性

在客房区域的周边大量种植竹林，让人们感觉到这些内向型空间的私密性

向客房区域的深处走去，要经过一些狭窄的巷道，里面种植高大、浓密的竹林或灌木丛，最后才来到客房的大门处

客房庭园：

客房的大门及外围绿化

客房建筑的形式为传统的纳西族风格，室内则布置舒适的酒店设施

客房庭园中的座椅可以供人们聊天交流

客房庭园中的铺装、汀步与草坪

项目五

上海仁恒公园世纪居住区——外向型与内向型空间融合的生活场所

上海仁恒公园世纪居住区位于上海浦东新区银融路，景观形式以自由曲线和椭圆形等线形来打造社区花园。

第一，该项目的景观设计着重突出一个爆点：中心花朵形的户外游泳池。从东入口的会所向里走，便是让人眼前一亮的户外游泳池。从空中鸟瞰整个游泳池，花朵的造型使整体景观变得活泼生动，使周边空间围绕它产生富于变化的趣味。游泳池结合岸边休憩区和种植区，使岸线在规整的同时也不失空间的丰富和品位。中心游泳池是外向型空间，但又相对封闭一些，因为它要兼顾安全性和私密性，周边用绿化围合起来，保护了人们的隐私。

第二，南入口是地下会所、两侧的雨篷以及周围的银杏树林共同组成的一个蝶形空间，雨篷下面是书吧和咖啡吧，南入口的绿化、树池、铺装、座椅等给人一种富有生活情趣的空间感。南入口为外向型与内向型混合的空间，因为南侧离市政车行道、人行道很近，又有公交车站，所以景观设计以树阵为主，很好地围合了空间。东入口为外向型空间，形成酒店入口落客区的感觉。贡献给城市的环形车行道，为人们下车提供防风避雨的雨篷。雨篷正前方设计了一个很大的阶梯式水景，水流湍流而下，体现恢宏气势。

第三，中心两处花园都是整个居住区内部的外向型空间。草坪区有水景、儿童活动场、起伏的微地形，是居住区健身运动的场所。各栋住宅楼前的出入户区域都是相对外向型空间，居住区内道路是相对内向型空间。步行道两侧的绿化十分浓密，让人们在其中散步时抬头看不到周边的高层住宅楼。还有一些住宅楼间的活动场地，如户外烧烤区、萌宠乐园、网球场等，都是外向型空间，但风景园林师用内

项目名称： 上海仁恒公园世纪居住区
项目地址： 上海浦东新区银融路 88 弄
开 发 商： 仁恒置地
景观设计： 美国 NBBJ 建筑设计公司、上海易亚源境景观设计有限公司（YAS DESIGN）、天华建筑设计公司、浙江中亚园林集团有限公司
摄 影 师： 金笑辉
占地面积： 55775m^2
竣工日期： 2018 年

向型空间的手法（如绿化围合、遮挡等）避免扰民。

总之，这是一个居住体验丰富，居民满意度很高的社区，其优势在于很好地运用了内、外向型空间的转化。

鸟瞰该项目建成实景

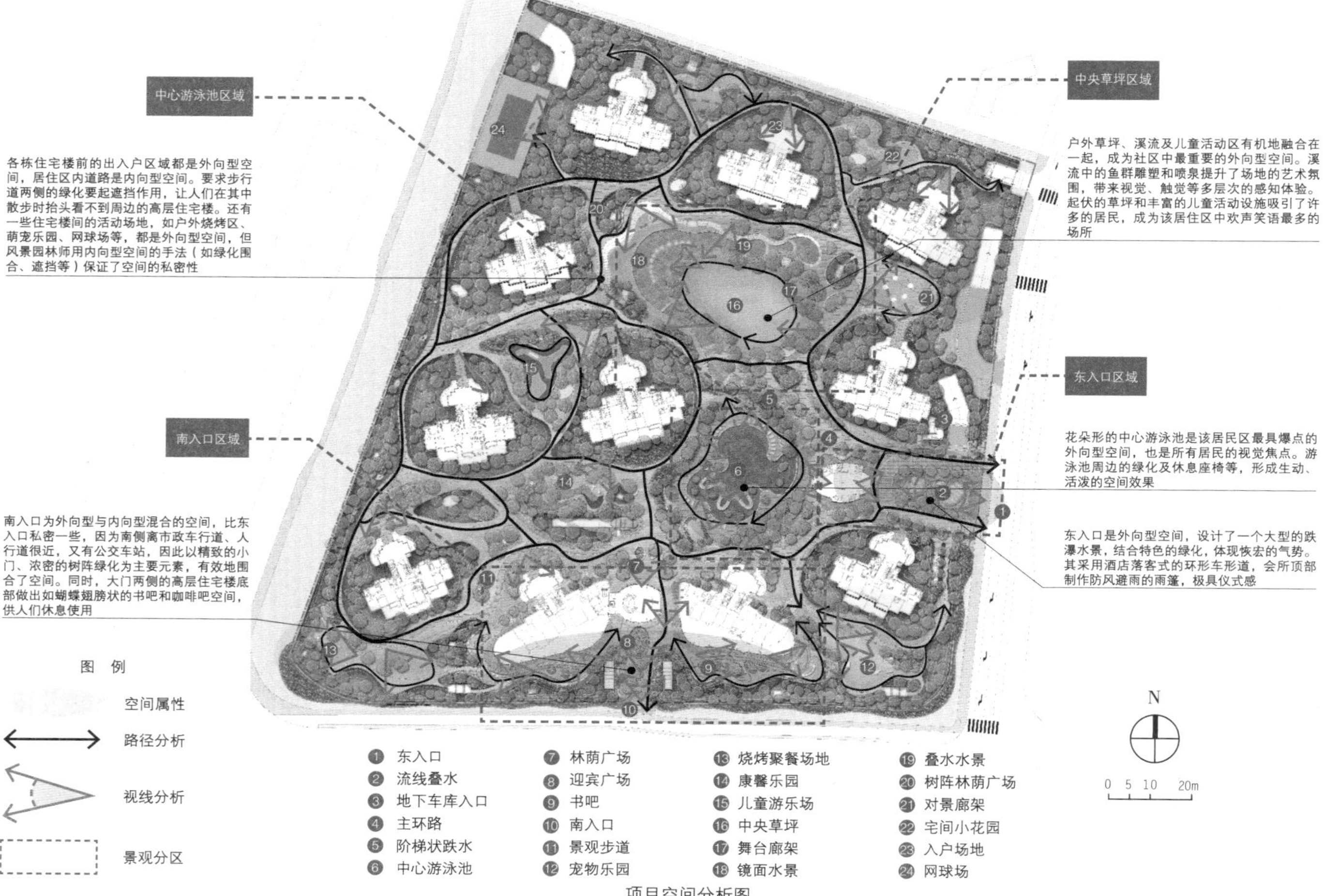
中央草坪区域
户外草坪、溪流及儿童活动区有机地融合在一起，成为社区中最重要的外向型空间。溪流中的鱼群雕塑和喷泉提升了场地的艺术氛围，带来视觉、触觉等多层次的感知体验。起伏的草坪和丰富的儿童活动设施吸引了许多的居民，成为该居住区中欢声笑语最多的场所
东入口区域
花朵形的中心游泳池是该居民区最具爆点的外向型空间，也是所有居民的视觉焦点。游泳池周边的绿化及休息座椅等，形成生动、活泼的空间效果
东入口是外向型空间，设计了一个大型的跌瀑水景，结合特色的绿化，体现恢宏的气势。其采用酒店落客式的环形车形道，会所顶部制作防风避雨的雨篷，极具仪式感
中心游泳池区域
各栋住宅楼前的出入户区域都是外向型空间，居住区内道路是内向型空间。要求步行道两侧的绿化要起遮挡作用，让人们在其中散步时抬头看不到周边的高层住宅楼。还有一些住宅楼间的活动场地，如户外烧烤区、萌宠乐园、网球场等，都是外向型空间，但风景园林师用内向型空间的手法（如绿化围合、遮挡等）保证了空间的私密性
南入口区域
南入口为外向型与内向型混合的空间，比东入口私密一些，因为南侧离市政车行道、人行道很近，又有公交车站，因此以精致的小门、浓密的树阵绿化为主要元素，有效地围合了空间。同时，大门两侧的高层住宅楼底部做出如蝴蝶翅膀状的书吧和咖啡吧空间，供人们休息使用
图 例
空间属性
路径分析
视线分析
景观分区
N
0 5 10 20m
1 东入口
2 流线叠水
3 地下车库入口
4 主环路
5 阶梯状跌水
6 中心游泳池
7 林荫广场
8 迎宾广场
9 书吧
10 南入口
11 景观步道
12 宠物乐园
13 烧烤聚餐场地
14 康馨乐园
15 儿童游乐场
16 中央草坪
17 舞台廊架
18 镜面水景
19 叠水水景
20 树阵林荫广场
21 对景廊架
22 宅间小花园
23 入户场地
24 网球场

项目空间分析图

东入口区域：

阶梯式跌水水景，水景后面是迎宾会所

阶梯式跌水，水流湍流而下，体现恢宏气势

椭圆形的亭廊，与绿化、地面铺装整体搭配非常好

南入口区域：

入口中间的地下会所和两侧的雨篷还有周围的银杏树组成了一个蝶形空间

南入口景墙采用深褐色木质材料与发光 LOGO 来体现项目的气质

地下会所空间

中心游泳池区域：

从空中鸟瞰整个游泳池，花朵形的造型使整体景观变得活泼、生动、使周边空间围绕它产生富于变化的趣味

与周围环境完美融合，达到独特的视觉效果，同时也为周围的景色增添了一份光彩

花朵形状柔化了场地的边界，与周边密林、建筑构成了不同的层次感

中央草坪区域：

草坪、溪流、儿童活动区巧妙地融合在一起

鱼群装置置于溪流之上，好似一群鱼在水里游

互动水景提升场地艺术氛围，波光粼粼的静水面与跃动的喷泉，带来视觉、触觉等多层次的感知体验

通过对上述三个项目的分析，总结如下：

第一，设计理念。上述三个项目说明了源于中国的现代景观设计遵循“天人合一、道法自然”的中国传统哲学思想，并结合了西方现代的设计理念。空间营造的核心就是“人与自然、建筑以及城市的融合”。

第二，空间属性。在景观空间的营造上，要结合西方现代风景园林师所提出的功能性、生态性、艺术性与社会性等要求进行空间属性的划分，基本采用内向型、外向型空间的对比和结合等手法。

第三，空间对比。上述三个项目的类型多是酒店或住宅。外围有围墙，内部有一条外向型的主景观带，然后呈鱼骨状发散出内向型的客房区或住宅区。它们都真正践行着“空间对比”的思想，让外向型与内向型的空间共存于场地之中。

第四，空间流动。上述三个项目的设计基本遵循现代主义的景观空间营造原则，将不同属性的空间以开放的形态合理地穿插和组织在一起。

第五，空间的连接部位。三亚丽思卡尔顿酒店整体为现代主义风格，空间语言丰富多变；云南丽江悦榕庄酒店的设计风格则追求地域性，空间连接比较简洁和严谨；上海仁恒公园世纪居住区空间过渡自然、转换明确。

第六，材料与细部。从材料和细部的表达上看，上述三个项目基本都是用这些景观“表皮”来延续和表达“地域性”，即对中国传统文脉的延续。如三亚丽思卡尔顿酒店是尊重三亚的气候条件，以热带的度假风格与现代中式建筑相融合，两者相得益彰；云南丽江悦榕庄酒店以简洁的风格有效地烘托了具有纳西族传统的建筑；上海仁恒公园世纪居住区体现现代中国人追求健康、时尚的生活方式。总体而言，上述项目都说明了“民族的，就是世界的”，只有因地制宜地采用原创并源于中国的景观空间营造语言，才能创造出优秀的景观作品。

二、空间形态分析

1. 空间形态的类型

景观空间形态的类型很丰富，有点状空间（如小型广场）、带状空间（如街道、滨水带和生态走廊）以及面状空间（如生态林区、自然保护区）等。总之，通过各种空间形态的相互联结，产生不同空间的过渡和对比，才能让参与其中的人们感受到空间存在的意义。而空间的对比，如疏与密、虚与实、藏与露、开与合、自然式空间与轴线式空间等，总结起来基本是曲折、隐秘的空间形态与开阔、宽敞的空间形态的对比。

2. 空间形态的特点

（1）底面、顶面与侧面

一般而言，大多数景观空间营造在空间的底面，如广场、水景、绿化、构筑物等都是营造在空间的底面上。而顶面多为天空、建筑及构筑物（如亭、廊等）的屋顶。侧面为围墙等墙体，通过围合形成不同的空间，还营造出多种尺度和特性的空间形态，表现出“似围非围”的空间对比之美。在边界设置围墙可围合出私密空间，在围墙上开挖洞口则可以成为空间的出入口或用于对景。

（2）竖向空间的构成元素

竖向空间的构成元素主要是指在空间底面范围内的构筑物、建筑物、柱体及非边缘的墙体。当然，这些竖向空间元素也包括空间侧面，但是侧面毕竟不是空间构成的主体，基本上只能作为空间的边缘。因此，竖向空间的构成元素可以成为该空间的视觉焦点或标志物，也可以创造出空间的序列感，成为空间营造的重要手段。

（3）空间的连接部位

在不同属性的空间之间，存在着过渡、转换、对比等连接部位的处理方式，这些连接部位实际上就是多个富有特色的细部，也能体现出风景园林师在空间营造方面的技巧和手法。而这些连接部位的细部设计要综合考虑以下三个方面：第一，两个空间的过渡、转换和对比等连接部位的处理方式首先应满足空间的使用功能；第二，外观在美学上要具有艺术性，不能与两个空间格格不入；第三，在材料、构造、机械化生产等环节上，结构设计要保证耐用性、安全性和便于施工。总之，连接部位是景观设计的重点。

（4）空间序列及空间等级

空间序列是设计师按空间功能给予合理的空间组织，各个空间之间有着顺序、流线和方向的联系。空间等级是指空间序列的起承转合，由低等级的空间过渡到高等级的空间，让人们体验到不同类型、不同等级的空间变化。

3. 中国传统园林和西方现代景观的对比分析

中国传统园林的空间布局讲究曲折、隐秘的空间和开阔、宽敞的空间之间的对比和结合。《中国古典园林分析》一书中提到："留园在运用空间对比手法方面给人留下的印象是极为深刻的。特别是它的入口部分，其空间组合异常曲折、狭长、封闭，人的视野被极度压缩，甚至有沉闷、压抑的感觉，但当走到了尽头而进入园内的主要空间时，便有一种豁然开朗的感觉。从当时使用情况来看，这条曲折的窄巷并非该园的主要入口。另外，如此狭长、曲折、封闭也可能是受到其他一些客观条件的限制，因此也不能贸然断言这一定是出于造园者的精心安排。但撇开这些因素不论，仅就客观效果来看确实很像陶渊明在《桃花源记》中的一段描绘：'林尽水源，便得一山，山有小口，仿佛若有光。便舍船，从口入，初极狭，才通人。复行数十步，豁然开朗。'"这说明了通过空间的组合和对比，可以抑扬顿挫地创造出不同的空间意境。

而西方现代景观基本很少出现大量的建筑物或构筑物，多是以植物和景观小品来营造空间效果。在整体的空间布局上，以开阔自然的空间为主，体现了简洁、高雅的审美品位和现代主义风格；同时也形成一些狭长曲折的空间，满足遮挡和屏蔽的需要，并与开敞的空间进行对比。如美国常见的住宅，主入口开敞大气、干净整洁；而在住宅之间的墙体则以灌木、小径等形成狭长空间，来提高私密性。这两种空间的结合和对比，形成丰富多变的景观空间序列。

项目六

苏州拙政园——开敞与曲奥对比的园林水景

苏州拙政园始建于明代正德初年（16 世纪初），分为东、中、西三个部分。东园原为“归田园居”的旧址，重建后已非园林的原貌。中园和西园共计约 2.3hm^2。中园为全园的精华，有长而宽阔的水景，在水景两侧垒土石构筑假山，整体空间开阔大气。西园的水面弯曲狭小，整体空间讲究曲奥幽远。具体分析如下：

中园充分体现出曲奥和开敞空间的巧妙结合。首先，其水景为开敞空间，水景以北的山体与“雪香云蔚亭”“见山楼”等建筑相互交融，形成了半开敞的空间；水景南侧的“倚玉轩”“小飞虹”“小沧浪”“玉兰堂”以及“香洲”等建筑和曲折的游廊则形成了时而封闭、时而开敞的空间序列。其次，该水景也体现出曲奥和开敞空间相结合所产生的对比效果。其东西向的大型水景长度约 100m，宽度约 20m，开阔自然。水中二岛上种植瓜果树木，并有“雪香云蔚亭”赏梅、“荷风四面亭”赏荷花。该水景的开敞空间使得西面的“别有洞天半亭”和东面的“梧竹幽居亭”在近百米的视距上相互作为对景，而且从东面的“梧竹幽居亭”还能看到距其约 1.5km 处报恩寺内的北寺塔，这是“远借”的妙用。与这个开敞空间相对应的是在西南侧的水尾处布置一座廊桥“小飞虹”及三间水阁“小沧浪”横跨水面，两者共同形成了一个空间极尽曲奥的幽静水景。从“小沧浪”凭栏远眺，在这段纵深 70~80m 的水尾空间中，透过亭、廊、桥三个层次可以看到园内最北端的“见山楼”，这更加显示出曲奥空间所营造的深远而丰富的意境。

西园也巧妙地设计了开敞与曲奥空间形态的对比。“卅六鸳鸯馆”面对相对开阔的水面形成开敞空间，而“倒影楼”、水廊和狭长的水面共同形成曲奥空间，让人们在游赏时不知不觉地体验到空间的转换，一开一合、浑然天成，展现出中国传统园林的绝妙营造手法和高超境界。再加上水廊另一侧的自然景色和“与谁同坐轩”进行空间气氛的烘托，形成活泼生动的景点。人们通过建在山顶上的“宜两亭”可将西园景色尽收眼底，同时还能观赏到中园的水景，因此该亭作为西园的制高点成为体验空间转换的绝佳场所。还有，西园曲折的溪流通过“塔影亭”、回廊以及郁郁葱葱的大树，烘托出这一曲奥空间的幽深静谧，与“卅六鸳鸯馆”北侧的开敞水面形成对比。

中园的开敞空间与西园的曲奥空间以复廊隔开，只有通过“别有洞天半亭”的月洞门才能从中园进入西园。该月洞门使两处园林透过它相互对景和借景，并形成曲奥空间和开敞空间的转换。

在中园中，从“远香堂”前广场远眺“梧竹幽居亭”

水廊高低起伏的形态

“小飞虹”廊桥及“小沧浪”建筑

从“倒影楼”透过曲奥的水景看到远处假山上的“宜两亭”，两者隔着水面互相对景

西园狭长水景南端的“塔影亭”

水廊曲径通幽的建筑形态

“倒影楼”和水廊倒影于清澈的水面上

项目名称： 苏州拙政园
项目地址： 江苏省苏州市姑苏区东北街 178 号
占地面积： 约 5.2hm^2
摄 影 师： 俞昌斌

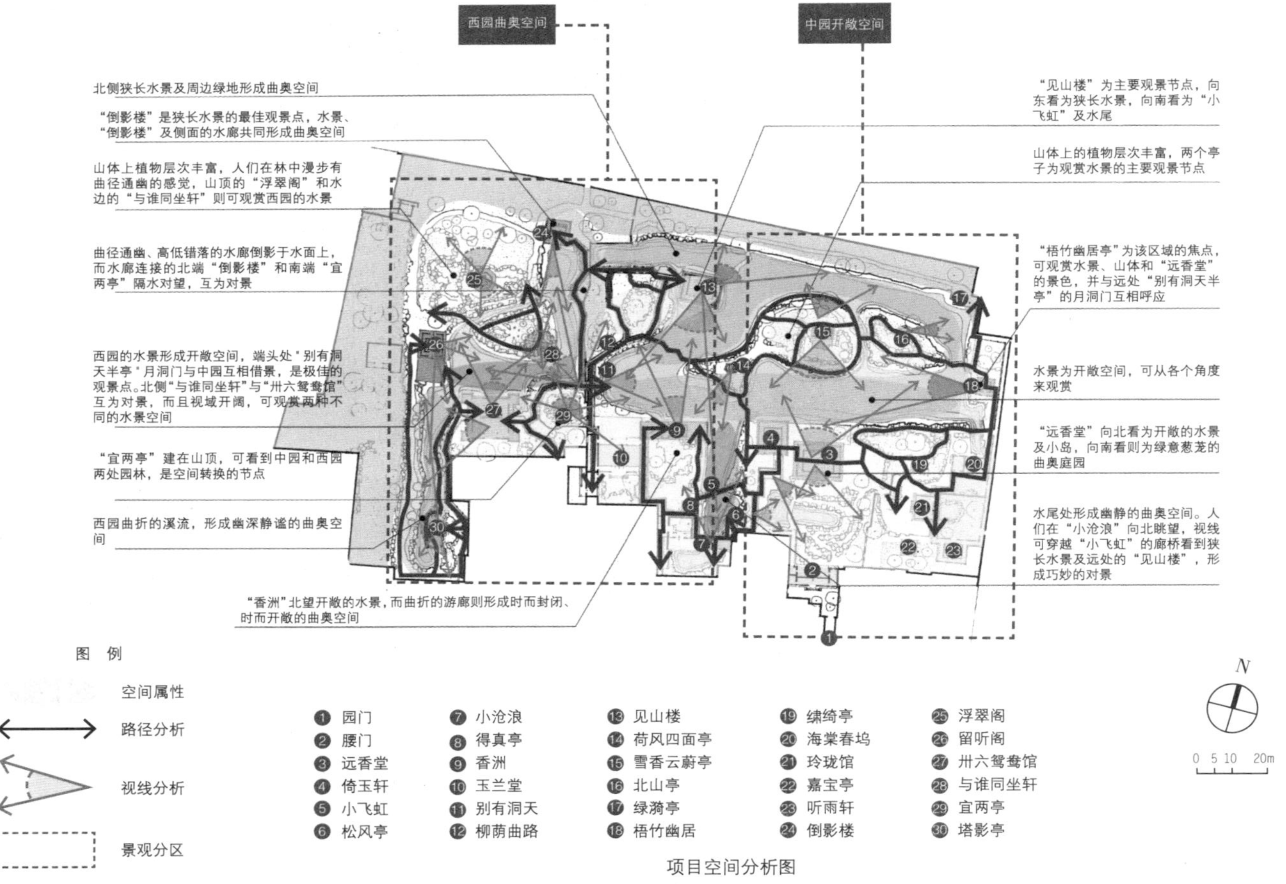
西园曲奥空间
中园开敞空间
北侧狭长水景及周边绿地形成曲奥空间
“倒影楼”是狭长水景的最佳观景点，水景、“倒影楼”及侧面的水廊共同形成曲奥空间
山体上植物层次丰富，人们在林中漫步有曲径通幽的感觉，山顶的“浮翠阁”和水边的“与谁同坐轩”则可观赏西园的水景
曲径通幽、高低错落的水廊倒影于水面上，而水廊连接的北端“倒影楼”和南端“宜两亭”隔水对望，互为对景
西园的水景形成开敞空间，端头处“别有洞天半亭”月洞门与中园互相借景，是极佳的观景点。北侧“与谁同坐轩”与“卅六鸳鸯馆”互为对景，而且视域开阔，可观赏两种不同的水景空间
“宜两亭”建在山顶，可看到中园和西园两处园林，是空间转换的节点
西园曲折的溪流，形成幽深静谧的曲奥空间
“香洲”北望开敞的水景，而曲折的游廊则形成时而封闭、时而开敞的曲奥空间
“见山楼”为主要观景节点，向东看为狭长水景，向南看为“小飞虹”及水尾
山体上的植物层次丰富，两个亭子为观赏水景的主要观景节点
“梧竹幽居亭”为该区域的焦点，可观赏水景、山体和“远香堂”的景色，并与远处“别有洞天半亭”的月洞门互相呼应
水景为开敞空间，可从各个角度来观赏
“远香堂”向北看为开敞的水景及小岛，向南看则为绿意葱茏的曲奥庭园
水尾处形成幽静的曲奥空间。人们在“小沧浪”向北眺望，视线可穿越“小飞虹”的廊桥看到狭长水景及远处的“见山楼”，形成巧妙的对景
图例
空间属性
路径分析
视线分析
景观分区
1 园门
2 腰门
3 远香堂
4 倚玉轩
5 小飞虹
6 松风亭
7 小沧浪
8 得真亭
9 香洲
10 玉兰堂
11 别有洞天
12 柳荫曲路
13 见山楼
14 荷风四面亭
15 雪香云蔚亭
16 北山亭
17 绿漪亭
18 梧竹幽居
19 绣绮亭
20 海棠春坞
21 玲珑馆
22 嘉宝亭
23 听雨轩
24 倒影楼
25 浮翠阁
26 留听阁
27 卅六鸳鸯馆
28 与谁同坐轩
29 宜两亭
30 塔影亭
N
0 5 10 20m
项目空间分析图

中园开敞空间：

水景为开敞空间

水景以北的山体与“雪香云蔚亭”“见山楼”等建筑相互交融，形成了半开敞的空间

水景南侧的建筑和曲折的游廊形成时而封闭、时而开敞的曲奥空间

从东面的“梧竹幽居亭”透过近百米的开阔水面看到西面的“别有洞天半亭”并远借 1.5km 之外的北寺塔作为背景

从西面的“别有洞天半亭”透过近百米的开阔水面和水中的折桥看到东面的“梧竹幽居亭”，两者互为对景

从“小沧浪”的室内凭栏远眺，在这段纵深 70~80m 的水尾空间中透过廊桥“小飞虹”可以看到最北端的“见山楼”，显示出曲奥空间深远而丰富的意境

廊桥“小飞虹”侧立面建筑造型

从画舫“香洲”上观赏廊桥“小飞虹”正立面建筑造型

画舫“香洲”

从廊桥“小飞虹”上观赏“见山楼”

西园曲奥空间：

亲水的弧形小亭“与谁同坐轩”和背景植物共同倒映在水面上，形成视觉转换点

从“留听阁”向东看“卅六鸳鸯馆”北侧开敞的水景，假山上为笠亭，远处为水廊

“卅六鸳鸯馆”北侧的水景，夏天开满荷花

从“宜两亭”的花窗中观赏曲奥的水面

“宜两亭”把开阔的中园和曲奥的西园都收纳到人们的视线之中，形成空间的对比

西园曲奥狭小的水景，最南端为“塔影亭”，与之南北相互对景的是“留听阁”。从长廊向南看水景和“塔影亭”

从水景向北远眺“留听阁”

项目七

日本美秀美术馆（Miho Museum）
——穿过山洞进入现代“桃花源”

日本美秀美术馆收藏了大量精美的艺术品。在建筑设计上，贝聿铭将该建筑掩映在云雾缭绕的山坡和峡谷森林之中，营造出如同中国古代《桃花源记》中描述的意境。他在景观设计上通过运用曲奥和开敞空间的有机结合，表达出“自然与建筑相互融合”的理念。

首先，美术馆的上山主入口是一个开敞的空间，形成由功能性建筑围合的聚集广场。然后向里走，先是一条曲折的步行道，两侧是春天开满粉红色花朵的樱花林；紧接着就走入一条幽暗而弯曲的隧道，人们会被隧道中日本扇子式样的灯具所吸引。快出隧道的时候，阳光洒进来，人们会发现眼前突然明亮起来，并隐约看到远处建筑的轮廓。从隧道出来后要走过一座钢索吊桥，设计该吊桥的目的是为了不破坏山体和森林植被，人们可以在桥上欣赏周围层林尽染、五彩缤纷的美景。

通过一系列空间序列的起承转合，主体建筑在一片开阔的广场上展现出来，既有庄重典雅的形态，又有历史文化的内涵。另外，该建筑入口处两侧色彩丰富的坡地绿化为自然式种植，结合灯具、台阶共同烘托气氛。而且，建筑入口处的月洞门较小，实际上是建筑师有意收缩了空间。而进入大堂之后，空间一下开敞起来，让人感觉豁然开朗。另外，建筑庭园的景观布置，在正馆入口大厅的外侧，种植严格挑选的造型松树，风格古朴俊逸，形成别具一格的景观效果。

从山峰高处俯瞰美术馆

项目名称：日本美秀美术馆（Miho Museum）
项目地址：日本滋贺县甲贺市信乐町田代桃谷
开 发 商：日本秀明文化财团
建筑设计及景观设计：贝聿铭建筑师事务所
摄 影 师：俞昌斌、美秀美术馆专业摄影师
建筑面积：9420m^2
竣工日期：1997 年 11 月

主体建筑入口广场区域

三筋瀑布

正 馆

建筑主入口广场为开敞空间

钢索吊桥为开敞空间

山中隧道及
桥梁区域

幽暗而弯曲的隧道为曲奥的空间

日本美秀美术馆

幽暗而弯曲的隧道为极端曲奥的空间

沿路的樱花林

接待广场为开敞空间

园区入口处
接待区域

空间布局分析图

园区入口处接待区域：

主入口开敞的接待广场

接待广场及停车场外围的红枫林

接待广场到樱花步行道入口处两侧的标志性灯柱

步行道两侧的樱花林沿着曲折的道路盛开，营造出令人震撼的美景

山中隧道及桥梁区域：

从隧道的出口隐约看到美秀美术馆的轮廓

走入弯曲的隧道，人们会被隧道两侧如日本扇子式样的灯具所吸引

穿过隧道后，可以看到贝聿铭和莱斯利·罗伯逊联合设计的长度为120m的钢索吊桥，该桥获得了国际桥梁及结构工程协会的优秀奖

从隧道出口处看桥梁的钢索结构，远处为日本美秀美术馆的主体建筑

主体建筑入口广场区域：

该建筑入口庄重典雅、具有历史文化的沉淀

主体建筑左侧的景观效果

主体建筑右侧的景观效果

入口广场边的休息区，在色彩丰富的植物群中掩映着一条步行小径

建筑两侧的车行出入口顶部覆土并种植色叶植物，使建筑与山坡融为一体

入口广场一侧种植形态优美的松树

主体建筑被周边的山体森林所围绕，颇有“桃花源”的意境

从建筑室内看室外的松及庭园：

建筑屋顶采用仿木铝材作为格栅，使室内的光线变得温暖柔和

正馆入口大厅窗外有一组作为对景的造型松树

石之庭园融入了日本枯山水园林样式的元素

通过对上述两个项目的对比，总结如下：

第一，拙政园的底面以山体、入口处广场、步行道、大小形状不等的水景为主，空间类型比较丰富，结合得也很完美。顶面以天空为主，偶尔使用一些廊与亭，追求开敞的感觉。侧面以围墙和山体为屏障，起到背景的作用。总结起来，拙政园师法自然、移天缩地、堆山理水，营造出各种亭廊、墙体及月洞门，都是为了更好地再现自然，达到“天人合一”的境界。而日本美秀美术馆的底面为广场、步行道、隧道与桥面，桥面下方为四季变幻的山谷森林，空间形态也很丰富。顶面也以天空为主，侧面则是绵延不绝的群山及森林。总结起来，日本美秀美术馆的景观空间营造，如山体中开挖隧道、架设吊桥，以及建筑主体局部覆土种植乔木，都说明其建筑设计最大限度地尊重自然。

第二，不同空间形态的对比，特别是曲奥和开敞空间的结合产生强烈的感染力和悠远的空间意境。如拙政园从“梧竹幽居亭”向西走到作为中西园分界的“别有洞天半亭”近百米的路程，可以观赏狭长水景的开敞空间。一直到达“荷风四面亭”南侧的折桥处，空间营造达到了视觉的焦点。在这里，向北面可以看见“荷风四面亭”和“见山楼”，向南面可以看见“小飞虹”和“小沧浪”，感受到豁然开朗的景色。而日本美秀美术馆的感觉也很类似，首先入口道路两侧的一大片樱花林，可在春日观赏樱花美景。然后进入隧道，在幽暗曲折隧道的尽头，突然眼前有阳光照射进来，远远看到一座飞跨山谷之上的桥梁和桥尽头的美术馆建筑，这种景观空间营造作为进入美术馆的序曲所带来的体验是令人难忘的。在隧道比较暗的空间中有些昏黄的灯光，让人们的心境逐渐安静平稳下来。由于不知道何时能走出去，因此产生了对前方的憧憬。当走出隧道那一刻，人们的期待达到了顶点。最后，人们看到两侧群山和森林营造的背景，精美的吊桥和主体建筑营造的主景时，整个景观空间的序列便达到了最高潮。

第三，上述两个项目的空间连接部位及空间形态对比的手法基本一致，内容丰富、形式简洁，给人们留下震撼的心理体验。拙政园的空间过渡、转折与对比是用月洞门、花窗等元素，巧妙地转折到不同空间。其景观空间的营造手法娴熟而丰富，使人们的心理感受不断变化，在游赏中体验从期待、尝试、疑惑、惊喜、震撼，然后周而复始。而日本美秀美术馆的立意是要成为现代的“桃花源”，要寻找那种在深山之中行走，然后豁然开朗看到另外一个世界的心理体验。其简洁、现代的空间营造，依靠隧道及吊桥这两个具有现代感的构筑物来实现空间的对比。

4. 源于中国的现代景观空间营造

上述多种类型的空间形态，基本都是以曲奥空间与开敞空间进行对比、连接和过渡的。因此，源于中国的现代景观空间营造，要在空间形态的对比和结合上寻求继承和创新。原则上要在重要的景观节点处采用多种空间形态的对比，通过构筑物、绿化和景观小品，营造出具有反差与对比的空间格局；在宅前屋后要考虑建筑通风、采光等功能需求，可采用疏朗自然的植物造景，来体现安静、舒适的生活环境。

项目八

上海仁恒河滨花园——过渡与转换的景观空间序列

上海仁恒河滨花园的景观设计运用了多个开敞和曲奥的空间序列，并巧妙地进行过渡与转换，带给人们丰富的景观体验。

第一，由于主入口的住宅楼为弧线形向外展开，因此风景园林师用两片大面积的竹林将主入口区域塑造成规则的长方形空间，然后再分段进行空间形态的塑造。在主入口最外侧，先用常绿的广玉兰树阵和涌泉水池进行障景和对景。从主入口向里走，可以看到开阔的广场，然后是一片整齐的榉树树阵，隐约可见后面的会所建筑。穿过树阵，视线豁然开朗，会所建筑展现在眼前，两侧的景观也丰富起来，北侧的垂柳石景和南侧的竹林石景互为呼应。总之，这一条空间序列通过曲奥空间和开敞空间的对比，给人们留下深刻的第一印象。

第二，沿着会所，有南、北两条步行道通往居住区内部。向北走去，先经过以水中的太湖石和垂柳为借景的小径，到达弧形的木栈道。在绿化掩映中行走一小段，就会看到室外的大型游泳池。游泳池北侧为曲奥、幽密的绿化空间，南侧为会所建筑外侧的亲水平台，人们可站在两侧互相观赏中部开敞的游泳池，形成视觉通廊。而后从北侧的曲奥空间走到南北向的轴线空间，人们会被轴线上三排开阔的鹅掌楸树阵所震撼。另外，到每一栋住宅楼连接的都是曲折狭长的小径，从而形成绿树夹道的空间效果。特别是东侧开敞的网球场后面又布置了植物浓密、曲径通幽的曲奥空间，体现了两种空间

鸟瞰主入口的景观空间序列

鸟瞰游泳池区域，可明显看出开敞与曲奥空间的对比

鸟瞰西南侧儿童活动区域景观

项目名称： 上海仁恒河滨花园
项目地址： 上海市长宁区芙蓉江路 388 弄
开 发 商： 新加坡仁恒置地集团有限公司
建筑设计： 新加坡杰盟建筑设计咨询有限公司
景观设计： 诗加达景观设计公司
摄 影 师： 俞昌斌、杨书坤、胡宇鹏等
建筑面积： 约 13hm^2
竣工日期： 2006 年 7 月

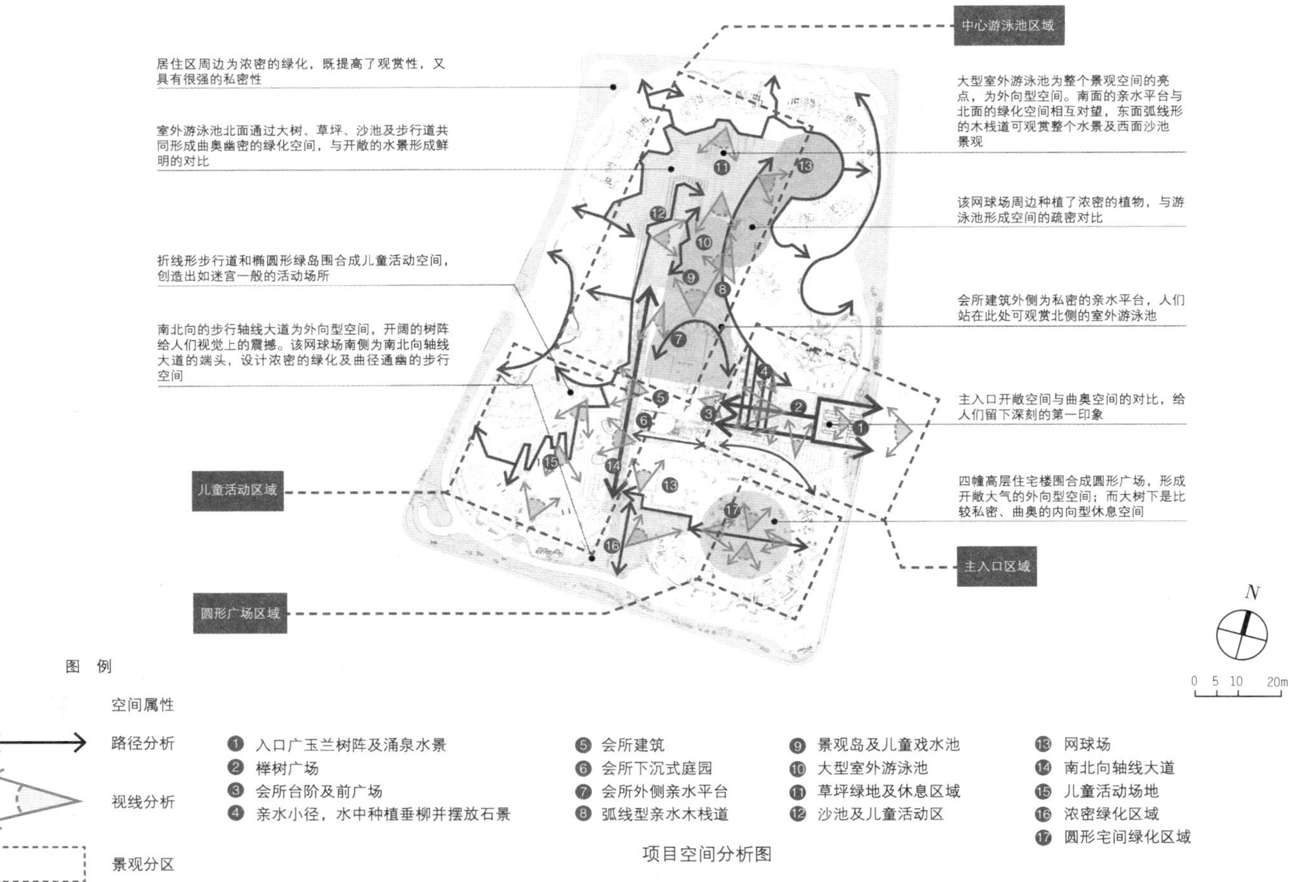
中心游泳池区域
居住区周边为浓密的绿化，既提高了观赏性，又具有很强的私密性
大型室外游泳池为整个景观空间的亮点，为外向型空间。南面的亲水平台与北面的绿化空间相互对望，东面弧线形的木栈道可观赏整个水景及西面沙池景观
室外游泳池北面通过大树、草坪、沙池及步行道共同形成曲奥幽密的绿化空间，与开敞的水景形成鲜明的对比
该网球场周边种植了浓密的植物，与游泳池形成空间的疏密对比
折线形步行道和椭圆形绿岛围合成儿童活动空间，创造出如迷宫一般的活动场所
会所建筑外侧为私密的亲水平台，人们站在此处可观赏北侧的室外游泳池
南北向的步行轴线大道为外向型空间，开阔的树阵给人们视觉上的震撼。该网球场南侧为南北向轴线大道的端头，设计浓密的绿化及曲径通幽的步行空间
主入口开敞空间与曲奥空间的对比，给人们留下深刻的第一印象
儿童活动区域
四幢高层住宅楼围合成圆形广场，形成开敞大气的外向型空间；而大树下是比较私密、曲奥的内向型休息空间
主入口区域
圆形广场区域
N
0 5 10 20m
图例
空间属性
路径分析
视线分析
景观分区
1 入口广玉兰树阵及涌泉水景
2 榉树广场
3 会所台阶及前广场
4 亲水小径，水中种植垂柳并摆放石景
5 会所建筑
6 会所下沉式庭园
7 会所外侧亲水平台
8 弧线型亲水木栈道
9 景观岛及儿童戏水池
10 大型室外游泳池
11 草坪绿地及休息区域
12 沙池及儿童活动区
13 网球场
14 南北向轴线大道
15 儿童活动场地
16 浓密绿化区域
17 圆形宅间绿化区域

项目空间分析图

主入口区域：

从居住区外鸟瞰该项目的空间序列

会所台阶和草坪所形成的景观效果

轴线南侧水池中布置太湖石，背景为磨砂玻璃与竹林

轴线北侧水池中布置太湖石与柳树，柳叶随风摇曳

会所下沉式庭园中的座椅、石景与植物

会所另一下沉庭园用磨砂玻璃“框景”太湖石，作为主景观

中心游泳池区域：

从主入口广场穿过水景区域，到达通往中心游泳池的弧形木栈道

亲水平台区域的绿化营造出私密的空间，形成休憩交流场所

从中心游泳池远眺亲水平台

曲奥的亲水平台空间与开敞的游泳池空间

鸟瞰游泳池细部

圆形广场区域：

南北主轴线种植鹅掌楸，铺装为黄色与灰色相间的石材所形成的条状肌理

儿童活动区域：

开阔的南北轴线和曲奥的儿童活动区域，形成空间上的对比

椭圆形绿岛围合的儿童活动空间形成曲奥的空间

西侧最大的椭圆形绿岛形成了一片草坪，空间再次打开

活动器械、周边的休息亭及座椅，共同形成一个绿荫下的儿童活动区域

带给人不同的居住体验。

不同于北侧的方向，沿着会所向南走去，先通过一条狭窄幽静的小径，然后豁然开朗，看到圆形的广场空间，种植浓荫蔽日的植物，树下布置着供人休息的座椅，通过两种空间的对比形成先抑后扬的景观效果。

第三，从主入口继续向西走，会经过一条夹在会所和网球场之间的小径，形成曲奥空间。当走到南北主轴线时，空间豁然开朗。再向西走，会看到七个大小不等的椭圆形绿岛围合的儿童活动空间，是如迷宫一般的场所。西侧面积最大的椭圆形绿岛为一片草坪，空间再次打开，带给人们丰富的心理感受。还有与北侧相类似的是，风景园林师也设计了丰富的折线路径，表现了从开敞空间到曲奥空间的过渡和转换。

总之，该项目的景观设计手法新颖，用现代的设计语言巧妙地隐喻了中国的传统文化，利用层次丰富的景观空间带给人们不断变化的心理体验。

项目九

苏州水巷邻里花园
——金鸡湖畔，前街后河与水巷交错的景观

苏州水巷邻里花园位于江苏省苏州市金鸡湖路 1 号，紧邻金鸡湖，占地面积约 15hm^2，2010 年底竣工。该项目希望用现代的景观设计手法来体现苏州传统的“前街后河、水巷交错、庭园叠户、邻里和睦而居”的居住形态和生活方式。该项目在景观空间的营造上颇费心思，具体分析如下：

第一，入口空间为了突出会所区域，刻意将空间放大形成广场，中部布置巨石层叠的水景，并种植若干乔木立于水中，让人们的视线聚焦于此。广场两侧为无边镜面水池，进一步凸显了开阔大气的入口空间。然而，当人们从入口向别墅区域走，就会看到一条南北向的水巷，用于区分别墅区与高层区域。水中种植大量净化水质的水生植物，并结合水中的鱼类、微生物等构建起完整的生态链，达到自净的效果。水畔一侧种植垂柳，垂柳下方为丰富

的地被植物和灌木，生态自然；另一侧为一条宽度约 3m 的步行小径，种植香樟，供人们在水畔散步。

第二，高层区域的主要道路为宽度约 4m 的步行道，石材铺装嵌草，从空中鸟瞰为一条条绿色的丝带。道路的两侧及中部种植大树，形成一个曲奥的空间。而道路的端头为十分开阔的水景，中部有喷泉，岸边有观赏喷泉水景的亭子。水面上还有一座折桥，让人们可以亲近水景。两者的反差和对比让空间体验更加丰富。

第三，进入别墅区的花园，也可体会到开敞空间与曲奥空间的对比。在庭园外围的交通区域，多种植丰富浓密的植物，有意遮挡人们的视线；而在庭园内曲径通幽的小径中行走，感觉该庭园空间很大；在正对客厅或卧室外布置一片干净的草坪，让人感觉景观空间很开阔。两种空间在庭园中相融合，带来丰富的空间意境。

总之，该项目的景观设计充分借用金鸡湖景色，以现代的手法将水巷、溪流、植物等自然景观融入居住区的环境之中，同时为住户设置了大量的公共休闲活动设施，构筑了一个和谐互动的邻里场所。

通过对上述两个项目的对比，总结如下：

第一，景观空间营造既要继承中国传统园林的精髓，又要以现代的营造手法来进行设计，使两者巧妙地结合在一起。材料、细部、符号等一系列表现手法，只是景观空间形态的“表皮”，源于中国的文化内涵才是本质。只要

该项目的别墅建筑倒影于生态的水巷之中，展现出“中国式居住”的精神内涵

项目名称：苏州水巷邻里花园
项目地址：江苏省苏州市金鸡湖路 1 号
开 发 商：新加坡晋合控股有限公司
建筑设计：新加坡杰盟建筑设计咨询有限公司
景观设计：诗加达景观设计公司、上海易亚源境景观设计有限公司（YAS DESIGN）
摄 影 师：俞昌斌、茅立群、胡宇鹏
建筑面积：约 15hm²
竣工日期：2010 年底

围绕住宅楼周边的背景绿化带形成曲奥、密闭的空间
宅间步行道区域
室外游泳池及水景形成较为开敞的空间
该区域作为公共交通空间，满足了场地休憩的功能
地下车库出入口区域以绿化作为对景，形成开敞的空间
水巷为连接水景与地库出入口的过渡区域，以浓密的植物和狭长的水系形成曲奥幽深的空间
独栋别墅和联排别墅的车行道区域
别墅区外围浓密的绿化带，既满足别墅的私密性，又不遮挡低楼层住户观赏金鸡湖的视线
水巷区域
宅间步行道区域
疏林草坡区，开敞的空间成为水景的绿化背景
网球场与儿童活动区等组合在一起，形成运动区域，是大型的开敞空间
水景形成开敞的空间，成为整个居住区的视觉焦点
为了满足消防车通道，该区域的步行道路较宽
水巷为连接开敞的入口广场与湖面的区域，以浓密的植物和狭长的水系形成曲奥幽深的空间，然后到水景处豁然开朗
会所周边的背景绿化带，以浓密的植物作为建筑的衬托
主入口区域
入口开敞空间以石、水、植物的结合形成广场，两侧为无边镜面水池，更凸显了入口空间的开敞与大气
图例
空间属性
路径分析
视线分析
景观分区
1 入口石阵广场
2 镜面水池
3 地库出入口跌瀑景观
4 会所
5 次入口
6 儿童活动区
7 健身会所
8 网球场
9 地库通风口地下花园
10 林中漫步道(兼消防车通道)
11 水巷
12 独栋别墅
13 联排别墅
14 高层建筑区域
15 景观岛
16 水景
17 折桥
18 景观亭
19 观湖广场
20 疏林草坡
21 游泳池
22 休憩广场
23 地库出入口景观
N
0 10 20 40m

项目空间分析图

主入口区域：

鸟瞰主入口处石景、植物与水景相互交融的空间布局

从高层住宅楼上鸟瞰景观水系、别墅区以及不远处的金鸡湖和李公堤

主入口处石景、植物与跌水、雾喷等元素相结合的意境

高度约 1.2m、长度约 20m 的开敞式布局的跌水景观与中心石景共同构成大气壮观的主入口

将多片石材拼叠在一起，并在竖向上形成峰峦起伏的高低错落，中部种植绿化或形成溢水，成为颇具禅意的空间

镜面水景与地面铺装相互融合，两者的标高基本一致

青色的粗糙的自然石景与黑色的精致的水景之间的交接细部

水景中的树阵和涌泉

水巷区域：

鸟瞰生态水系，其两侧的绿化种植、步行道、木质栏杆以及置石所形成的汀步，这些元素共同创造出丰富的景观空间

生态水系两侧的绿化处理：靠近别墅处种植垂柳及浓密灌木，形成视觉遮挡；另一侧为步行道，种香樟，并配以木质栏杆，可供人们坐憩休息

生态水系通过水生植物、鱼类、微生物等构建完整的生态链，达到自净的效果，局部有亲水的台阶可靠近水面

层叠式置石细部，布局高低错落，造型古朴自然

宅间步行道区域：

嵌草步行道铺装大气整齐，充满现代主义风格

在嵌草步行道的中间不规则地种植乔木

生态水巷一侧为石材铺砌的步行道

车行道为深灰色和浅灰色的石材相间铺砌，形成强烈的透视效果

主入口地下车库两侧墙体形成跌水瀑布，夜景效果极为震撼

弧形嵌草步行道与绿化的结合处理

瀑布墙体内侧种植点景乔木和层次丰富的低矮灌木

从钢结构的现代亭看出去，远处的喷泉成为对景

该钢结构亭在顶部和立面上用方形钢管制作成回字纹图案，整体漆成白色，富有中式情韵

该亭的空间流动而通透，其钢结构、玻璃与回纹图案格调高雅

该亭设计成倒“L”形的样式，其投影表达出中式情韵

抓住了问题的本质，空间营造的各种表现手法就万变不离其宗。

第二，现代中国的景观空间营造就是要处理好不同空间的对比，使之产生出不同韵味的空间意境，让人们通过揣摩和品味产生心灵上的共鸣。如上海仁恒河滨花园的空间营造手法是现代的，包括轴线空间的使用，但有些弧线空间看似随意，却有着实际的功能。苏州水巷邻里花园的空间是明确、简洁和现代的，先进入开敞的入口空间，曲径通幽、层层深入，最终在中心区豁然开朗。该项目较少使用中国传统园林的材料及细部，但是在景观空间的营造上将曲奥空间和开敞空间的对比运用恰到好处。

第三，空间营造的关键是对不同空间形态的连接部位的处理，景观空间形态也应该合理而有效地控制材料的使用。

第四，关于地域性的特点，上述项目均从当地的历史文化中提炼出具有地域性的精神内涵。如上海仁恒河滨花园整体的景观空间极其现代、简洁，其中大量运用传统元素和符号，如并置的太湖石、下沉式庭园中的石景等，都说明风景园林师希望把传统文化与现代空间融为一体。苏州水巷邻里花园通过现代的置石方式向中国传统园林致敬，并展现出新的风格。

第三节 路径引导

路径的功能是引导人们依据风景园林师设定好的路线进行游赏，使其能有良好的景观体验。中国传统园林巧用对景、借景、障景等造景手法，使景色忽隐忽现、步移景异。而西方现代景观则追求开阔的广场、疏朗的草坪和简洁的水景等。因此，源于中国的现代景观空间营造既要很好地继承中国传统园林的营造手法，也要考虑现代人的生活习惯，要通过合理的路径引导来处理空间的关系，同时，用科学方法来分析和使用路径引导。下文将路径引导分为两类：平面上的路径引导和竖向上的路径引导。

一、路径的作用

路径是空间营造的一部分，两个不同的空间之间大多是通过路径而联系的，并产生对比、过渡、衔接和转折等效果。所以路径看似简单，作用却很大。如果由于路径引导的问题使人们无法达到精心设计的空间或走过去已经没有了观赏空间的兴趣，那么这样的路径引导就失败了，也失去了景观空间营造的意义。当然，路径对于空间的连接与过渡能产生两种效果：一种是人们不知不觉就通过路径从一个空间被引导到另一个空间，这是一种“润物细无声”的引导；另一种是在路径引导的过程中，让人们感觉和体验到空间的强烈对比和明确转折，暗示人们到达了另外一个空间。

路径设计的方法：第一，目标分析，要去哪里？该怎么走？路径引导的目的是让人们进行“观景体验”。第二，评估几个景观节点，用最简洁有效的路径把它们连接起来。第三，分析空间、观景与路径的关系。第四，设置路标，让人们便于识别路径，不至于迷路、发生危险。

1. 定位：直线、折线与曲线

直线、折线与曲线是人们常用的线形，路径设计通过定位使各种线形变成景观中的实际物体。

折线路径的角度通常为30°、45°、60°等。当然，如果有特殊原因，如周边建筑、水体、山体需要一个特殊角度，也可以因地制宜。

曲线路径的特点分析：第一，曲线路径不应该是“随意的”曲线。第二，曲线路径是因为两侧有构筑物、建筑、山体、水体等物体的阻碍才可形成“必要的”曲线，要清楚曲线路径的设计逻辑。第三，要根据空间的特性进行路径设计，使景色有曲有直、有开有合、有疏有密。

2. 路径的引导作用

路径引导，把景观空间呈现给人们，引导人们进行观景体验。第一，减少天气影响，路径上设置廊架，可以遮风避雨。第二，路径便于行走，不能过陡，也不能起伏太大。第三，要避开危险区域及容易迷路的区域。第四，考虑路径引导的观景体验，形成多样的空间形态。

3. 路径规划

第一，不要有太多的交叉路口，使人们不知道该向哪走，形成“歧路”。

第二，路径中的“节点”是可以驻足、休息、观赏景点的地方；如果没有兴趣，可以绕过去，继续向前走；如果有兴趣，可以在该节点停留，休息游赏，并可以了解自己所在的方位以及下一处节点的位置。

第三，景观空间的路径引导，应避免让人们“抄近道”（如草坪上被人为踩出一条道路），主要的原因还是路径设计不合理，要对其做出改进。

第四，中国传统园林的路径常让人们感觉“往复不尽”，空间极为丰富。这就需要通过“挡”和“藏”（如用墙体、廊架、植物等遮挡）让人们在规定的路径之中行走，体验丰富的景观空间。

第五，即使人们漫无目的地行走，风景园林师也要做到有目的地引导人们“闲逛”，这是更加高明的路径设计，感觉“无设计”，实则“有设计”。

第六，把路径中的节点局部放大，可作为休息、观景的场所。

4. 路径中设置功能场地

第一，边界问题：各种类型的场地，都与路径相互关联，而功能场地使用需要保证其私密性，应提供合理的出入口，保证安全及逃离通道。

第二，路径如果成为场地的中轴线，那么路径就由通过性空间变成“景观主题性路径”。

第三，路径需要提供室外休息座椅。提供合理的路径规划，提供对景观赏点，可以进行观景体验。

中国传统园林善于通过路径来引导人们，使之发现隐藏与显现的景点，也通过路径来避免开门见山、一览无余的景观空间。

西方现代景观追求开阔的广场、疏朗的草坪和简洁的水景等，较少运用含蓄、隐晦的设计手法，但同样注意景观路径的合理设计，以满足使用功能为主要原则，如《景观设计学》一书提到了“运动的序列、速度以及特性都会给运动物体带来可预见的情感和心理效应”。观察敏锐的风景园林师知道人们的视觉、听觉、味觉、触觉和嗅觉常常是指导观赏路线和决定人们行动的因素。

源于中国的现代景观空间营造既要继承中国传统园林的营造手法，也要考虑现代人的生活习惯，要通过合理的路径来处理景观的隐藏与显现。例如在当前的景观设计中，可以通过地形和植物把不美观的建筑物局部遮挡起来，让水景和供人休息的构筑物更多地显露出来。但这些显露的景点也并非一览无余，而是要做到步移景异，让人们感觉到好像有很多不同的景点等待去寻找和发现。这就是通过路径的引导，产生景观的隐藏与显现，并使游赏者体验到发现的乐趣。

二、平面上的路径引导

1. 中国传统园林和西方现代景观的对比分析

《中国古典园林分析》一书中关于“蜿蜒曲折”引用了钱泳《履园丛话》中的一段分析：“造园如作诗文，必使曲折有法、前后呼应。最忌堆砌，最忌错杂，方称佳构”。该书还提到，中国传统园林主要通过“游廊”的细长空间暗示和引导人们走入景观区域，沿着该路径寻找和发现造园者营造的景点，如曲廊等构筑物通过直角或“之”字形的转折，形成了景观路径的蜿蜒曲折。同时，造园者还通过构筑物来连接亭、台、楼、阁，或者分隔不同的空间，增加了建筑组合的多样性。除廊外，构成园林的其他元素如山石、洞壑、水景、驳岸、桥、墙体等，布局力求蜿蜒曲折而忌平直规整。

西方现代景观的空间营造，通过科学分析行人的视线，结合不同的地形和建筑设置不同的路径系统，以达到引导的目的。《景观设计学》一书中列举了“水平运动”的如下特征：“水平面上的运动更为轻松、自由、高效，运动更安全，方向的选择余地更大，视觉趣味点集中于垂直面上，运动物体的视觉更容易控制，大多数功能最适于在水平面上发挥”。

项目十

苏州沧浪亭——平面路径引导观水、游廊、登山与赏亭

苏州沧浪亭是苏州现存最古老的园林，为北宋进士苏舜钦在苏州的宅园，出自《楚辞·渔父》“沧浪之水清兮，可以濯吾缨；沧浪之水浊兮，可以

濯吾足”的诗句，全园占地面积为 $1.08hm^2$。该园通过一系列的路径引导，展现出丰富多变的空间效果。

沧浪亭北侧临河，从河对岸可远眺园内的美景。人们跨过水面上的折桥，来到整个园林的主入口。进入正门大厅，再向庭园中走去，会看到三条不同方向的路径。

向东走向“面水轩”，直至“观鱼处”。这个方向上很有特色的路径是一段精心设计的复廊，其一面环绕着园内的假山，一面临河，两种景观被复廊分隔开来。为了相互借景和对景，该复廊的墙体上开凿了约 59 种式样的漏窗门洞，各不相同，十分巧妙。当人们在这段复廊中游赏，内侧的假山和外侧的河流形成虚实对比，近在咫尺却意境不同。

向南走上庭园中心区域的山体。该山体东侧由黄石砌筑，据考证为宋代所砌；山体西侧由太湖石构成，为清代增补。山上古木参天、浓荫密布。沿着登山石径可走到山顶的沧浪亭，亭中题有对联“清风明月本无价，近水远山皆有情”，这也表达了这条路径所要营造的意境。

向西走入另一条曲折、起伏的长廊，经过假山和水池来到建筑密布的“五百名贤祠”，并经过“仰止亭”“翠玲珑”最后到达南端的“看山楼”。这里的路径由于和建筑相互结合，所以景色也非常丰富。如在水景边的长廊形成折线来营造局部对景的景观效果，或在假山的南侧形成一条弧形的长廊，让人们更全面地观赏假山。而在“翠玲珑”的庭园中，有一条由多种竹子所围合的幽深小径，创造出“风篁类长笛，流水当鸣琴”的意境。还有，这些庭园的路径节点处巧妙地设计了月洞门、瓶形门、葫芦门等门洞，形成各具特色的框景效果。

项目名称：苏州沧浪亭
项目地址：江苏省苏州市姑苏区人民路沧浪亭街 3 号
占地面积：$1.08hm^2$
摄 影 师：俞昌斌

园林中的建筑倒映在北侧的河流中

园林中心山体上的沧浪亭

园林中的太湖石

园林中的红枫、竹等植物

入口大门向外看的框景效果

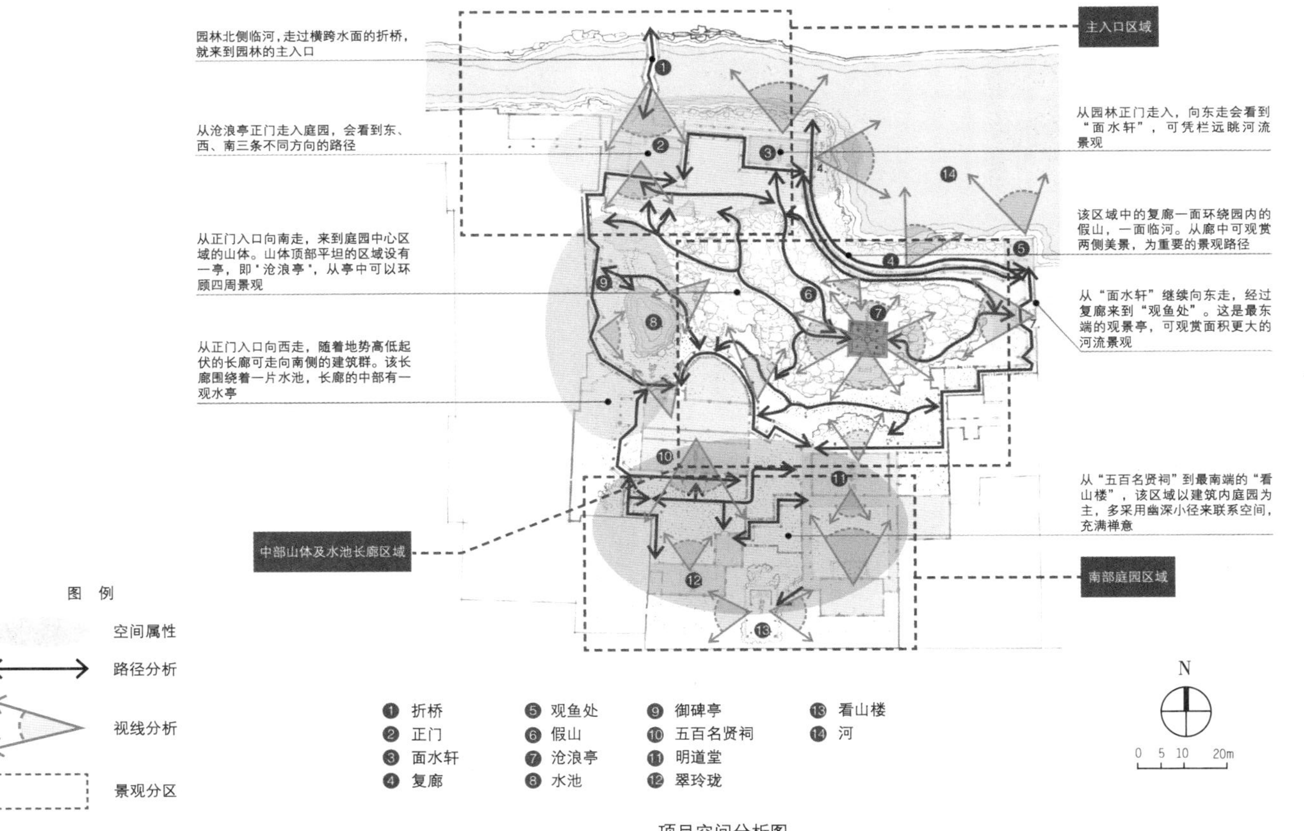
主入口区域
园林北侧临河，走过横跨水面的折桥，就来到园林的主入口
从沧浪亭正门走入庭园，会看到东、西、南三条不同方向的路径
从正门入口向南走，来到庭园中心区域的山体。山体顶部平坦的区域设有一亭，即"沧浪亭"，从亭中可以环顾四周景观
从正门入口向西走，随着地势高低起伏的长廊可走向南侧的建筑群。该长廊围绕着一片水池，长廊的中部有一观水亭
中部山体及水池长廊区域
从园林正门走入，向东走会看到"面水轩"，可凭栏远眺河流景观
该区域中的复廊一面环绕园内的假山，一面临河。从廊中可观赏两侧美景，为重要的景观路径
从"面水轩"继续向东走，经过复廊来到"观鱼处"。这是最东端的观景亭，可观赏面积更大的河流景观
从"五百名贤祠"到最南端的"看山楼"，该区域以建筑内庭园为主，多采用幽深小径来联系空间，充满禅意
南部庭园区域
图 例
空间属性
路径分析
视线分析
景观分区
1 折桥
2 正门
3 面水轩
4 复廊
5 观鱼处
6 假山
7 沧浪亭
8 水池
9 御碑亭
10 五百名贤祠
11 明道堂
12 翠玲珑
13 看山楼
14 河
N
0 5 10 20m

项目空间分析图

主入口区域：

从折桥走到园林的大门

园林最东端临水的亭“观鱼处”

从复廊看园内的假山

中部山体及水池长廊区域：

山体以土、石堆砌而成，古木参天，“沧浪亭”掩映其中

山体上铺砌碎石小径，并在小径两侧布置太湖石，作为道路的收边

水景外侧的回廊，廊上花窗造型各异

南部庭园区域：

在假山的南侧形成弧形的长廊

在“翠玲珑”的庭园中，有一条由多种竹子围合而成的幽深小径

项目十一

日本横滨港国际客运码头（Yokohama International Ferry Terminal）
——建筑的木质屋顶是“城市与海洋接吻的地方”

日本横滨港国际客运码头由能停靠4艘国际大型客船的长度为483m的栈桥和以进行海关检查、出入境检查、动植物检疫为中心的出入境大厅、迎送甲板和观光游览甲板构成。这里还设置了商店、展览馆、咖啡厅和餐厅等休闲娱乐空间。该项目的景观设计为人们提供了活动广场，并设计了可以在建筑的屋顶上自由游玩的开放空间，这里有拍婚纱照的新人、玩耍的小孩、集体活动的学生、聊天看海的情侣等，成为喧嚣都市里一个悠闲愉悦的场所。

为了不让人们产生走到尽头的感觉，该项目各层结构上使用了许多的斜坡，形成蜿蜒曲折的木质路径。该项目木质路径基本分为三个层面，分别是曲折走上坡顶广场的路径、下坡走入建筑室内大厅的路径以及靠码头两侧连接上、下坡的路径。设计如此丰富而多变的路径，有如下两点原因：首先，位于坡道下方的建筑室内大厅要形成没有立柱和墙壁的开敞空间，就必须要采用拱形的屋顶结构，因此根据建筑的功能要求产生曲折的景观路径；其次，由于码头上的行人大多提着旅行箱和行李，因此坡道比阶梯走起来顺畅许多，而且对于使用轮椅的残疾人也会相对方便一些。

木质路径的施工难度很大，由于全部都是用木条拼接而成，而且整体空间形态高低起伏，因此施工人员必须在现场通过光波测量仪测出每一个交点的位置，并一块块地切割木板。另外，与这些木质路径相匹配的是看似不规则的网状护栏、斜向的“人”字形支撑、造型独特的灯具以及候车亭等细部，它们也给人留下深刻的印象。

总之，通过丰富多变、蜿蜒曲折的木质路径，该项目形成了一个极富特色的海滨广场，一个“城市与海洋接吻的地方”。

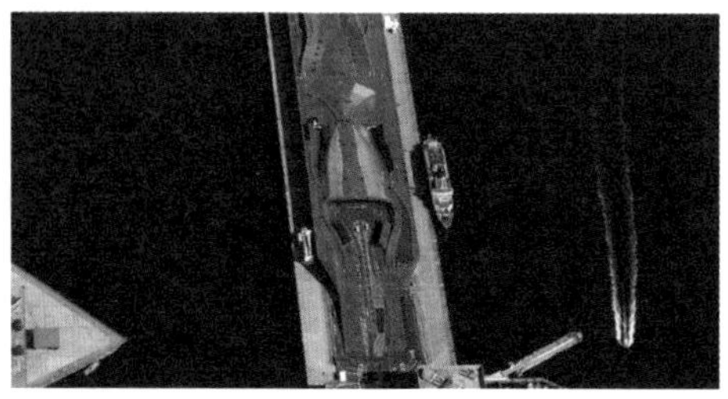

鸟瞰项目整体

项目名称： 日本横滨港国际客运码头

项目地址： 日本神奈川县横滨市中区海岸大道 1-1

开 发 商： 横滨市港务局

建筑设计及景观设计： FOA 建筑事务所

摄 影 师： 俞昌斌

占地面积： 3.4hm²

竣工日期： 2002 年 11 月

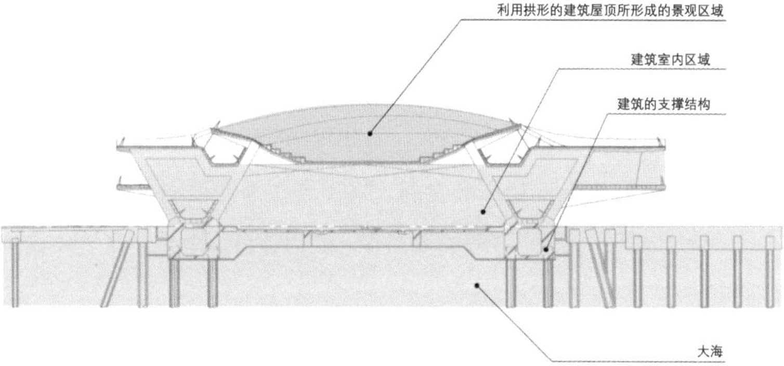

利用拱形的建筑屋顶所形成的景观区域

建筑室内区域

建筑的支撑结构

大海

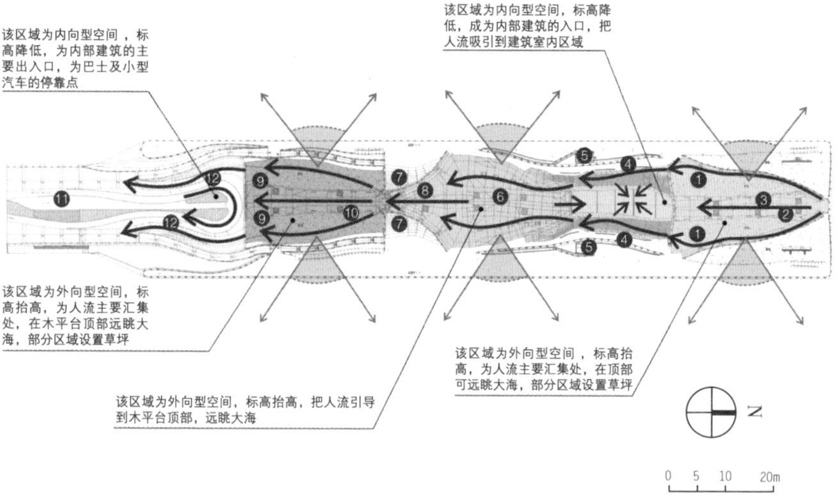

该区域为内向型空间，标高降低，成为内部建筑的入口，把人流吸引到建筑室内区域

该区域为内向型空间，标高降低，为内部建筑的主要出入口，为巴士及小型汽车的停靠点

该区域为外向型空间，标高抬高，为人流主要汇集处，在木平台顶部远眺大海，部分区域设置草坪

该区域为外向型空间，标高抬高，为人流主要汇集处，在顶部可远眺大海，部分区域设置草坪

该区域为外向型空间，标高抬高，把人流引导到木平台顶部，远眺大海

N

0 5 10 20m

1 东侧绿地
2 东侧下部为出入境大厅
3 东侧六个休息亭
4 东侧景观坡道
5 联系室内外的出入口
6 中部折线形狭长木质台阶
7 中部“八”字形木质台阶
8 中部六个休息亭
9 西侧绿地
10 西侧下部为建筑室内区域
11 巴士停车场
12 巴士上下客停车亭

路径引导分析图

从上坡的路径俯瞰多层次的木质路径

曲折走上坡顶广场的木质路径

弧形的不锈钢栏杆

木条精巧地拼接在一起，形成了强烈的透视效果

特色候车亭

特色灯具及遮阳景观小品

栏杆扶手的支撑结构

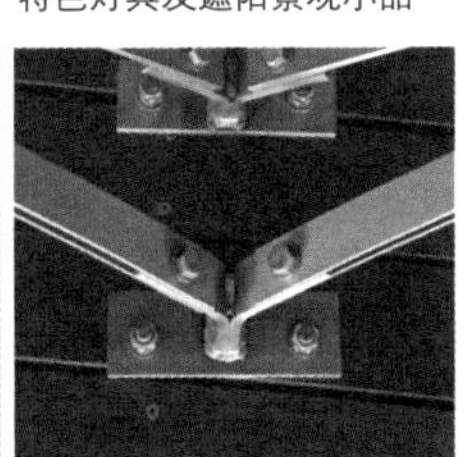

支撑结构与木板的铰接处

用长木条拼接而成的木质道路，并绘制有趣的图案

一对新人在平台上举行婚礼

通过对上述两个项目的对比，总结如下：

第一，上述两个项目的主题都是景观与自然、建筑及城市的交融。

第二，路径引导都追求自然的连接与过渡，建筑变成景观的一部分。如苏州沧浪亭通过路径引导人们观赏亭台楼阁，空间组织流畅，自然地过渡和转换。而日本横滨港国际客运码头则巧妙地结合建筑屋顶，把功能场地和空间形式通过路径联系起来，成为人们活动、交流、聚会的好去处，从以人为本的角度出发，其坡道的设计使得景观空间满足无障碍通行。

第三，在保证空间形态和路径引导的丰富性的同时，材料的运用也应与时俱进的。苏州沧浪亭采用了与自然相融合的材料，体现了“虽由人作，宛自天开”的设计观念。而日本横滨港国际客运码头的铺地仅使用木材，并用一些看似不规则的金属栏杆扶手、斜向的支撑及灯具等，与其丰富的景观空间相互配合，极具现代感。

2. 源于中国的现代景观空间营造

源于中国的现代景观空间营造要结合中国传统园林和西方现代景观的优点，既要科学地分析建筑和景观的空间关系，结合场的游赏动线和行人视线来设计景点和路径；又要通过蜿蜒曲折的景观路径来营造幽远的意境，且要少用厚重的材料，以免景观空间显得过于拥挤。

景观路径有以下几种引导形式：第一，用现代的木结构、钢结构或玻璃结构的廊架等构筑物来引导路径，并种植爬藤植物，创造尺度亲切、生态自然的空间；第二，用曲折自然的路径、桥和木栈道等来进行引导；第三，用景墙、窗户、门洞等特色的构筑物及景观小品作为视线的焦点进行引导；第四，用色彩、形态、香味等有特色的植物通过吸引人们的视觉、嗅觉、触觉、味觉等感觉进行引导，如让人们寻着桂花的香味而来或看到樱花盛开而来等多种形式。

项目十二

杭州法云安缦酒店——循着法云径，游赏一个还原18世纪的中国村落

杭州法云安缦酒店位于杭州灵隐景区飞来峰的山谷之中，为古村落改建而成的精品酒店。法云古村是一个在灵隐景区内存在了几百年的民居聚居区。该项目是要还原“18 世纪的中国村落”这一设计理念。从细节上来看，该项目的每一个房间都被精心装修过，包括采光、地暖、家具、卫浴等多个方面都彰显出精品酒店的标准。而其景观设计也是依据古村落原有的场地环境，巧妙地利用路径来营造空间，具体阐述如下：

第一，该项目与周边环境所连接的道路是唯一进入该酒店的入口，它体现出低调隐秘的意境。在梅灵北路熙熙攘攘的车行道旁有一块“安缦法云”的小牌子，在往来的车流中显得很不起眼，极易错过。但是，当人们沿指示向山谷里走去，就能体会到“曲径通幽处，禅房花木深”的意境。围绕着法云古村，共有七座寺庙和一所佛学院，环境古朴雅致，仿佛这个静谧优雅的古村落从来没有被改造过。

第二，该项目的主园路“法云径”保留了法云古村原有的道路格局，将酒店的大堂、茶馆、商店和客房等相关建筑都贯穿起来。该项目共有 44 间客房，散布在主园路的周边，建筑不同风格的屋脊、屋檐、墙体掩映于茂密的绿化之中，忽隐忽现，意境深远。在园路的节点处，如大堂、茶馆及商店等位置会布置休息座椅以及一些富有生活情趣的室外景观小品。法云古村中原有一条溪流，局部临近主园路，可近观水景，颇有江南情韵。在主园路附近经营着茶园。等到茶叶采摘的季节，人们就可以享受自己摘茶、炒茶和泡茶的乐趣。另外，主园路连接着一些宅间小径，它们通向不同的客房，或是小溪、密林、餐厅、茶馆及商店

项目名称：杭州法云安缦酒店
项目地址：浙江省杭州市西湖街道法云弄 22 号
开 发 商：昭德公司、安缦酒店集团
建筑设计与景观设计：中国美术学院风景建筑设计研究院、安缦集团设计团队
摄 影 师：俞昌斌
占地面积：约 $14hm^2$
竣工日期：2005 年

等区域。

第三，这些客房基本都是原有民居改造而成的，通过一些自然、朴素的小径和台阶就进入其幽静的庭园，然后由庭园进入各个客房。这些客房保持了原有古村建筑的砖、木结构，没有电子门禁系统，也没有门卡，取而代之的是回归自然的竹质钥匙圈和门牌号。房间内所有的家具都是木质的，如床架、写字台、茶几、衣橱、椅子、字画框、房梁及立柱等。而且所有的房间都不会准备电视，只有游客提出要求，酒店才会从仓库里把电视拿出来。另外，房间内整体的灯光都比较暗，只有在必要用到照明的地方才会使用灯具。

总之，杭州法云安缦酒店让人们仿佛回到几百年前的中国村落，邻里和睦，安居乐业，与自然和谐相处。

牌匾、对联及木质座椅都修旧如旧，充满历史气息

由青石板和碎拼块石结合成的看似随意的乡间小路，实际上经过精细的改造设计。而小路周边保留的植物则体现了法云古村悠久的历史和优美的环境

客房建筑间的巷道宽度为 1.5m，它将不同的建筑连接起来，其灯具设计则体现出现代性

透过客房庭园外的石门向内看，可看到阳光洒在客房建筑上，形成古朴自然的意境

法云古村保留了大量的原有植被以及茶园。等到茶叶采摘的季节，人们可以享受自己摘茶、炒茶和泡茶的乐趣
大堂建筑与法云古村中的其他建筑并无太大的区别，通过下沉式广场、树阵以及匾额、对联等元素来体现文化内涵。主要有接待和交流的功能，因此建筑的秩序感和仪式感较强
主园路步行道
外围设置沥青车行道，便于运货、维修等车辆通行
变电站等设施隐藏于人们不易察觉的树丛之中
客房之间的步行小径保留了法云古村原有的道路，曲径通幽，并充满了文化情趣和意境
访客车辆在外围沥青车行道通行，并设有临时停车场供停靠，进入酒店以步行及电瓶车为主
主园路“法云径”保留了原有的道路格局，将酒店的大堂、茶馆、商店和客房等相关建筑都连接起来。因此，沿着主园路散步，可以欣赏到原有民居的屋檐与墙体掩映于茂密的绿化之中，忽隐忽现，意境深远
主园路串连起各个建筑
原生态的山林，将杭州法云安缦酒店遮蔽起来，让它与自然和谐共存，融为一体
与山林相结合的步行道，高差较大，在树林中行走时看不到酒店，直到接近时才豁然开朗
主园路东侧为古村原有的溪流，周边古树茂盛，林荫密布，溪水潺潺，可在水边驻足观赏，颇有小桥流水的江南情韵
大面积原有植被都予以保留，并在林下适当布置石质座椅，供人们休憩
酒店主入口区域
图　例
空间属性
路径分析
视线分析
景观分区
1 主入口
2 林间小径
3 原生态的山林
4 溪流
5 溪流上的桥
6 主园路“法云径”
7 茶馆
8 茶园
9 大堂建筑群
10 宅间小径
11 巷道
12 客房院落
13 林荫下的休息场地
N
0 5 10 20m

项目空间分析图

酒店主入口区域：

进入酒店为沥青道路，道路周边为浓密的绿化屏障

从车行道跨过一个牌坊就进入了酒店的中心区域，树林中的人行道把人们引导到优雅静谧的环境之中

步行道两侧为浓密幽静的树林，时有小广场可供人们停留休息

主园路步行道：

主园路是一条宽度约为 3m 的步行道，道路两侧是客房建筑与层次丰富的绿化

主园路周边的建筑错落有致，间距与尺度恰到好处。某些建筑底部为开敞空间，布置供人们休息的沙发座椅

曲折的主园路局部的对景是一栋古朴的客房

主园路的空间有收有放，本处空间被客房建筑和高大浓密的植物遮蔽，展现出疏密有致的景观

主园路串连起各个建筑：

大堂建筑的入口，匾额、对联表达出该空间的意境及文化内涵

茶馆外围放置喝茶的遮阳伞与桌椅，树梢上挂着鸟笼，旁边摆着石凳、石墩以及仿古的人像雕塑

大堂前广场与周边建筑的关系

客房庭园的入口

大堂内部的交流空间，以喝茶、聊天为主要活动

客房庭园的墙体具有乡土性和地域性

主园路上将一处村舍改为茶室，建筑掩映在绿化之中

客房庭园的毛石墙体外侧点缀两个拴马桩造型的雕塑

项目十三

上海仁恒河滨城——如飘带一般嵌入居住区的人行路径

上海仁恒河滨城的景观设计原则是：在该居住区中，既要营造出景观的秩序感，又要通过巧妙的路径引导，体现和谐自然的设计理念。

该项目整体景观空间是由一系列方格构成，并形成明确的“十”字形主轴线。在东西向的主轴线中，西侧为人行主入口，从西向东依次为入口水景、主会所、放置红色雕塑的静态水池、榉树树阵、旱喷泉广场（中心主景）及最东侧的网球场等运动设施。而南北向的主轴线从南到北分别为生活设施会所、与东西向轴线相交的中心树阵广场、一片近百米的草坪、两侧丰富的树阵及最北侧的运动健身会所。在“十”字形的主轴线上，笔直的路径以及由路径相交所产生的广场，共同形成了具有强烈透视感的景观空间。

在南北主轴线的东侧，蜿蜒曲折的人行路径在平面上像一条飘带，与主轴线巧妙地结合起来，形成了丰富的视觉效果。从高空鸟瞰，这种蜿蜒的路径与十字主轴笔直的路径交错杂糅在一起，产生了鲜明的反差，给人强烈的视觉震撼。然而，当人们在该路径中行走时，能感觉到曲径通幽、移步换景，却很难想象到其宏大的空间尺度。在南北主轴线的西侧，风景园林师设计了以烧烤、棋牌、交流、休憩等使用功能的空间，通过折线形式的路径来组织步行交通。在靠近中轴线草坪的位置上，风景园林师还布置了长条形的喷泉溢水池，产生视觉焦点，也为这些路径营造出较好的借景效果。

总之，在大型的居住区之中，通过景观设计可以缓解建筑行列式排布所产生的呆板和压抑感。而且通过巧妙的路径引导，能在高空鸟瞰和地面游赏时产生完全不同的视觉效果，带给人们丰富的观景体验。

项目名称：上海仁恒河滨城
项目地址：上海市浦东丁香路 1599 弄
开 发 商：新加坡仁恒置地集团有限公司
建筑设计：新加坡杰盟建筑设计咨询有限公司
景观设计：诗加达景观设计公司
摄 影 师：俞昌斌、刘其华
占地面积：31.6hm^2
竣工日期：2011 年 3 月

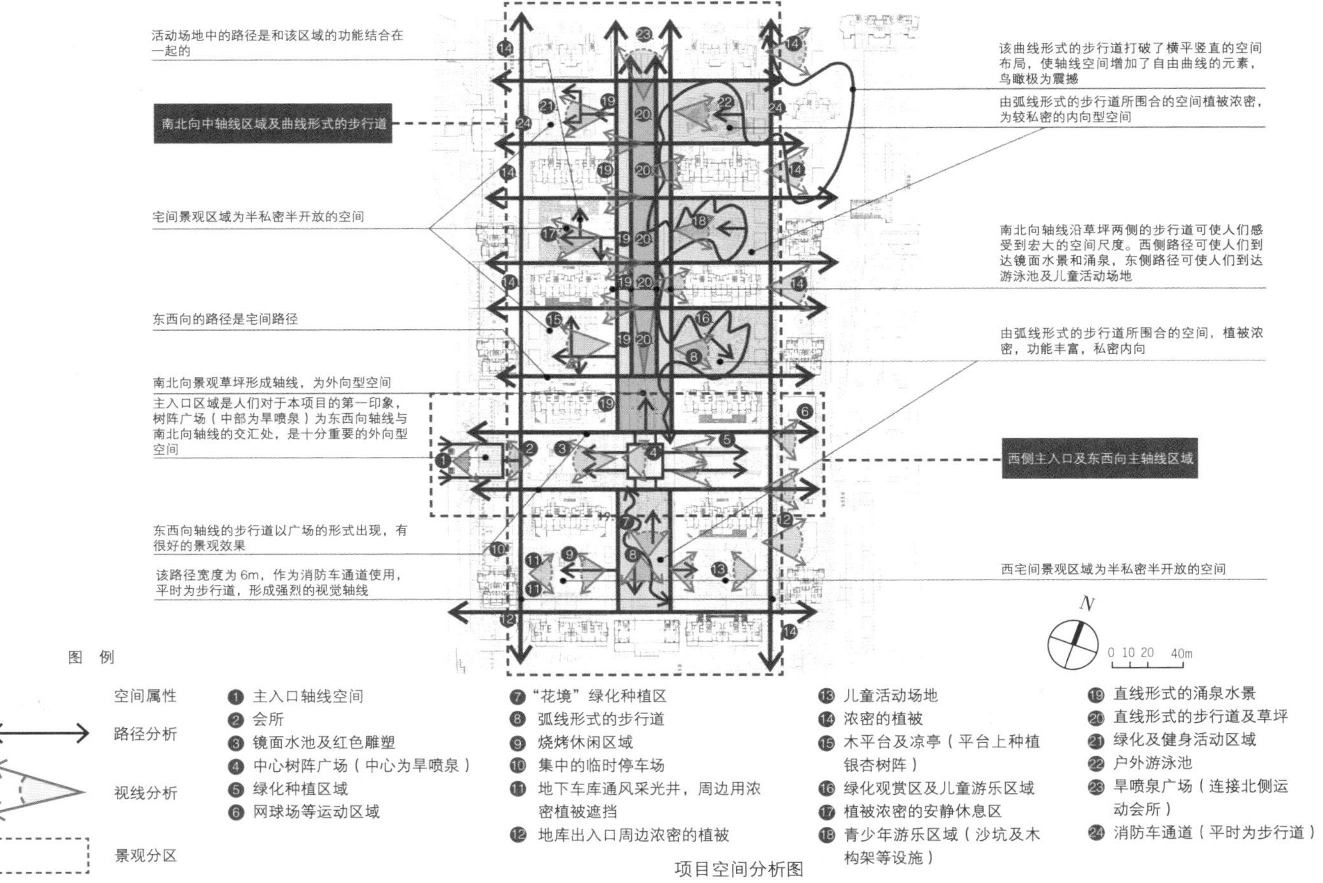

活动场地中的路径是和该区域的功能结合在一起的
南北向中轴线区域及曲线形式的步行道
宅间景观区域为半私密半开放的空间
东西向的路径是宅间路径
南北向景观草坪形成轴线，为外向型空间
主入口区域是人们对于本项目的第一印象，树阵广场（中部为旱喷泉）为东西向轴线与南北向轴线的交汇处，是十分重要的外向型空间
东西向轴线的步行道以广场的形式出现，有很好的景观效果
该路径宽度为6m，作为消防车通道使用，平时为步行道，形成强烈的视觉轴线
该曲线形式的步行道打破了横平竖直的空间布局，使轴线空间增加了自由曲线的元素，鸟瞰极为震撼
由弧线形式的步行道所围合的空间植被浓密，为较私密的内向型空间
南北向轴线沿草坪两侧的步行道可使人们感受到宏大的空间尺度。西侧路径可使人们到达镜面水景和涌泉，东侧路径可使人们到达游泳池及儿童活动场地
由弧线形式的步行道所围合的空间，植被浓密，功能丰富，私密内向
西侧主入口及东西向主轴线区域
西宅间景观区域为半私密半开放的空间
N
0 10 20 40m
图例
路径分析
视线分析
景观分区
空间属性
❶ 主入口轴线空间
❷ 会所
❸ 镜面水池及红色雕塑
❹ 中心树阵广场（中心为旱喷泉）
❺ 绿化种植区域
❻ 网球场等运动区域
❼ “花境”绿化种植区
❽ 弧线形式的步行道
❾ 烧烤休闲区域
❿ 集中的临时停车场
⓫ 地下车库通风采光井，周边用浓密植被遮挡
⓬ 地库出入口周边浓密的植被
⓭ 儿童活动场地
⓮ 浓密的植被
⓯ 木平台及凉亭（平台上种植银杏树阵）
⓰ 绿化观赏区及儿童游乐区域
⓱ 植被浓密的安静休息区
⓲ 青少年游乐区域（沙坑及木构架等设施）
⓳ 直线形式的涌泉水景
⓴ 直线形式的步行道及草坪
㉑ 绿化及健身活动区域
㉒ 户外游泳池
㉓ 旱喷泉广场（连接北侧运动会所）
㉔ 消防车通道（平时为步行道）

项目空间分析图

西侧主入口及东西向主轴线区域：

西侧主入口夜景

主入口会所东侧的水景、雕塑及树阵

主轴线上的旱喷泉

主轴线上的水景与雕塑

鸟瞰东西向主轴线

南北向主轴线区域：

南北向主轴线

鸟瞰南北向主轴线

南北向主轴线中部的开敞草坪，人们可在其中活动

南北向主轴线南侧的特色雕塑

草坪周边的树阵，形成整齐的空间序列

曲线形式的步行道路径：

鸟瞰曲线形式的步行道

在曲线形式的步行道周边种植层次丰富、色彩鲜艳的植物

鸟瞰南北向主轴线及弧线形式的灌木

住宅楼的宅间空间设计溢水池，内置涌泉，并布置现代雕塑

弧线形式的木质平台及灌木

儿童活动区域，沙坑及各种运动器械

烧烤及活动区域

供人休憩的构筑物（开敞的亭）

鸟瞰烧烤及活动区域

舒适的入户道路及现代感的水景

家长带儿童在步行道中漫步及游玩

沿住宅楼周边布置规则式水池，池中有阵列的涌泉

项目十四

常熟琴湖小镇示范区——清微淡远的游园路径

在历史文化名城江苏省常熟市，琴湖地区孕育的虞山琴派具有“清微淡远，博大平和”的古琴琴曲风格，这种风格历来为琴史所推崇。风景园林师将古琴演奏的“清、微、淡、远”演变为景观设计的空间场所的格调，用路径引导的方式将空间营造与观景体验融合起来。

第一，从空间场所来看，入口门廊及风铃雕塑作为路径引导的“序曲”引人入园，用水杉林（后期改为乌桕林）遮蔽人的视线，用“比翼”雕塑先抑后扬，用环绕建筑的跌瀑震撼人心，这是层层递进的路径引导方式。

第二，从总体规划来看，该项目的路径极富张力。自入口门廊而入，杉林夹道，溪水环绕，不时可以听见鸟叫与蛙鸣，自然的声音成为景观的伴奏。随着溪水声渐行渐远，瀑布的旋律悄悄汇入耳朵，下沉式的跌瀑似琴弦，仿佛在进行古琴弹奏。台阶与瀑布在高低之间演绎动静之美。从会所建筑室内进入二层屋顶花园，可以坐在木平台上观赏整个琴湖，湖面美景尽收眼底。进入建筑的二层大厅，透过建筑立面的落地玻璃窗可以观赏室外的开阔草坪及三棵俊逸挺拔的樱花树。

第三，在景观路径的引导下，为人们带来感官体验，在统一之中寻求变化，如同一首琴曲的不同节奏。入口迎宾镜面跌水中的喷泉奏出激昂的乐曲；从水杉林拾级而下，聆听跌水的抑扬顿挫。

总之，该项目的景观既展现出空间的高品质，又表达出继承历史文脉的精神追求。风景园林师将虞山琴派的琴曲风格转化为对该项目的美学追求，即“不过度设计，不张扬浓艳”。让景观与建筑融为一体，向自然致敬，礼赞绿水青山。

鸟瞰建成实景

项目名称： 常熟琴湖小镇示范区
项目地址： 江苏省苏州市常熟市虞山镇沙家浜路 388 号
开 发 商： 招商局蛇口工业区控股股份有限公司
景观设计： 上海易亚源境景观设计有限公司（YAS DESIGN）
摄 影 师： 岸木景观摄影
占地面积： 约 1.47hm^2
竣工日期： 2020 年

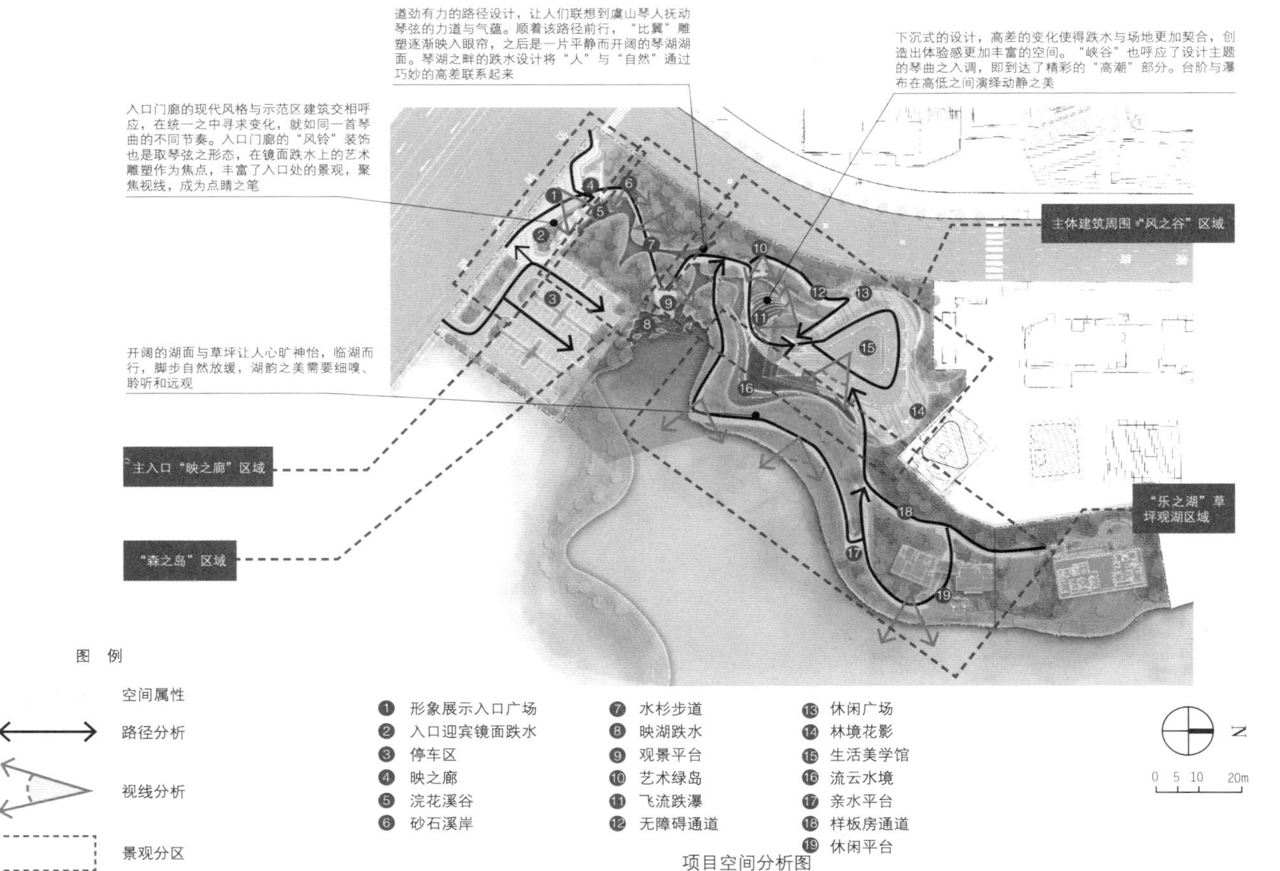
入口门廊的现代风格与示范区建筑交相呼应，在统一之中寻求变化，就如同一首琴曲的不同节奏。入口门廊的“风铃”装饰也是取琴弦之形态，在镜面跌水上的艺术雕塑作为焦点，丰富了入口处的景观，聚焦视线，成为点睛之笔
道劲有力的路径设计，让人们联想到虞山琴人抚动琴弦的力道与气蕴。顺着该路径前行，“比翼”雕塑逐渐映入眼帘，之后是一片平静而开阔的琴湖湖面。琴湖之畔的跌水设计将“人”与“自然”通过巧妙的高差联系起来
下沉式的设计，高差的变化使得跌水与场地更加契合，创造出体验感更加丰富的空间。“峡谷”也呼应了设计主题的琴曲之入调，即到达了精彩的“高潮”部分。台阶与瀑布在高低之间演绎动静之美
开阔的湖面与草坪让人心旷神怡，临湖而行，脚步自然放缓，湖韵之美需要细嗅、聆听和远观
主体建筑周围“风之谷”区域
主入口“映之廊”区域
“森之岛”区域
“乐之湖”草坪观湖区域
图　例
空间属性
路径分析
视线分析
景观分区
1 形象展示入口广场
2 入口迎宾镜面跌水
3 停车区
4 映之廊
5 浣花溪谷
6 砂石溪岸
7 水杉步道
8 映湖跌水
9 观景平台
10 艺术绿岛
11 飞流跌瀑
12 无障碍通道
13 休闲广场
14 林境花影
15 生活美学馆
16 流云水境
17 亲水平台
18 样板房通道
19 休闲平台
N
0 5 10 20m

项目空间分析图

主入口“映之廊”区域：

入口门廊现代简约的风格、极具张力的造型

入口迎宾镜面跌水以及艺术雕塑，丰富了入口处的景观

门廊“风铃”造型取琴弦形态，清风拂过发出悦耳的“叮咚”声

“森之岛”区域：

杉树树阵，溪水环绕其中

项目后期根据要求进行整改，水杉林换成乌桕林，别有一番风情

穿过乌桕林，“比翼”雕塑逐渐映入眼帘，之后是一片平静而开阔的琴湖湖面

主体建筑周围“风之谷”区域：

下沉式的设计，高差的变化使得跌瀑与场地更加契合，创造出体验感更加丰富的空间

拾级而下，聆听喷泉的抑扬顿挫

台阶与跌瀑，白色与黑色，在高低之间演绎动静之美

“乐之湖”草坪观湖区域：

开阔的湖面与草坪让人心旷神怡

主体建筑的立面为玻璃幕墙，让室内的人可以远眺琴湖，近观草坪与樱花树林

临湖而行，脚步自然放缓，湖韵之美需要细嗅、聆听和远观，琴湖的意境带给人们平静和沉思

通过对上述三个项目的对比，总结如下：

第一，从空间营造的主题来看，人与植物、水体等自然景观、建筑及城市场所可以通过平面上的路径融合在一起，让人们去感知和体验。如上述三个项目都运用了现代的景观空间营造手法，将植物作为一种构成空间的元素，配合规划直线及自然曲线的步行道，形成观赏的焦点或视觉通廊；通过景墙、景观小品等元素与步行道的结合使不同功能的场所相互连接，在空间营造上有着起承转合的变化。另外，如杭州法云安缦酒店这类保护历史村落的项目，要尊重原有景观的肌理，尽量保持原有路径不变，仅作适当的修整，其步行道与周边绿化的关系以及路径的对景等，看似与原有村落并无区别，实际是经过了巧妙的改造设计。

第二，从路径引导的手法来看，蜿蜒曲折的路径可形成生态自然的景观效果和意境，这的确较好地引导了人们的视线。如上海仁恒河滨城和常熟琴湖小镇示范区就充分说明了有特色的、实用的景观路径的重要性。而折线形式的景观路径分为两种情况：一种如杭州法云安缦酒店，其景观路径是天然形成的，即由村里各家各户建好房子所留下的空地贯穿起来的，代表着这个村落的历史文脉，而且折线形式的路径在转折中有不同的视觉焦点和对景点，给人印象深刻；另一种折线形式的路径在西方现代景观设计中也常使用，用来产生强烈的视觉冲击力、空间的不确定性以及极富形态感的表现力。除了上述两种路径引导的形式之外，直线形式的路径也可以产生与曲线、折线形式的路径相类似的空间效果。由于直线形式的路径易形成轴线的序列感，因此人们在行走一段距离后可能感觉枯燥，在路径的端头处营造对景，并转折进入另一条直线式的路径，同时路径周边贯穿丰富的景观空间，这样能给人们带来新奇的游赏体验。

第三，从空间连接部位的细部来看，现代景观的路径引导既要满足功能性的要求，又要具有形式上的美感。另外，建筑、山石、水景、植物、桥、墙体等都可以成为路径引导的借景与对景点，使该景观空间更加丰富。由于当前中国高层建筑的增多，所以这种类似建筑“第五立面”的景观空间，也必然会产生由路径引导所营造出的视觉效果。

第四，从地域性、意境及对中国传统文化的继承和创新的角度来看，路径引导更多的是一种功能性的设计语言，通过这些直线、曲线及折线形式的路径引导人们到达某一空间，然后通过材料来说明地域性的差异。如杭州法云安缦酒店，由景观路径引导人们对整个村落进行深入体验，也是一种对中国传统文化的继承与创新。

三、竖向上的路径引导

1. 中国传统园林和西方现代景观的对比分析

人们在游赏景观的过程中，跟随竖向上的路径引导可看到不一样的场景，增加了游赏空间的层次。如中国传统园林有如下两种情况：一种是有地势起伏的园林，根据场地的条件，依山就势建造登山道、爬山廊等路径，产生竖向上高低错落的景观效果；另一种是基本没有地势起伏的园林，通过人工堆山叠石，营造地形，让人们可以蹬着石阶爬上爬下，还可以进行钻山洞、走天桥、听流水、在假山顶上的亭中观花赏月等各种游赏活动，极大地丰富了人们的游览体验，产生出“移天缩地、小中现大”的空间效果。

由于天然所形成的山势、山坡等因素，需要风景园林师依山就势地营造地形，并设计竖向上的路径引导。在设计的过程中，有顺应地形和改变地形这两种不同的方式。通常来说，改变地形如削平坡地使之成为一块平地的做法是不尊重自然的，应该要顺应山势地形，因地制宜地来设计路径和营造空间。

西方现代景观的空间营造追求“流动空间”的理念，也讲究曲线的人行系统和丰富的地形变化，这与中国传统园林有相似之处。但是，西方现代景观多采用简洁、开放的设计手法，如利用铺装小径、草坡地形等自然元素来体现地形的变化，而很少采用大型的构筑物。

竖向上的路径引导有如下三点需要注意：

第一，凸起与凹陷：路径通过抬高形成台地与山坡，山势、坡底、坡顶、山脊线等不同的形态。凸起的山坡，行进的方向和路径是看不见的，令人缺乏安全感和方向感，不知道前方的路况；而下沉或凹陷的谷地，行进的方向和路径的形式易于辨识，也比较轻松。

第二，陡坡与缓坡：缓坡，适合快速通过，给人们舒缓的体验；而陡坡则需要边走边调整呼吸，并多次休息补给，给人们艰难的体验。

第三，在有高差的路径上，可以用台阶或坡道作为一种景观空间转换的指向，提供竖向路径的引导。

项目十五

苏州环秀山庄——竖向路径的假山堆叠，独步征轲

苏州环秀山庄面积极小，只有约 0.2hm^2，但是却用了三分之一的空间来堆叠假山。该园内假山为清嘉庆年间由叠山名家戈裕良设计建造，方寸之地都有尺幅千里之势，代表了当时苏州堆叠假山的最高水平。从其造园的手法上，能看出景观路径在竖向上追求高低错落的重要性。

首先，该园内假山用太湖石堆叠而成，山内有洞，人们行走于登山石径之中，时而爬山，时而入洞，其景观路径长达 60~70m，大大增加了游赏时间，丰富了景观体验，形成了小中见大的造园意境。而且，其水面设计得非常狭小幽深，面积略大的水景处有一座三折平桥，与登山的石磴道形成平面上蜿蜒曲折和竖向上高低错落的游赏路径。水景也和假山相互融合，假山中部被一条长度约 12m 的水谷分成两个部分。站在假山上俯瞰水谷，虽然不高，但仿佛置身于千沟万壑、悬崖峭壁，极为险峻和壮观。

其次，在园内最北端有两座建筑，分别是“补秋舫”和“半潭秋水一房山”。它们在假山的高处，因此要通过高低错落的景观路径才能到达，这个游赏的过程极大地丰富了人们的体验。其中很巧妙的是，造园者在

> 项目名称：苏州环秀山庄
> 项目地址：江苏省苏州市姑苏区景德路 272 号
> 摄 影 师：俞昌斌
> 占地面积：约 0.2hm^2

从环秀山庄的厅堂前广场正视假山，植物、山石和建筑融为一体

从环秀山庄主体建筑的室内观赏假山

从假山的洞穴中观赏其局部一角

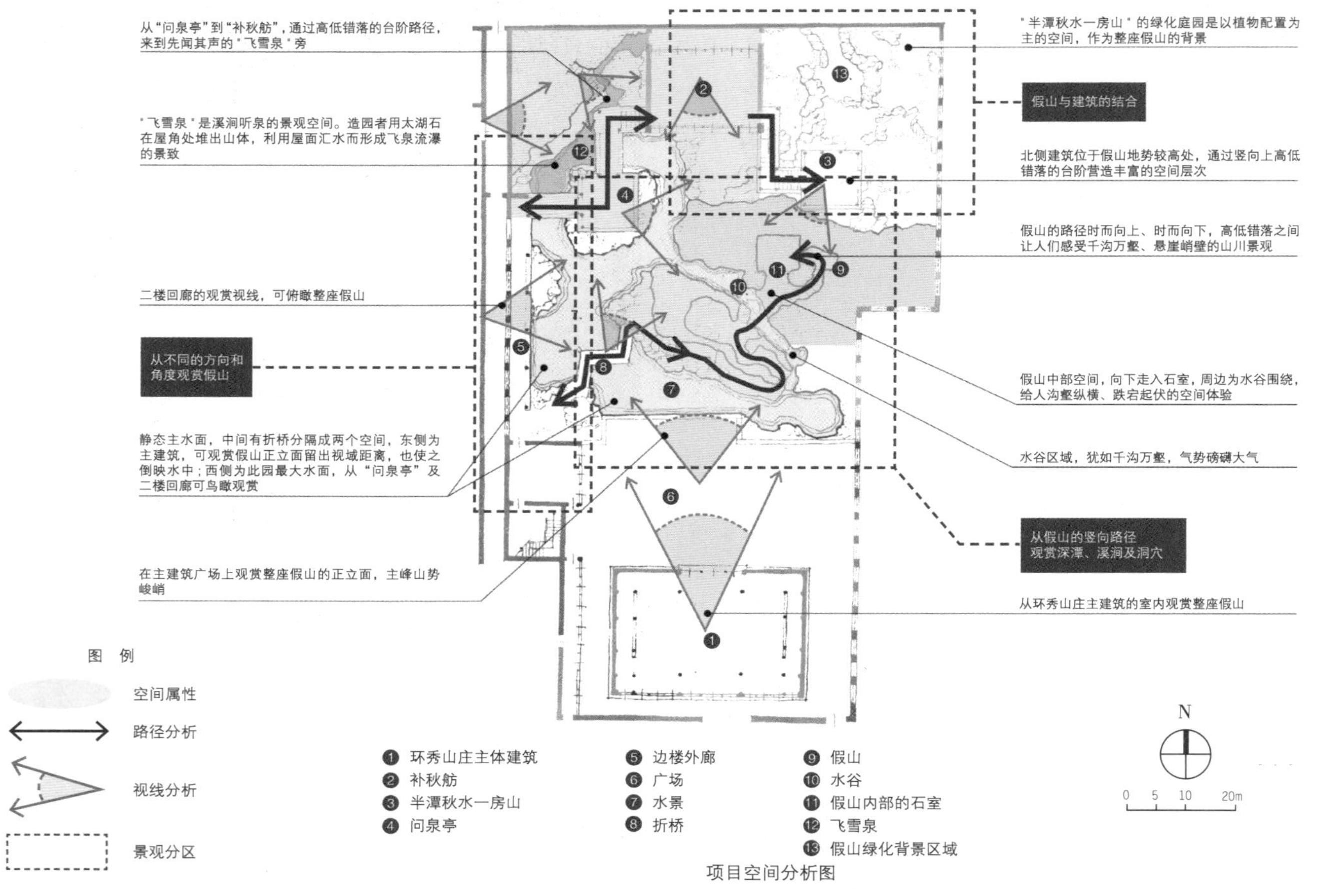
从“问泉亭”到“补秋舫”，通过高低错落的台阶路径，来到先闻其声的“飞雪泉”旁
“飞雪泉”是溪涧听泉的景观空间。造园者用太湖石在屋角处堆出山体，利用屋面汇水而形成飞泉流瀑的景致
二楼回廊的观赏视线，可俯瞰整座假山
从不同的方向和角度观赏假山
静态主水面，中间有折桥分隔成两个空间，东侧为主建筑，可观赏假山正立面留出视域距离，也使之倒映水中；西侧为此园最大水面，从“问泉亭”及二楼回廊可鸟瞰观赏
在主建筑广场上观赏整座假山的正立面，主峰山势峻峭
“半潭秋水一房山”的绿化庭园是以植物配置为主的空间，作为整座假山的背景
假山与建筑的结合
北侧建筑位于假山地势较高处，通过竖向上高低错落的台阶营造丰富的空间层次
假山的路径时而向上、时而向下，高低错落之间让人们感受千沟万壑、悬崖峭壁的山川景观
假山中部空间，向下走入石室，周边为水谷围绕，给人沟壑纵横、跌宕起伏的空间体验
水谷区域，犹如千沟万壑，气势磅礴大气
从假山的竖向路径观赏深潭、溪涧及洞穴
从环秀山庄主建筑的室内观赏整座假山
图 例
空间属性
路径分析
视线分析
景观分区
1 环秀山庄主体建筑
2 补秋舫
3 半潭秋水一房山
4 问泉亭
5 边楼外廊
6 广场
7 水景
8 折桥
9 假山
10 水谷
11 假山内部的石室
12 飞雪泉
13 假山绿化背景区域
N
0 5 10 20m

项目空间分析图

从假山的竖向路径观赏深潭、溪涧及洞穴：

假山上的太湖石“双峰对峙”

俯瞰假山的底部石径及洞穴

远眺假山中间的水谷，如千沟万壑

假山端头处的洞穴石室，内设石桌椅，并挖出孔洞透入阳光

“飞雪泉”水声叮咚，吸引人们循着声音去发现景观

假山与建筑的结合：

该园林水面设计得非常狭小幽深，面积略大的水面处有一座三折平桥与登假山的石磴道互相连接

从“问泉亭”处观赏假山

从西侧长廊处观赏假山及松树

这个极为狭小的空间内用太湖石在“补秋舫”的屋角处堆出错落有致的山体，利用该处的屋面汇水形成流泉飞瀑的景致，名为“飞雪泉”。当江南梅雨之时，可在室内听雨声、观瀑布。

第三，在如此狭小的园林中，人们通过高低起伏的路径可从不同的方向来观赏假山，如从环秀山庄的厅堂处正面观赏、从三折平桥处侧面观赏、从“问泉亭”与“补秋舫”等建筑内向下观赏等，而且人们还可以从假山上低头看内部的水谷沟壑。另外，造园者在园林的西侧还构建了一处边楼，站在边楼的外廊上可俯瞰整个假山。总之，人们通过这些不同的位置能看到假山多个精彩的角度。

最后，从该园林可以看出，不论是多么狭小局促的平面，只要通过竖向上的路径引导形成三维立体的空间层次，就能营造出丰富多彩的景观效果。

项目十六

杭州孤山西泠印社——人生到处知何似，应似飞鸿踏雪泥

西泠印社创立于清光绪三十年（1904），由浙派篆刻家丁辅之、王福庵、吴隐、叶为铭等发起创建，是海内外研究金石篆刻历史最悠久的民间艺术团体。杭州孤山西泠印社位于西湖旁孤山西侧，依山而建，占地面积约 0.7hm^2, 由上、中、下三部分组成，与周围的山体环境融为一体，人文景致与自然景观互相映衬，构思布局极为精巧。整座园林呈开敞的布局，利用山体岩石创造出水池、道路及广场等，形成高低错落的游赏路径，并有效地分隔出建筑的空间。

西泠印社后山的入口牌坊

项目名称：杭州孤山西泠印社
项目地址：浙江省杭州市西湖区孤山路 31 号
摄 影 师：俞昌斌
占地面积：约 0.7hm^2

首先，从南面主入口走入该园林，看到的是一座地形相对平坦的庭园，这是该园林的下部空间。庭园的中心布置了一个莲花池，池塘边为柏堂、竹阁及碑廊等建筑。这个相对平坦

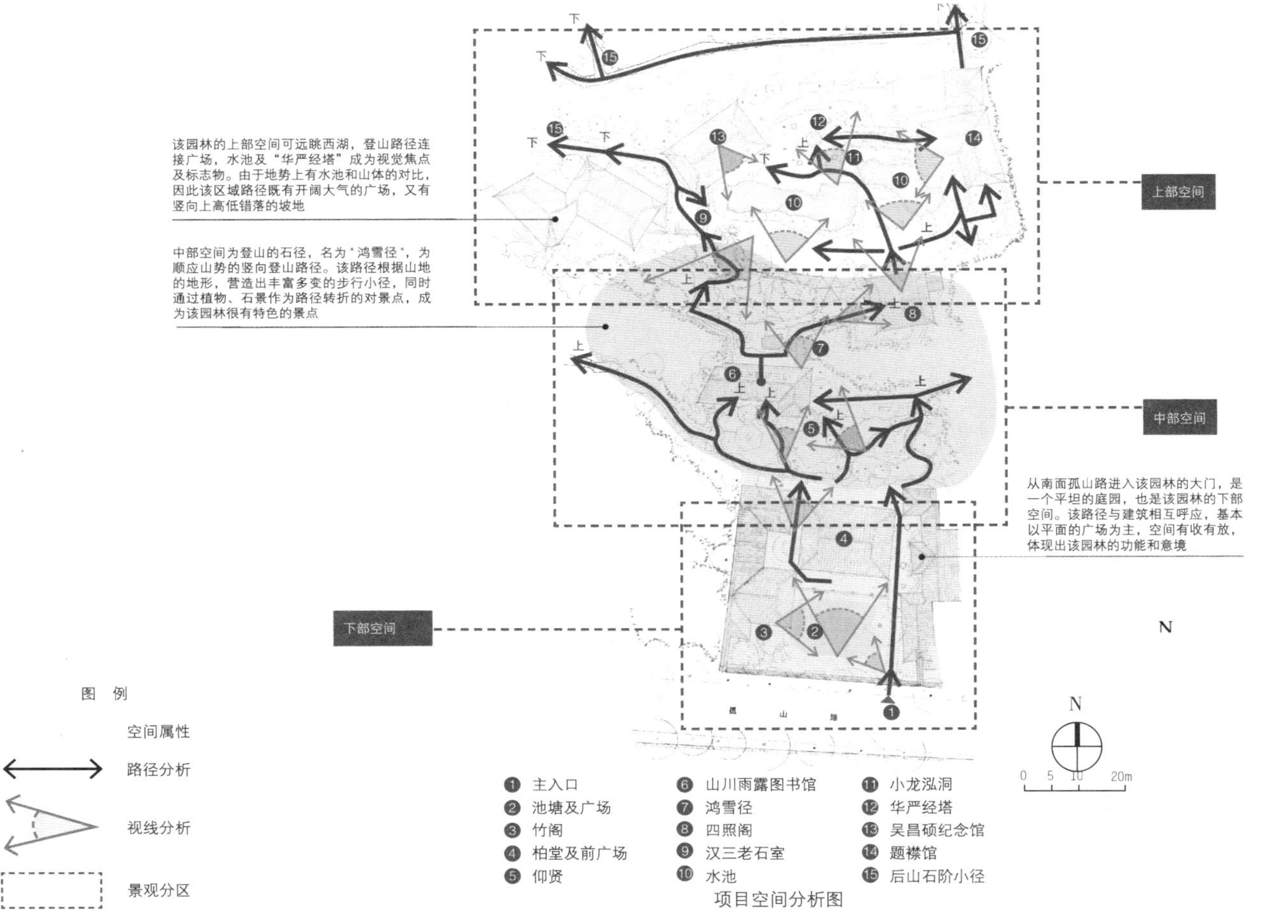

该园林的上部空间可远眺西湖，登山路径连接广场，水池及“华严经塔”成为视觉焦点及标志物。由于地势上有水池和山体的对比，因此该区域路径既有开阔大气的广场，又有竖向上高低错落的坡地
中部空间为登山的石径，名为“鸿雪径”，为顺应山势的竖向登山路径。该路径根据山地的地形，营造出丰富多变的步行小径，同时通过植物、石景作为路径转折的对景点，成为该园林很有特色的景点
从南面孤山路进入该园林的大门，是一个平坦的庭园，也是该园林的下部空间。该路径与建筑相互呼应，基本以平面的广场为主，空间有收有放，体现出该园林的功能和意境
上部空间
中部空间
下部空间
上
下
孤　山　路
N
0　5　10　20m
图　例
空间属性
路径分析
视线分析
景观分区
1 主入口
2 池塘及广场
3 竹阁
4 柏堂及前广场
5 仰贤
6 山川雨露图书馆
7 鸿雪径
8 四照阁
9 汉三老石室
10 水池
11 小龙泓洞
12 华严经塔
13 吴昌硕纪念馆
14 题襟馆
15 后山石阶小径

项目空间分析图

下部空间：

水池背面的柏堂与周边环境融为一体

石阶上立一个牌坊，表示登山路径

从登山石阶处俯瞰柏堂建筑，入口处的雕刻作品
阳光照在枫叶上，意境深远

从西北面看水池、植物、墙体及主入口大门共同形成的美景

中部空间：

建筑、石阶及牌坊被一棵浓荫蔽日的古樟树所笼罩，空间静谧安详

登山石径某拐弯处，两侧种植竹林

在登山石径透过竹林隐约看到建筑

顺应山地地形的登山石径“鸿雪径”

“鸿雪径”廊架上种植爬藤植物

上部空间：

水池北侧的“华严经塔”，成为该园林的构图中心和视觉焦点

从上部空间眺望西面景色

从上部空间眺望东面景色

“汉三老石室”景亭及旁边的雕像

从该园林凭栏俯瞰如诗如画的西湖

的空间及高密度的建筑，对中部的山体景观空间进行了铺垫。

其次，通过山体入口的石牌坊有一条通往山顶的石径，称为“鸿雪径”。它的典故出自苏轼的诗《和子由渑池怀旧》“人生到处知何似，应似飞鸿踏雪泥”。这条登山石径顺应山地的等高线缓缓而上，这片区域为该园林的中部空间。路旁的植物郁郁葱葱，过了石交亭有一眼泉水池，名为“印泉”，终年不干涸，岩壁上刻着日籍社员的篆刻作品。

然后向上走就来到了山顶的“四照阁”。该建筑依山而建，气势宏伟。景观路径也由小径变成了开阔的广场，视线豁然开朗，可以凭栏俯瞰如诗如画的西湖美景。这片区域是该园林的上部空间。另外，山顶有“文泉”和“闲泉”所共同形成的水池，多栋建筑围绕水池周边，依山就势、布局灵活。特别是水池北侧的华严经塔，成为整个园林的中心，是重要的视觉焦点。

总之，在山地上造园要形成高低错落的竖向空间，还要在空间中形成疏密有致的合理布局。同时，应尽量顺应地形、依山就势，这样才能形成与自然相互融合的山地景观。

项目十七

日本难波公园（Namba Parks）
——人造峡谷般的斜坡购物公园

日本难波公园并不是一个传统意义上的公园，而是一个大型的商业综合体，位于日本大阪府大阪市，紧临铁路车站难波站，连接大阪府与关西机场，将城际列车、地铁等交通枢纽与商业、办公、酒店、住宅等建筑类型完美地结合起来，是日本商业综合体的代表项目。难波公园与众不同之处在于从街道的地面逐渐上升到八层建筑的高度，营造出一个巨大的斜坡公园，每一层都形成绿树如茵的花园和活动场所。它通过在竖向上高低错落的景观路径，带给人们丰富的公园体验，同时也使之成为大阪市的“中心绿肺”。

项目名称：日本难波公园（Namba Parks）
项目地址：日本大阪难波站旁
开 发 商：日本南海电气铁道株式会社奥亚旭公司
建筑设计及景观设计：美国捷得国际建筑师事务所
摄 影 师：俞昌斌、[日]Hiroyuki Kawano
占地面积：$3.3hm^2$
竣工日期：2003 年 10 月

该项目将建筑和景观融合在一起进行设计，提出了“人造峡谷”的概念，通过模仿山石、植物、岩洞、溪水、山间日光等自然的元素让人们体验到与众不同的商业空间。因此，该项目不像传统的购物中心那样将人们引入封闭式的购物区，而是打破了室内外的空间界限，将商业区、餐饮区与景观空间完美地融合在一起，让人们享受到在公园中漫步、参观、购物、娱乐等多重

俯瞰该项目的景观空间

鸟瞰夜景

多层次绿化区域

多功能活动区域

入口广场区域

通过台阶从三层逐渐走到四层，每层都有商业入口广场以及像公园般浓密的绿化

该景观作为与主体高层建筑相结合的区域，以三至六层高度的斜坡绿化为主，成为二层进入的人们第一眼所看到的景观，非常震撼

大量钢结构的廊架给人们提供休息的空间，体现该商业区的人性化设计

八层的室外剧场及阶梯舞台经常举行文艺表演，给人们放松身心并带来文化享受

残疾人士主要通过电梯和天桥到达各层，两个主要的电梯厅造型独特，一个如飞碟，另一个如玻璃瓶，成为建筑内部的视觉焦点

二层为一条贯穿整个商业建筑的主园路，抬头仰望整个建筑立面如同一条峡谷

九层南侧日照充足，为儿童活动区域及阶梯绿化台地，供人们休憩使用

六至八层多为商业入口广场区域，以硬质铺装为主，结合适当的绿化

N

0 10 20 40m

图 例

空间属性

路径分析

视线分析

景观分区

❶ 车库出入口坡道
❷ 三层商业入口广场
❸ 四层商业入口广场
❹ 五层绿化密林区
❺ 六层商业入口广场
❻ 七层商业入口广场
❼ 八层室外剧场及阶梯舞台
❽ 飞碟形电梯厅核心筒
❾ 八层商业入口广场
❿ 九层商业入口广场
⓫ 八层弧形石质休息座椅及绿化区
⓬ 九层阶梯绿化台地
⓭ 电梯核心筒顶部草坪区
⓮ 九层白色碟形花坛雕塑
⓯ 九层特色景观廊架
⓰ 九层儿童活动场地
⓱ 九层室外木平台茶座
⓲ 九层商业入口及公共广场
⓳ 八层商业入口广场
⓴ 七层商业入口广场
㉑ 六层室外餐饮区
㉒ 三至六层高度的斜坡绿化，为一整个绿坡
㉓ 主体高层建筑
㉔ 钢结构廊架

项目空间分析图

入口广场区域：

商业入口及安装在墙面上的指示牌

入口处是由主题雕塑、座椅及铺装所限定出的空间

建筑的弧形墙面将路径进行挤压，人流根据空间限定向纵深处汇聚

多层次绿化区域：

花坛与建筑完美地融为一体，相互借景

人们喜欢坐在开满鲜花的花坛旁边看书与休息

层次丰富的绿化使该商业区有着公园般生态自然的环境

植物与竖向路径融为一体，形成空中花园的体验

多功能活动区域：

广场空间提供休息座椅和遮阳伞

沿路布置舞台和阶梯台阶，既可休息，又可观赏艺术表演

儿童活动区域中有多个组合活动器械

儿童活动区域中的特色雕塑

弧形石质休息座椅

水景中的特色雕塑

圆形的花钵也是一个特色的白色雕塑

乐趣，也塑造出在城市中如森林一般的自然化、戏剧化的空间场景，形成内部与外部景观的和谐。

俯瞰难波公园，将看到其开放的景观空间与城市的街道、铁路等交通系统直接相连，形成便捷的交通枢纽，成为城市人流重要的聚集地。而当人们走入其中，会有与高空俯瞰不同的景观体验。当走到入口处，呈现在眼前的是一个被岩石覆盖的空间，仿佛一个狭小的峡谷，吸引人们进去探索。建筑立面采用暖黄色到橘黄色逐渐过渡的条纹造型，创造出如同峡谷沉积岩所带来的视觉感受。通过“峡谷”公园内一条“8”字形倾斜上升的景观路径，便到了难波公园的零售与娱乐区域，其不同楼层的花园都种植了类型丰富的植物，而且不少餐馆和咖啡座布置在植物丛林里，使人们在购物之后可享受舒适和静谧的场所体验。该项目还沿路布置了舞台、阶梯台阶、儿童活动区及雕塑展示区等丰富的景观设施，并展开各种娱乐表演活动来吸引人流，带给人们多样化的感受。

难波公园作为城市中心的大型综合体，其成功之处在于通过竖向上高低错落的路径形成“峡谷”公园的景观空间，把以快速通过为目的的交通人流尽可能多地吸引过来，成为商业区的消费人流。总之，当前商业区景观设计的关键是人流的动线组织，也就是路径的引导。只有人流组织得当，商业才会真正有人气与活力。

通过对上述三个项目的对比，总结如下：

第一，从空间营造的主题来看，中国传统园林如苏州环秀山庄，体现的是小中见大、移天缩地的空间营造理念，通过人工堆叠假山，体现人造自然的意境。而杭州孤山西泠印社则是山地园林，体现人与自然的和谐。另外，中国传统园林常用爬山廊等元素来展现竖向上的路径营造，在该园林中“鸿雪径”的部分路段就使用了爬山廊来营造空间氛围。而西方现代景观的空间营造理念是要将景观与建筑融为一体，如日本难波公园的规划主题就是采用“峡谷”的概念，从自然中获得灵感，然后进行设计，从其空间形态来看，整个场地就像一个退台式的花园。

第二，从路径引导的功能来看，中国传统园林如苏州环秀山庄的路径引导大多是为了将景观和建筑联系起来，并把人们带到不同的景点去；而杭州孤山西泠印社的不同之处在于它的基地是一座山，空间非常大，建筑零星散落其中，因此景观路径的引导功能就非常重要。西方现代景观的路径引导，如日本难波公园则实现了景观和建筑的一体化。也就是说，引导路径不仅是景观使用的，也是建筑使用的，两者的路径合二为一了。这体现出西方现代景观空间营造的发展趋势：建筑和景观、功能性和艺术性的完美结合。

第三，从路径的细部来看，由于竖向上的路径是三维空间，因此其设计重点是通过丰富的细部处理提供给人们深刻的空间体验。总结起来，竖向路径的细部包括：牌坊等构筑物、以供远眺的平台、山顶的亭或阁、休息平台等。总之，路径的设计应因地制宜，带给人们自然、舒适的心理体验。

2. 源于中国的现代景观空间营造

源于中国的现代景观空间营造，应学习中国传统园林的设计手法，要在竖向空间上追求高低错落，通过路径的起伏来增添自然情趣。而在设计形式上，可以学习西方现代、简洁的风格，体现生态自然的效果。在重要的景观节点上，可考虑用现代中国风格的构筑物来做细部，营造曲折起伏的效果及源于中国的现代意境。

项目十八

三亚文华东方酒店——探寻山、海、天的立体景观体验

项目名称：三亚文华东方酒店
项目地址：海南省三亚市榆海路 12 号
开 发 商：海南新佳和实业有限公司三亚分公司
景观设计：比尔·本斯利（Bill Bensley）之 BDS 设计事务所
摄 影 师：俞昌斌、该酒店专业摄影师
占地面积：$12hm^2$
竣工日期：2009 年 1 月

三亚文华东方酒店位于三亚珊瑚湾畔，占地面积为 $12hm^2$，其特色在于背靠山体森林，面向旖旎辽阔的海景，将博大精深的东方文化与高雅幽静的自然环境相结合的设计理念，为人们提供顶级的服

务。该酒店共计 281 间客房，分成三部分，分别命名为“山”“海”“天”。“山”位于整个酒店的最北侧，背山面海，为 6 层豪华客房及套房的坡顶建筑。“山”的南侧和海滩所围合的区域内，设计了 15 栋“海”型阁式客房，它们均面朝大海，周围是草坡、花园和游泳池，南面为沙滩和大海，这是地势最低、直面大海的区域。而在“山”“海”客房的东侧，有一片最安静、私密、尊贵的区域，为“天”别墅区，共有 15 栋，在山坡的最高处，可以俯瞰整个海景。而在酒店的最西侧，也是地势较高的区域，集中布置了宴会厅、康乐中心、水疗中心、网球场及会议中心等休闲活动的空间，方便人们使用。

从景观设计上看，其路径有如下两个特点：

首先，该酒店外围的榆海路有三亚乡村的风格，而进入该酒店曲折而开阔的海滨大道时，则给人一种仿佛到了世外桃源的感受。在迎宾大堂内，不仅可以俯瞰气势磅礴的海景，而且可以走下台阶来到海边。

另外，人们可以从大堂步行走到客房，整个酒店没有车行道，而是设计了高低起伏的花园小径及海滨小道，带给人们轻松舒适的度假感受。这些步行道在清晨就会演变成慢跑路径，从位于康乐中心的起跑点开始并回到原地，分别有 1.5km 和 3km 的跑步路线，人们可以一边跑步一边欣赏海滩和花园的美景。

其次，该酒店重点设计了多种游泳池，有设水上滑梯的儿童游泳池、温控的无边游泳池以及海滩边静谧的游泳池。几个游泳池的面积都很大，注重不同年龄层次的人群使用，形成安静优雅的氛围。由于主体游泳池比周边建筑及道路地势低约 3m，因此通过丰富的台阶形成高低错落的空间效果，并用大量的植物和活动设施给站在高处俯瞰的人们带来震撼的视觉体验。而当人们走到最南侧的海边沙滩，这是整个酒店竖向标高最低的地方，可以进行沙滩排球等活动，也可以在海里的专用游泳区域游泳。

总之，该酒店结合地形进行建筑布局，创造出高低起伏的路径和丰富的景观空间。

鸟瞰该项目实景

入口区域的日落吧，观赏美丽的海景

水榭（西餐厅）夜景

水疗区域夜景

海角轩，海滩边的海鲜餐厅

水疗谷在安静的角落里，非常私密，可使人们放松身心，内置运动设施放在一起，便于使用

康乐健身中心及儿童俱乐部离主入口很近，使用频率和效率较高

该区域为主要的餐饮区域，离主入口大堂及游泳池都很近。该区域的景观以疏林草坡为主，便于观赏海景

主入口迎宾楼为三层建筑，在该楼楼顶可远眺大海，向下走经过台阶可来到海边，这是该项目地标性的建筑

中心泳池区域是整个酒店的核心和主体景观区，设有水上滑梯、儿童游泳池、温控无边游泳池等。由于该酒店依山而建，因此该游泳池与周边环境的竖向变化丰富多彩，充满了高低错落的空间效果

会议区域离主入口很近，便于举办多种活动

"山"为中端的多层客房，在酒店最北侧靠近山体的区域，从客房的阳台上观赏大海。游览路径为坡道及丰富多变的台阶

"天"为高端的别墅式客房，在山顶的最高处，为酒店最私密的区域，可从客房的窗户及平台上俯瞰大海

海边沙滩的路径

"海"为最靠近海滩的高端阁式套房，地势较低，游览的路径在竖向上一直向海的方向走，区域中有静谧游泳池及沙滩排球运动区

沙滩上可以举行各种活动，根据不同区域的定位来布置功能，靠近主入口以水上活动、游泳、帆船等大型活动为主；靠近餐饮区，以沙滩排球、沙滩浴场等活动为主；靠近别墅客房区，以静谧的沙滩休憩为主

游泳池区域路径

酒店主入口区域的路径

N

0 10 20 40m

图　例

空间属性

路径分析

视线分析

景观分区

1 迎宾大厅
2 中心游泳池（设水上滑梯及儿童游泳池）
3 温控无边游泳池
4 静谧游泳池
5 停车场（上方屋顶设网球场）
6 水疗谷
7 康乐中心、儿童俱乐部及健身中心
8 水上活动中心
9 更衣室
10 珊瑚湾宴会厅
11 会议中心
12 慢跑径起始点
13 水榭餐厅
14 观景台阶
15 泳池观海处
16 椰林草坪
17 沙滩
18 热带植物花园
19 山顶观海处
20 沙滩排球运动区
21 海滩日光浴区
22 海滩餐厅酒吧区
23 海边游泳区
24 海边帆船运动区
25 大海礁石区
26 自然山体森林

项目空间分析图

酒店主入口区域的路径：

主入口广场的水池，中心摆放鼎，是中国传统文化的元素

从酒店大堂经过台阶可到达海边

在海边的休息躺椅上，远眺大海

海边沙滩的路径：

沙滩休息区域直线形式的步行道

沙滩休息区域，布置躺椅、茅草亭等设施，人们可沿着海边散步

曲线形式的步行道

沙滩边的椰林步行道

从山顶向海边走的路径：

由折线形式的台阶及侧面挡土墙所形成的竖向路径

折线形式的步行路径，道路右侧铺砌植草砖，两者共同构成了消防车通道

由直线形式的台阶及侧面火山岩材质的挡土墙所形成的竖向路径

草坪绿化中的汀步小径，与周边环境融为一体

通向海边的绿色坡道为消防车通道，下部为植草砖

客房入户口的步行路径用黄色石材碎拼，可供电瓶车通行

从游泳池走到海边，多层次的台阶成为竖向上的路径引导

步行道的夜景

游泳池区域路径：

俯瞰中心游泳池的整体区域

别墅区的无边游泳池，与大海连成一体

游泳池上方的天桥及落水槽

酒店公共区域的儿童游泳池

游泳池中的台地式叠水池及步行路径

向下走几级台阶，到达静谧游泳池

中心游泳池的水域空间，水畔边的植物浓密丰富

游泳池的台阶与茅草型的特色灯具形成高雅的空间意境

项目十九

盐城金科集美望湖公馆示范区
——从纸鹤门进入，登山听瀑与望湖寻愿

盐城金科集美望湖公馆示范区位于江苏省盐城市射阳县幸福大道，占地面积约 0.6hm^2，入口大门到建筑一层有 5.2m 的高差。周边有千鹤湖、射阳岛公园等景点，在地环境丰富多元。在整个空间营造中，描摹层峦起伏的山丘，将精神堡垒延续成场地的切割形式，折线起伏的肌理与人行坡道、建筑的立面形式相呼应，营造返璞归真的景观意境。

第一，位于入口处的艺术装置，由千纸鹤堆叠形成大门的结构，不仅在该空间淡雅的白色外观中隐含着该地域的历史和文化，也衬托出整个项目的品味和格调。

第二，穿过主入口进入“瀑歌拾音”，风景园林师利用花池的高差营造瀑布水景来强化视觉体验。水的形态在动静、高低之间的转换与过渡之中形成整个空间丰富、多层次的演绎。

第三，利用叠水、植物和参差的台阶营造出高低错落的空间感受，形成丰富的场景体验，也让空间在此延伸出更多的可能性。风景园林师模仿森林的潺潺溪流与茂盛绿岛，将限制条件转化为优势的立体路径引导，打造出都市少见的山地景观体验。

第四，进入烟雨缥缈的“山谷”，拾级而上来到“凌云镜湖”，让空间豁

鸟瞰该项目的建成实景

项目名称：盐城金科集美望湖公馆示范区
项目地址：江苏省盐城市射阳县幸福大道
开 发 商：盐城百俊房地产开发有限公司
景观设计：上海易亚源境景观设计有限公司（YAS DESIGN）
摄 影 师：丘文建筑摄影工作室、金笑辉
占地面积：0.6hm^2
竣工日期：2020 年

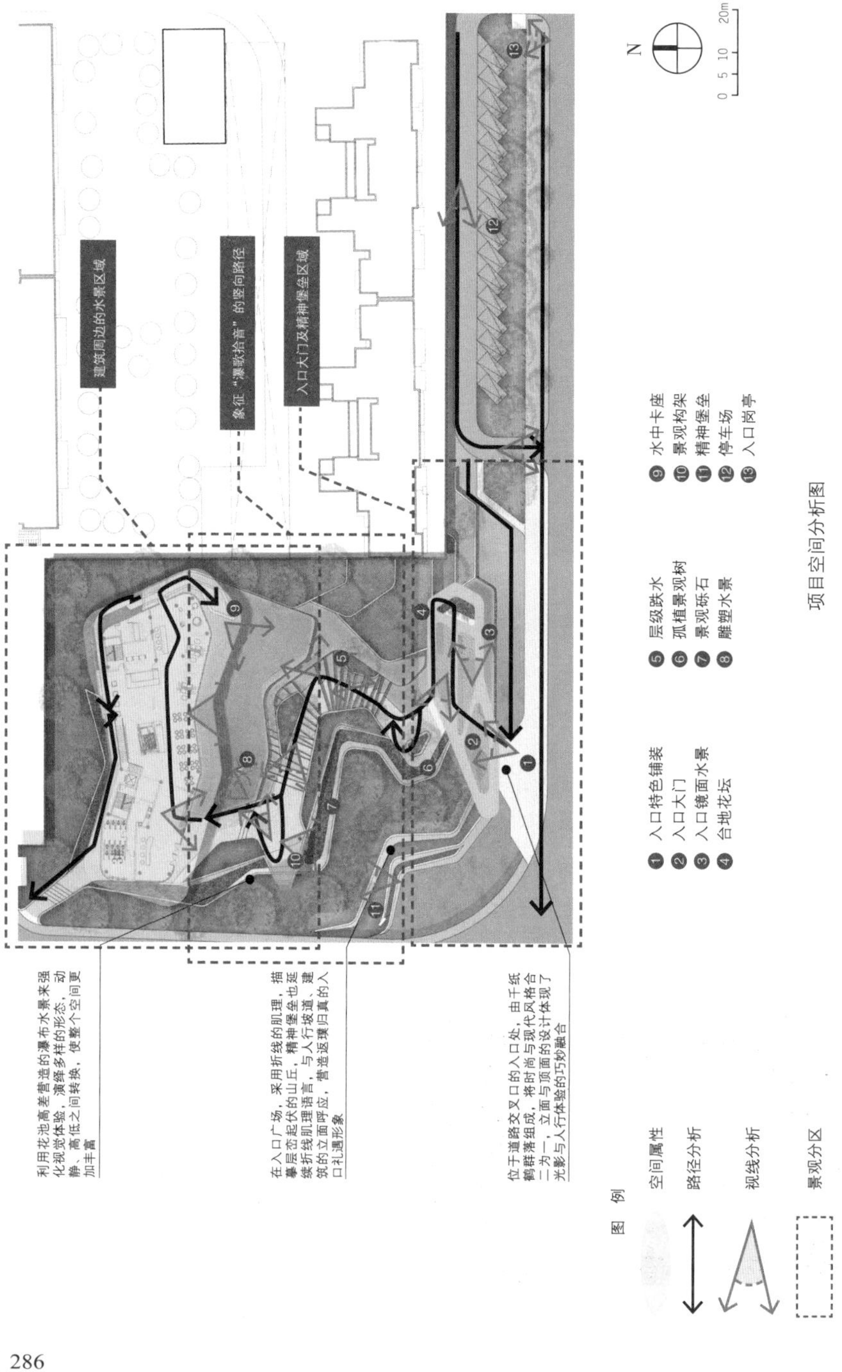

利用花池高差营造的瀑布水景来强化视觉体验，演绎多样的形态，动静、高低之间转换，使整个空间更加丰富

在入口广场，采用折线的肌理，描摹层峦起伏的山丘，精神堡垒也延续折线肌理语言，与人行坡道、建筑的立面呼应，营造返璞归真的入口礼遇形象

位于道路交叉口的入口处，由千纸鹤群落组成，将时尚与现代风格合二为一，立面与顶面的设计体现了光影与人行体验的巧妙融合

建筑周边的水景区域

象征“瀑歌拾音”的竖向路径

入口大门及精神堡垒区域

图　例

空间属性

路径分析

视线分析

景观分区

❶ 入口特色铺装
❷ 入口大门
❸ 入口镜面水景
❹ 台地花坛
❺ 层级跌水
❻ 孤植景观树
❼ 景观砾石
❽ 雕塑水景
❾ 水中卡座
❿ 景观构架
⓫ 精神堡垒
⓬ 停车场
⓭ 入口岗亭

N

0 5 10 20m

项目空间分析图

入口大门及精神堡垒区域：

在入口礼遇空间，描摹层峦起伏的山丘

折线起伏的肌理与人行坡道、建筑的立面互相呼应

位于入口处的艺术装置，由象征着千纸鹤的结构组成

光可透过艺术装置打在墙上形成千鸟格图案

象征“瀑歌拾音”的竖向路径：

利用叠水、植物和参差的踏步的平台营造出高低错落的空间感受，形成丰富的景观空间体验

拾级而上，叠水潺潺，闲适悠悠，宛如琴瑟和鸣

利用花池的高差营造瀑布水景来强化视觉体验

建筑周边的水景区域：

进入烟雨缥缈的“山谷”，拾级而上到“凌云镜湖”，在“爬山”的参观动线中，视线渗透至每一个景观节点，达到步移景异的效果

然开朗。人们在“爬山”的参观动线中，视线得以渗透至每一个景观节点，达到步移景异的效果，唤醒在都市中沉寂已久的对自然的渴望。静面水景的尺度在多次推敲下，选择了视线开阔又不与建筑结构冲突的方案。犹如明镜般的水景，将整个主体建筑映衬在水面之上。人们通过水上的汀步踏水而入，一只名为“寻愿”的纸鹤雕塑正在展翅起飞，营造出诗画般的进入建筑前的礼仪空间。

总之，风景园林师从场地的天然优势出发，以折纸的形态演绎和竖向路径的引导面向整个城市开放的窗口，传达美好的城市愿景。

项目二十

杭州越秀青山湖星悦城——都市麓居，山林物语

杭州越秀青山湖星悦城最大的地理特征是山地天然的高差，景观设计依山就势，利用竖向的路径引导，形成富有感染力的场景体验。

一期高层区：森居度假体验

游泳池——游泳池运用地势高差划分为成人游泳池和儿童游泳池，两处高差约 3m，侧面形成跌水瀑布。成人游泳池用瓦蓝色马赛克作为池底铺装，让人们犹如身临假日海滨，营造前沿的时尚生活。儿童游泳池则采用异形铺装，既暗合“山形”元素，也是对临安“山城”文化的体现。游泳池周边翠林掩映，营造舒适自在的森居度假体验。

童趣策源地——趣重力公园以探险船航行海洋的场景为描绘主题，运用场地现存的 2m 高差形成天然的立体游乐园。运用灰空间、起伏地形以及相关的力学游戏设施，融入对重力知识的巧妙科普。如“探险者号”是“趣重力公园”最核心的活动场地，由上下两部分组成。“船身”部位为多功能休闲草坪，“船头”则由高度约 2m 的挑台形成飞船头部的抽象轮廓，可以凭栏俯瞰下方主体游乐园的全貌，同时可以从侧面的滑梯滑下来，体验失重感的快

乐；位于甲板中心的“深海隧道”，通过攀爬网实现“船头”上下空间的趣味联动，让孩子们在攀爬的过程中感知高度和身体重心之间的关系；“船头”下方的灰空间，在绚丽色彩的装饰下成为一个充满挑战的梦幻世界。“海洋风暴”的场地肌理源自洋流回旋所形成的漩涡，地面数字游戏通过跳跃的方式感知身体重力；起伏的“海浪滑板”坡地，在腾空的动感节奏中获得脱离地心引力的体验；“引力岛屿”通过下凹的塑胶场地模拟海洋漩涡的引力关系。总之，风景园林师将一场场简单的科学实验艺术化处理，让孩子们在游玩之中感受到科学的魅力。另外，到达游乐场地必先穿行于水杉林中的木栈道，这也是重要的竖向路径引导，人们听到树叶随风而动，看到树影摇晃，体会到归家途中奇妙的情绪转换。

二期高层区：林中栈桥，社区中的高线公园

在二期项目中，面对的问题是：一期和二期的场地之间有约 12m 的高差，成为整体社区的断裂带，社区的内部路网被割裂，不利于整体管控，全区的活动功能无法共享，而且大面积高大生硬的挡土墙十分不美观。

面对上述问题，该如何打造一个复合共生的社区呢？基于“云谷绿廊”的概念，用空中栈道的方式通过对竖向路径的引导优化，从而对这一“断层区域进行景观的缝合”。其方案策略是：通过对社区断裂带的缝合与重新利用，顺应自然之势，优化场地动线，向自然借景，衍生出一处于都市中“游走自然、眺望远山”的山林物语。

具体策略有以下三步：

第一，多维度衔接与联动，保持整体景观的功能共享，提高居住区人行道的可达性，并使全区的管控一体化、视线相互贯通，形成“空中绿谷”式的三维立体的引导路径。

第二，通过打造的沉浸式景观

项目名称： 杭州越秀青山湖星悦城
项目地址： 浙江省杭州市临安区塘塍街与星港路交叉口
开 发 商： 越秀地产华东区域公司
景观设计： 上海易亚源境景观设计有限公司（YAS DESIGN）
摄 影 师： 丘文建筑摄影工作室
占地面积： 30hm^2
竣工日期： 2021 年 6 月

❶ 入口大门
❷ 喷泉水景
❸ 游泳池配套设施：更衣室、休息室
❹ 成人游泳池
❺ 儿童游泳池
❻ 景观亭
❼ 草坪绿化区
❽ 酒吧及躺椅区
❾ 林间步行道
❿ 休息广场及活动区
⓫ 草坪休息区
⓬ 海浪滑板区
⓭ 趣重力公园
⓮ 水杉林中木栈道

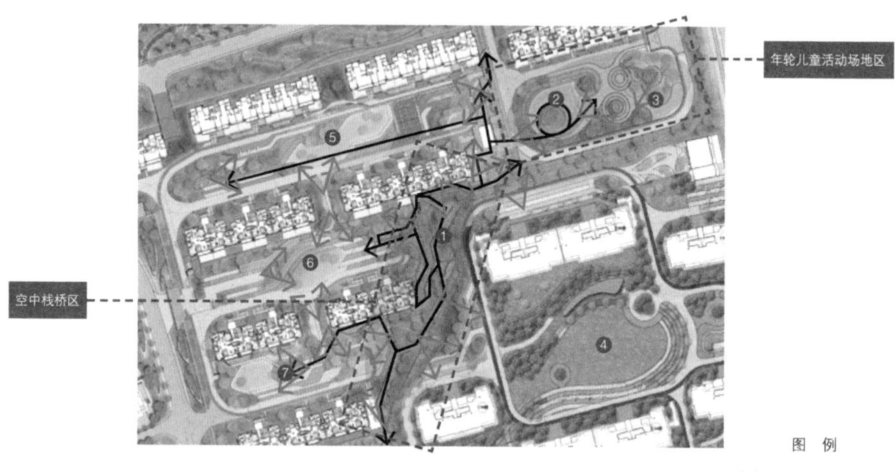

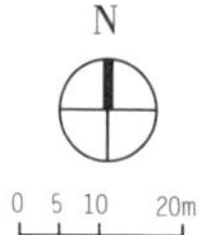

❶ 多层次的空中栈桥
❷ 旋转栈桥
❸ 年轮儿童活动场地
❹ 樱花林及草坪休息区
❺ 健身活动区
❻ 景观大草坪
❼ 休憩交流场地

图 例

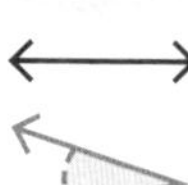

空间属性
路径分析
视线分析
景观分区

项目空间分析图

一期高层区：

别具匠心的异形游泳池铺装造型不仅暗含了“山形”元素，也是对临安“山城”文化的体现

游泳池设计巧妙运用地势高差，营造错落有致的景观韵律

无边界的游泳池、灵动的绿岛，共同构成休闲活力的场所

镜面池水倒映出远处的天光云影，勾勒出开阔疏朗的空间形态

童年策源地：

鸟瞰趣重力公园

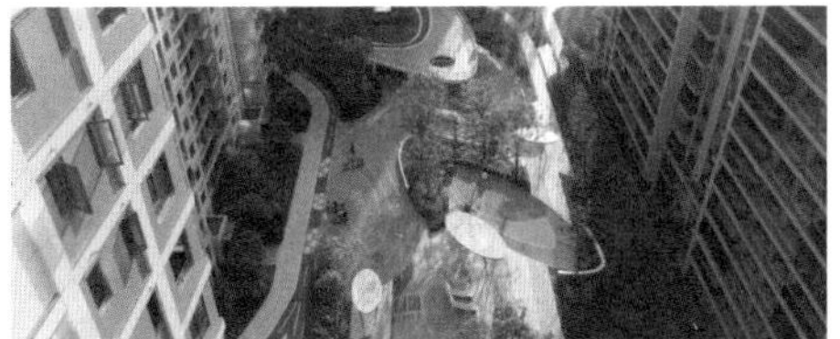

趣重力公园以探险船航行海洋的场景为描绘主题，运用场地预设的 2m 高差，形成天然的立体游乐园

运用灰空间、起伏地形以及相关的力学游戏设施，融入对重力知识的巧妙科普

“船头”由高度约 2m 的挑台形成飞船头部的抽象轮廓，在这里可以凭栏俯瞰下方立体游乐园的全貌，同时在侧方搭载滑梯，体验高处下滑的失重感

起伏的“海浪滑板”坡地，在腾空的动感节奏中，获得短暂的脱离地心引力的体验

游乐场地之后是飘逸的水杉林，清新绿意、静谧悠远

二期高层区：

木栈桥成为衔接一期、二期景观的重要部分，成为该居住区的枢纽，充分满足居民的视觉通达性和参与趣味性

风景园林师希望以此平衡都市生活与自然的关系，人们在蜿蜒绿荫中穿梭、凭栏远眺、放松身心

每个宅间的东侧尽端成为天然的观景平台，俯瞰前方的蜿蜒“山林”

通过设置景墙、木栈道、增设台阶衔接等细部阻断因场地断裂带来的不利影响，充分发挥场地优势，以林中栈道营造自然野趣的云谷绿廊

风景园林师通过设计语言将年轮转化为真实可感知的场地空间，一圈圈独特的“年轮”记录着孩子们成长的每一个瞬间

活动场地的设计延续木栈桥设计思路，充分结合场地高差，与其无缝衔接，并成为连接宅间区域的纽带

旋转栈道游乐设施充分释放孩子天性，在寓教于乐中让孩子们尽情奔跑、尝试、探索

用坡道形式的旋转栈桥来化解高差

宅间绿植环绕、树影婆娑，为人们提供了停留的休憩场所

为该区域两侧的住户大幅增加了共享绿化面积，如把地库局部的墙体打开，设计成观景的“画框”，让人们在地库停车之后就可以看到外面的风景。通过这种处理方式，使竖向景观和三维路径功能化。

第三，形成全居住区的共享生态功能区，顺应场地高差，设置木栈桥、景墙、增设台阶衔接等把一期、二期的互动健康平台、台地花园、迷你竞技场、尊享泛会所等景点全部连接起来，利用约 12 m 的高差形成丰富的竖向功能景观体验，提高人们的参与感。景观也更加丰富，如木栈桥的东侧尽端形成多个天然的观景平台，俯瞰前方的蜿蜒“山林”。

作为竖向路径引导的林中栈桥，其终点为儿童活动场地的滑梯，成为连接宅间区域的纽带。场地搭配儿童游乐设施，为孩子们打造融合趣味性与益智性的“疯玩天地”。滑梯、旋转栈道、活力蹦床等游乐设施充分释放孩子的天性，让孩子们尽情奔跑与探索。风景园林师设计的“岁月年轮”，一圈圈独特的“年轮”图案记录着孩子们成长中的快乐记忆。

总之，风景园林师希望通过空间营造帮人们找到城市的“山林物语”。在因地制宜塑造魅力场景的同时消隐居住区边界，促进邻里交流。风景园林师说：“让使用者在此拥抱自然、体味生活，便是我们设计的初心”。

通过对上述三个项目的对比，总结如下：

第一，从空间营造的主题来看，结合中国传统园林和西方现代景观的经验，竖向上的路径设计要顺应山势或依山就势来进行空间营造，而且要在尊重自然的前提下，根据功能的需要进行设计。

第二，从空间营造的功能来看，竖向上的路径要追求景观与建筑、功能性与艺术性相结合。如三亚东方文华酒店中的建筑和山地、海滩相结合，并根据地形营造大量景点，最终通过竖向上的路径很好地串连起来。

第三，从空间营造的细部来看，竖向上的路径具体做法及步骤如下：首先，要分析场地的现状，根据现状条件进行综合判断；其次，要决定以何种方式和手法在竖向上进行引导；最后，要设计出竖向上的路径所需要的过渡、对比和连接的细部，并斟酌用料。细部与材料的风格语言取决于空间的功能、定位和甲方的需求。

第四节 观景体验

通过对空间属性和形态进行分析与布局，结合平面上和竖向上的路径引导，风景园林师实际上是设计了“景”，让游赏者来“观”。“观景”的过程就是让人们参与其中，来体验不同的景观空间的过程。中国传统园林让人们自发观景、体验和领悟，来与造园者共鸣。而西方现代景观也认为真正的“观景”存在于值得回忆的体验之中。因此，源于中国的现代景观设计要将中国传统园林的造园手法与西方现代景观的营造方式相融合，以此产生空间与人的互动，创造出令人印象深刻的观景体验。

一、借景

1. 中国传统园林和西方现代景观的对比分析

“借景”是指风景园林师通过墙体上的门窗或洞口，有意识地将远处有特色的景物“框”成一幅美丽的画卷，让人们在游览过程中看似无意地观赏到与众不同的景点，从而引发人们对该景点的共鸣，并留下深刻的印象。这是中国传统园林中非常有特色的造园手法，并由它演绎出“对景、框景、障景”

等一系列造园手法，本节统称为“借景”。“借景”手法能在极其有限的空间内，通过增强景观的层次感而营造悠远的意境。

中国造园专著《园冶》提出“构园无格，借景有因”，“借景”是最重要和最巧妙的中国传统园林造园手法之一。总结如下：首先，景观虽无定势，借景却要有一定的依据，能够让观赏者触景生情的都可以通过借景营造佳境；其次，可根据春夏秋冬应季而借景，也可根据一日的朝昼夕夜应时而借景。借景还有远借、邻借、仰借、俯借等多种手法。如果遇到晴山耸立及古树凌空等美景，极目远望平庸的都应该隐藏起来，美好的都应框入景中；最后，借景表达了人与自然融为一体的愿望，心中要有情有景，要充满想象，并对意境有所把握，一切美好的事物都能成为景观的语言。

西方现代景观带有直截了当的特点，如美国某些乡村别墅，其花园就是一片开放式的草坪，草坪后面是蔬菜瓜果园及大片农田，远处是一座小山。这种风格体现出简洁明确、自然质朴的格调。这就是东西方文化的差异性形成景观设计上不同的风格。伊恩·伦诺克斯·麦克哈格（Ian Lennox McHarg）的《设计结合自然》一书中总结了东西方文化如何看待人与自然。他认为“西方是以人为中心的，强调人的绝对神圣、支配和征服作用；而东方是使人融入到自然之中，花园是社会的超自然象征——人在自然中的象征。”在 18 世纪，出于对东方美学的模仿，英国出现了自然风景园林，将自然风光借入英式花园之中，达到人与自然的统一。

因此，借景手法需要突出以下两点：

第一，暗示的力量

如果景观中的物体通过设计具有提示的作用，那么人们将能更好地理解其含义。例如透过一个半透明的幕布看松枝或浓或淡的影子，或将影子投射到幕布上，其效果要比直接看松枝本身好得多。由远处或在半明半暗的光线下看一个形体模糊的外轮廓，通常比清晰地看同一个形体更为有趣。

第二，引人入胜

如果借景沿着观赏路线分布在多处位置，那每一处所借的景都要分别对待。如果行程太长，借景会变得令人厌倦，所以应通过伸展或压缩景框，或变化行进空间和观景空间，将借景分成几个部分，让人们对于景色见微知著。

大多数借景都为游赏者决定了一条强制性的观赏路线。借景对视线具有持续的、方向性的吸引力。在现代中国的景观设计中，“借景”依然是最重要的景观空间营造手法之一，而且这种手法也融入建筑设计的手法之中。

项目二十一

苏州怡园——颐性养寿的九大借景手法

苏州怡园占地面积约 0.62hm^2，历时八年建造而成，是苏州建成时间最晚的园林。其名称出自《论语》的“兄弟怡怡”，即“自怡和怡亲”（园主顾文彬语），清代著名学者俞樾总结为“颐性养寿”。该园园主与造园师以苏州各大名园为模本进行仿造。特别是在借景方面，该园结合了许多名园的精华之处。

苏州怡园分为东西两个部分，东部以建筑庭园为主，西部以山水景观为主。

东部园林的景观营造分为以下四点：第一，入口庭园以曲廊环抱，以竹为主题，用竹林来借景，但现在该景点的竹林已不复存在，当前修复的景观缺少了原有的韵味。第二，复廊、旱舫及锁绿亭等通过花窗来借景。该复廊仿造沧浪亭中的复廊，其中的墙壁漏窗样式丰富，人们可透过花窗看到西部的山水景致，若即若离，引人入胜。第三，东侧的“坡仙琴馆”南园为石景小园，仿造留园的“冠云峰”庭园，园中怪石嶙峋，用太湖石来借景和对景。第四，“拜石轩”南侧的庭园为岁寒草庐，以冬景为主，种植松柏来借景，院中还间植竹、梅、茶花、冬青等植物。当前该景点也有所改变，主要以太湖石、石笋结合竹林营造对景。

项目名称：苏州怡园
项目地址：江苏省苏州市姑苏区人民路 1265 号
摄 影 师：俞昌斌
占地面积：约 0.62hm^2

西部园林的景观营造分为以下五点：第一，东南角第一个景点为“南雪亭”，语出杜甫诗“南雪不到地，青崖沾未消”，此处用梅花来比喻雪景。该亭三面开敞，一面为粉墙，上面开花窗框取园中的梅花作为借景。第二，经过“南雪亭”，到该园的主体建筑“藕香榭”，该榭仿造拙政园的“远香堂”，以水景中的荷花、莲花等水生植物及北侧的山体作为对景。该处水景仿造网师园的山水格局，水景的东面宽阔，中间有南北向的九曲桥穿越；西面狭窄，形成幽远曲折的路径。东西交汇的水面形成水门，隔开大小两个水景。这是以水借景的妙用。第三，水景边有一座建筑“碧梧栖凤馆”，南侧为曲折迂回的透景长廊，人们的视线既能看得很深远，又有对景的景点，十分巧妙。“碧梧栖凤馆”以西为“面壁亭”，亭中布置一面镜子，反射出北侧的假山，这是晚清用镜子借景造园的实例之一。第四，该园西侧有一座“画舫斋”，模仿拙政园的“香洲”。画舫三面临水，观赏周边的绿化、溪流和假山峭壁，形成优美的借景。同时人们的视线透过幽远的水面，依稀能看

游廊是景观空间营造的重要内容

石景是极富意境和文化内涵的对景

色叶植物体现出“因时而借”的趣味

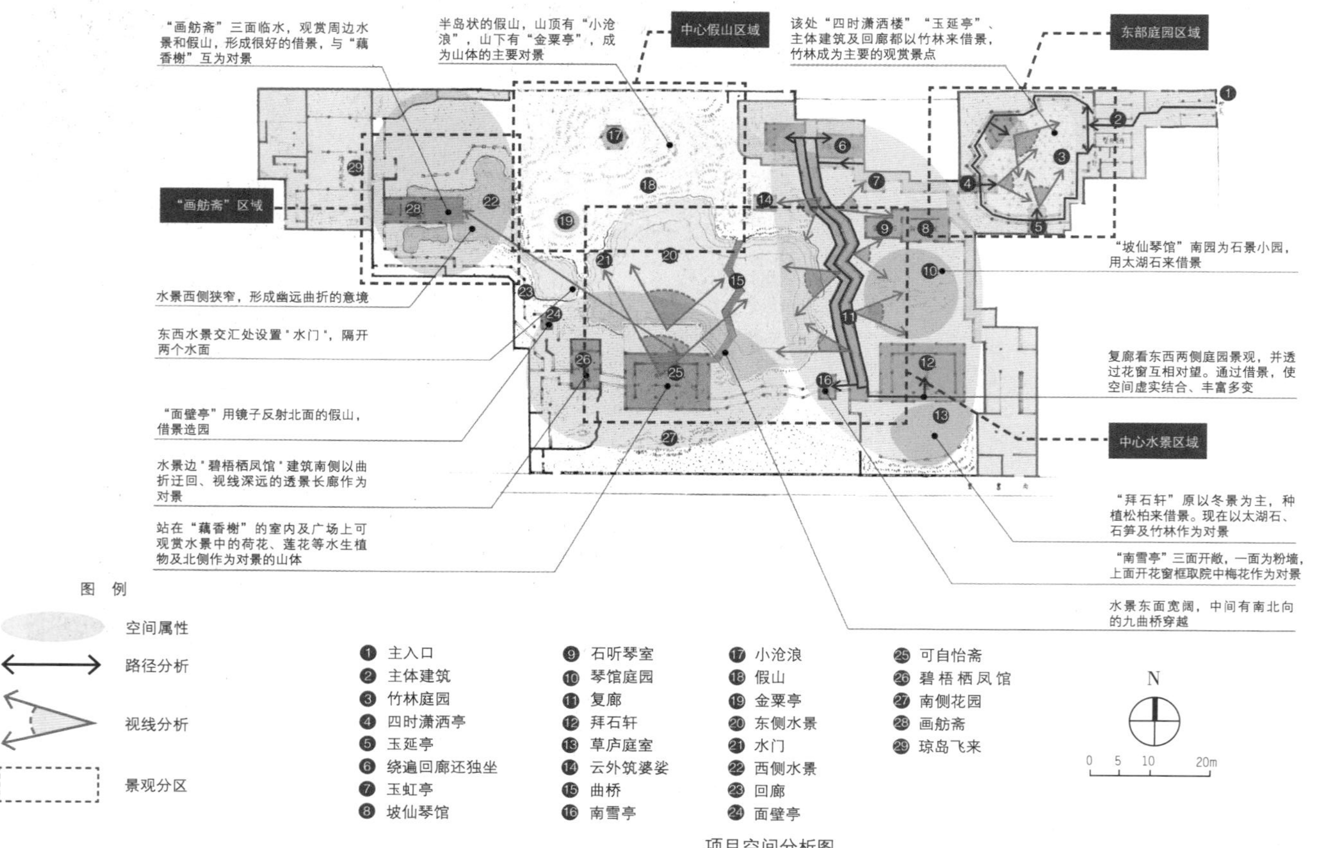
"画舫斋"三面临水，观赏周边水景和假山，形成很好的借景，与"藕香榭"互为对景
半岛状的假山，山顶有"小沧浪"，山下有"金粟亭"，成为山体的主要对景
中心假山区域
该处"四时潇洒楼""玉延亭"、主体建筑及回廊都以竹林来借景，竹林成为主要的观赏景点
东部庭园区域
"画舫斋"区域
"坡仙琴馆"南园为石景小园，用太湖石来借景
水景西侧狭窄，形成幽远曲折的意境
东西水景交汇处设置'水门'，隔开两个水面
复廊看东西两侧庭园景观，并透过花窗互相对望。通过借景，使空间虚实结合、丰富多变
"面壁亭"用镜子反射北面的假山，借景造园
中心水景区域
水景边'碧梧栖凤馆'建筑南侧以曲折迂回、视线深远的透景长廊作为对景
"拜石轩"原以冬景为主，种植松柏来借景。现在以太湖石、石笋及竹林作为对景
站在"藕香榭"的室内及广场上可观赏水景中的荷花、莲花等水生植物及北侧作为对景的山体
"南雪亭"三面开敞，一面为粉墙，上面开花窗框取院中梅花作为对景
水景东面宽阔，中间有南北向的九曲桥穿越
图例
空间属性
路径分析
视线分析
景观分区
1 主入口
2 主体建筑
3 竹林庭园
4 四时潇洒亭
5 玉延亭
6 绕遍回廊还独坐
7 玉虹亭
8 坡仙琴馆
9 石听琴室
10 琴馆庭园
11 复廊
12 拜石轩
13 草庐庭室
14 云外筑婆娑
15 曲桥
16 南雪亭
17 小沧浪
18 假山
19 金粟亭
20 东侧水景
21 水门
22 西侧水景
23 回廊
24 面壁亭
25 可自怡斋
26 碧梧栖凤馆
27 南侧花园
28 画舫斋
29 琼岛飞来
N
0 5 10 20m

项目空间分析图

东部庭园区域：

复廊上丰富多彩的花窗用于借景

人们可透过复廊的花窗观赏两侧的景观，相互借景

“坡仙琴馆”的石景小园用太湖石作为借景

曲折迂回的透景长廊，人们的视线既能看得很深远，又有作为对景的特色景点

“南雪亭”庭园遍植梅树，中间为赏梅小径，远处以银杏树作为对景

假山、亭与树龄 280 年的银杏树已经融为一体。该银杏树秋季树叶变成金黄色，极为优美，成为整座园林的视觉焦点

中心水景区域：

“藕香榭”北侧的水景、假山和植物，作为主要的对景

“藕香榭”东侧的水景，水中种植荷、莲等水生植物

西侧狭窄、幽远的水景，与东侧的水景形成鲜明的对比

用湖石形成水门，既可隔开东西两处水景，又实现水流贯通

“面壁亭”中布置一面镜子，反射出北侧的假山，用镜子进行借景

“画舫斋”区域：

“画舫斋”外的水面一侧为红枫、银杏，另一侧为假山上的常绿植物

“画舫斋”的建筑与植物相得益彰

中心假山区域：

从假山顶的“小沧浪”观赏石峰

奇石嶙峋的假山与“金粟亭”

高低错落的假山石径

到主体建筑“藕香榭”。第五，从“画舫斋”向北岸走，就会看到呈半岛状的假山，该假山仿造了环秀山庄高低错落的洞壑以及狮子林的石室。石峰林立，成为“藕香榭”等南侧建筑的借景。山顶有“小沧浪”，山下有“金粟亭”，“金粟”为桂花的别称，因此两亭与浓密的植物、精致的石峰相结合，成为山体的主要对景。

总之，上述九种借景的手法，使该园林的空间更加丰富多彩，让人印象深刻。

项目二十二

日本京都府立陶板名画之庭（Garden of Fine Art）——安藤忠雄的现代框景艺术

1990年，日本大阪举办了“国际花与绿博览会”，会上展出了一批精美的陶瓷板画。会后由日本著名建筑师安藤忠雄在京都设计了一个庭园，让人们可以随时观赏到这些名画。

这个庭园从三个方面用现代的设计语言来借景：

第一，用借景的手法来展示这些陶瓷板画作品。该庭园在不同的区域共展示了八幅陶瓷板画。人们随着向下延伸的游赏坡道，视线时而被遮蔽，时而豁然开朗，最关键的是视线始终被巧妙地聚焦在不同的画作上，这种空间营造的手法让人印象深刻。如在入口处有一幅莫奈的《睡莲》陶瓷板画铺在水底，让人低头俯视。随后在游赏坡道的一侧墙体上镶嵌两幅长卷陶瓷板画，分别是日本画家鸟羽僧正的《鸟兽人物戏画》和中国画家张择端的《清明上河图》，人们可以凑近仔细观赏。而在墙

项目名称： 日本京都府立陶板名画之庭（Garden of Fine Aat）
项目地址： 日本京都市
建筑与景观设计： 安藤忠雄建筑研究所
摄 影 师： 俞昌斌
占地面积： $0.3hm^2$
竣工日期： 1994年

混凝土墙体及巨大的框架，结合空中走廊及玻璃围栏，营造出灵活多变的景观空间

最高处长方形的景观台可俯瞰全园，混凝土墙体和玻璃走廊使整个空间视野宽广，层次丰富

俯视铺在水底的莫奈《睡莲》陶瓷板画

日本画家鸟羽僧正的《鸟兽人物戏画》长卷陶瓷板画

中国画家张择端的《清明上河图》陶瓷板画

由地下二层升至地面一层的巨型画作《最后的审判》陶瓷板画

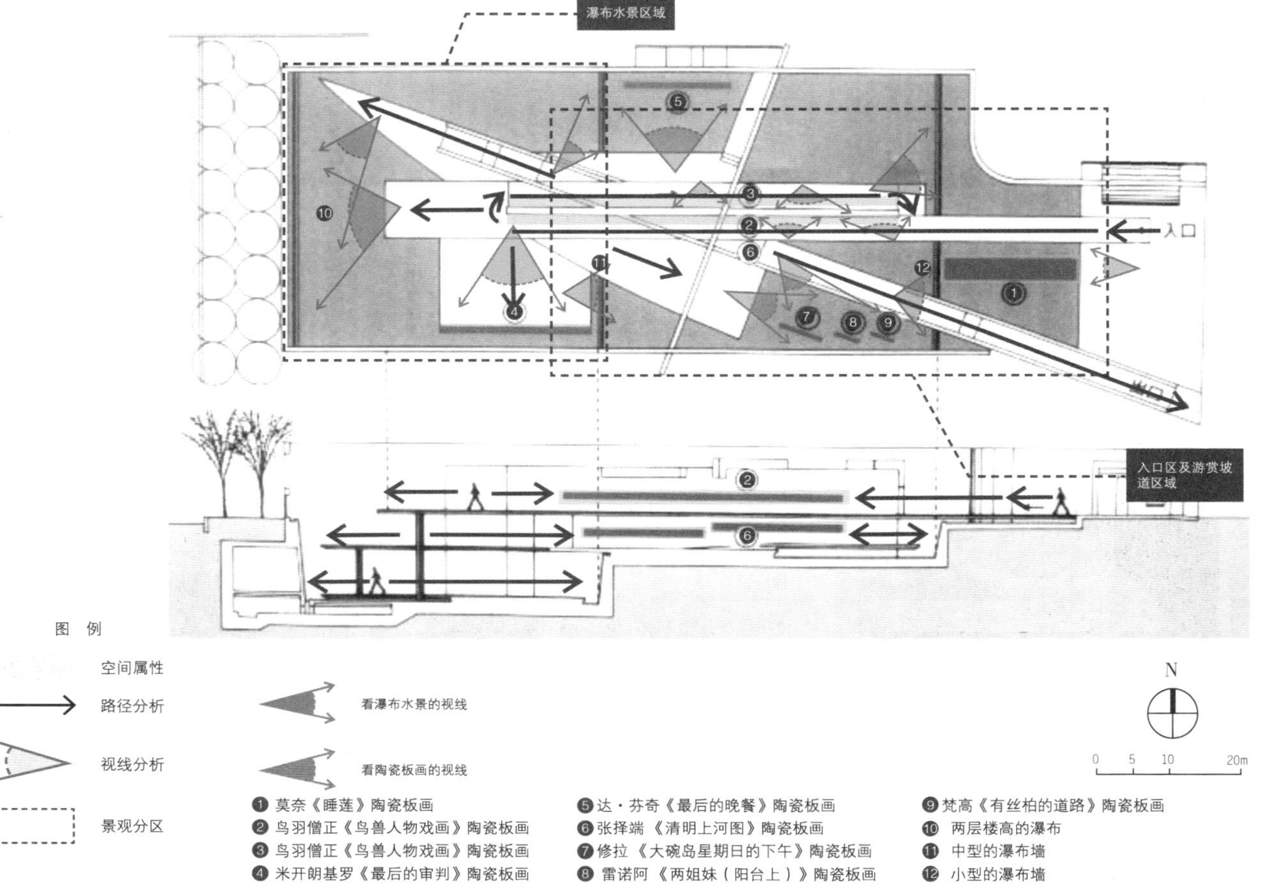
瀑布水景区域
入口区及游赏坡道区域
入口
图　例
空间属性
路径分析
视线分析
景观分区
看瀑布水景的视线
看陶瓷板画的视线
N
0 5 10 20m
❶ 莫奈《睡莲》陶瓷板画
❷ 乌羽僧正《鸟兽人物戏画》陶瓷板画
❸ 乌羽僧正《鸟兽人物戏画》陶瓷板画
❹ 米开朗基罗《最后的审判》陶瓷板画
❺ 达・芬奇《最后的晚餐》陶瓷板画
❻ 张择端《清明上河图》陶瓷板画
❼ 修拉《大碗岛星期日的下午》陶瓷板画
❽ 雷诺阿《两姐妹（阳台上）》陶瓷板画
❾ 梵高《有丝柏的道路》陶瓷板画
❿ 两层楼高的瀑布
⓫ 中型的瀑布墙
⓬ 小型的瀑布墙
项目空间分析图

入口区及游赏坡道区域：

一幅陶瓷板画置于水景处的墙体上

三幅陶瓷板画结合在一起立在水景中

从墙体长方形洞口观赏陶瓷板画

墙体洞口细部，可看到水中画作

瀑布水景区域：

平面呈锐角的观赏平台形成强烈的透视感

平面呈锐角的观赏平台可近距离观赏二层楼高的瀑布

从游赏坡道两侧和底下的平台观赏另一处瀑布

静态水景及瀑布

在瀑布墙体后侧种了两排榉树，秋天可观赏优美的红叶

二层楼高的瀑布，气势恢宏

体的另一侧是由地下二层一直上升到地面一层的巨型陶瓷板画《最后的审判》，它作为人们视线的对景，形成震撼性的视觉冲击力和鲜明的对比。在继续步行的游赏过程中，可看到四幅立于水中的陶瓷板画，其中两幅要从墙体的长方形洞口中观赏，建筑师特意营造出“框景”的意境。总之，人们在观赏过程中处处有对景，从而产生出完美的观景体验。

第二，除了这些陶瓷板画为主要的对景外，三层静态水景和瀑布也成为主要的借景。静态水景用于放置陶瓷板画，而瀑布则成为人们行走、转折和停留时观赏的景观焦点。瀑布的大小不等，最大的一处为二层高的瀑布墙，气势恢宏。建筑师有意设计了多处不同高度的观赏平台，可以多角度观看瀑布。同时，瀑布和静态水景形成动静结合的效果。而且，建筑师在瀑布墙体后侧巧妙地种了两排榉树，秋天可观赏到优美的红叶。

第三，运用建筑的形体来进行巧妙的框景。在建筑设计中，把封闭厚重的清水混凝土实墙和轻巧通透的玻璃围栏结合起来，形成空间上的虚实对比。这些混凝土墙体设计了实墙、洞口以及巨大的框架，从而形成各种不同的视角，从而产生了许多出人意料的景观效果。而且，其建筑设计的精妙之处还在于通过几面看似随意布置的墙体，把一个有限的空间分隔成游赏区和布展区，很好地组织起观赏游线。另一个特点就是通过游赏坡道营造出三层的空间区域，使之具有中国传统园林“步移景异”的观景体验。

通过对上述两个项目的对比，总结如下：

第一，从空间营造的主题来看，借景是一种很重要的空间营造手法，而且很多建筑设计的主题也是希望通过借景把周边的自然环境融入建筑之中的。而借景的目的，就是希望让人们在游赏景观的过程中去体验、去感受、去发现美丽的景色，达到人与自然及建筑的共鸣。

第二，从空间营造的手法来看，中国传统园林的借景手法丰富多彩、博大精深，在现代也非常具有借鉴意义。如怡园由于建成年代较晚，因此借鉴了大量先前的园林作品。采用了多种借景手法，产生了强烈的视觉震撼。而日本京都府立陶板名画之庭是一栋建筑，却更像一座园林作品。陶瓷板画和瀑布是两个主要的借景元素。其景观空间以引导人们路线的游览坡道为主，通过多个位置的陶瓷板画进行巧妙地借景、框景、透景，甚至用水中的对景来达到空间营造的效果。瀑布的借景也很巧妙，大的是一整个墙面，小的是对着游赏坡道的平台。总之，上述两个项目空间简洁、对景明确，在不同角度都有景点成为视线的焦点，体现了艺术和自然的巧妙结合。

第三，从空间营造的材料和细部来看，中国传统园林把山、水、石、植物都作为借景的元素，包括用镜子反射周边的景色，可以说在运用这些自然材料方面达到了极高的艺术水准，这也符合中国传统园林追求“人造自然”的理念。而日本京都府立陶板名画之庭的建筑设计用简洁的材料（如清水混凝土、玻璃等）突出陶瓷板画作品与周边自然环境（如瀑布、植物等）的融合，体现出西方现代建筑设计的潮流。由上述材料所建成的混凝土墙体、玻璃围栏和悬挑的平台等细部，体现出“看与被看”的空间意境。

2. 源于中国的现代景观空间营造

由于中国城市人口密度高，供人活动的区域有限，因此既要保证个人空间的私密性，又尽量不要让空间布局过于压抑和拥挤。所以，在景观空间营造上非常适合采用借景的手法。通过巧妙的借景，将场地内外的景点引入人们的视线，不但可以扩大视野，又能增强美感。

在使用借景手法时要注意以下三点：第一，要仔细观察场地的周边环境，看看有什么景色可以借景的，如远处的山峰或塔等风景；有什么是要遮挡的，如附近的电线杆等构筑物。这样在进行场地的景观布局时，就可以在借景处打开一条视觉通廊，让人们可以一眼看到远处作为对景的风景；在需要遮挡的地方，可堆高地形并种植浓密的常绿乔木进行遮挡。而且，还要观察场地内的地势高低、坡度等一系列现状条件，从实际出发进行空间设计。第二，借景的景色和场地的景观风格要一致，借景的设计手法要因地制宜。如场地内的景观风格是现代中式风格的，那么远处西式风格的亭子再美观，也不能用来借景，否则就会不伦不类，反而影响了整体的氛围。第三，很多情况下场地外围高楼林立、无景可借，那么在场地内进行借景，是比较常用的手法。通过合理的空间布局和巧妙的路径引导，就能进行借景、对景、框景和障景，这也使整个景观空间流动起来，创造出令人惊喜的空间感受和诗意的观景体验。

项目二十三

上海外滩源核心区域景观更新
——景观环境与城市历史保护建筑的融合共生

上海外滩源核心区域位于上海黄浦江与苏州河的交汇处，属于外滩历史文化风貌保护区。其建设功能包括高档商业、宾馆酒店、公寓、办公、文化娱乐和休闲等，其中重要的建筑有原英国驻上海总领事馆、半岛酒店、洛克外滩源、益丰大厦等。该项目的设计范围包括外滩源核心区域内的益丰大厦商业街区、南苏州路、圆明园路、北京东路、香港路及虎丘路等区域，总占地面积约 2.5hm^2。由于该区域的历史建筑风格多样，而且建筑界面连续，代表了上海外滩建筑文化的精华，具有较高的文化价值。因此，景观设计内容包括城市家具、绿化种植、景观小品、围墙等景观元素，该项目景观设计力求与保护的历史建筑相互呼应和映衬，特色鲜明地展现出上海的历史风貌与现代生活环境的融合共生。该项目在空间营造上主要采用借景的手法，具体分析如下：

第一，由于该项目处于上海外滩源核心区域，东侧穿过中山东一路即到黄浦公园，东北侧正对外白渡桥，可远眺以东方明珠广播电视塔、上海中心大厦、上海金茂大厦及上海环球金融中心为核心的陆家嘴现代建筑群。外滩源核心区域内有一系列非常重要的历史保护建筑群以及如半岛酒店等新型建筑。因此，该项目的整体空间是借外滩的景及其不可替代的核心区域。

第二，圆明园路是外滩源核心区域最核心的一条步行道，也是最重要的游览路径。该道路定位为以文化休闲活动、街区旅游及商业为主的步行街。另外由于该道路在城市规划中还具有分时段疏散交通的功能，因此还设计了车行道与人行道，但在细部上将两者的标高统一，不设路缘石。同时为了行人的安全，在车行道与人行道的交接处布置低矮的灯柱，作为空间上的划分。由于该路径的空间较为局促，所以采用单排北美鹅掌楸作为行道树，秋季形成一片金黄的视觉效果。另外，在铺装上只选用九龙青弹格石，施工中要求该石材六个面都要人工手凿而成，体现出老上海街道古朴自然的历史感。整条步行道从北侧的南苏州路开始，先借景原联合教堂，教堂前的广场可举办重要活动；然后借景东侧的原英国驻上海总领事馆建筑群及内部保留下来的绿地，西侧的光陆大楼、真光大楼、兰心大楼、协进大楼、哈密大楼、安培洋行大楼、圆明园路公寓等一系列修复的城市历史保护建筑；最后借景半岛酒店这一现代建筑。这一路的空间序列以简洁大气的景观作为背景，丰富多彩的建筑作为亮点，完美地展现出外滩源核心区域的风貌。

第三，外滩源核心区域的南侧边界为北京东路，由于该道路为车行道且两侧人行道较为狭窄，因此也主要以借景道路两侧建筑的外立面来营造空间。道路北侧为半岛酒店的入口广场区域，空间较开阔，因此其绿化可与该

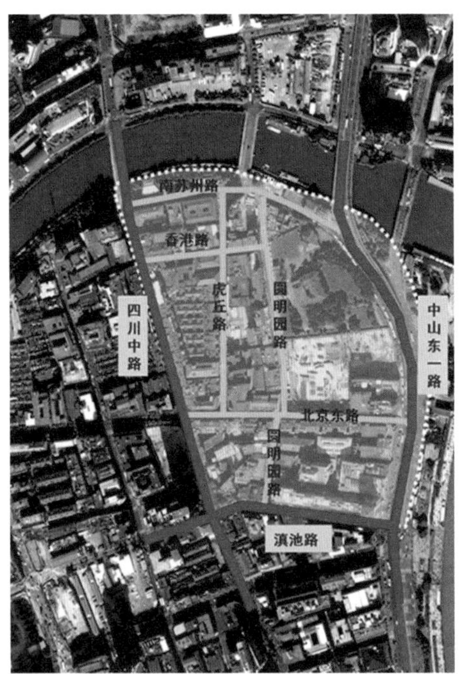

上海外滩源核心区域的边界及主要景观道路

上海外滩源核心区域，与黄浦江及陆家嘴的关系

项目名称： 上海外滩源核心区域景观更新
项目地址： 上海外滩圆明园路、北京东路、南苏州路及虎丘路等周边区域及益丰大厦商业街区
开 发 商： 上海新黄浦（集团）有限责任公司
规划及景观设计： 法国博易建筑规划设计公司上海代表处、上海其雅建筑规划设计有限公司、上海易亚源境景观设计有限公司（YAS DESIGN）
景观施工单位： 上海久欣市政工程有限公司
摄 影 师： 沈忠海、俞昌斌、茅立群
占地面积： 2.5hm^2
竣工日期： 2010 年 5 月

圆明园路两侧的城市历史保护建筑群及开放绿地区域

圆明园路的铺装只用九龙青弹格石，整体风格简洁大气，作为整片历史文化街区的“底色”，衬托出建筑的精美

原联合教堂予以保护，并作为地标建筑，前广场作为主要的活动场地

原英国驻上海总领事馆的两栋洋房与原有花园巧妙地融合在一起，成为上海城市中心一处精致的公共花园

保留原英国驻上海总领事馆原有绿化，使之成为圆明园路的绿色背景。而从圆明园路向东看去，两栋建筑掩映在浓密的植物中，安静雅致

北京东路北侧的半岛酒店成为外滩与圆明园路上一座重要的地标性建筑，它与许多城市历史保护建筑风格统一，成为主要的对景元素

北京东路为车行道，且人行道较为狭窄，主要以借景两侧建筑的外立面来营造空间

北京东路南侧为城市历史保护建筑益丰大厦，其建筑外立面为经典欧式风格，成为外滩顶级的商业综合体

北京东路半岛酒店及益丰大厦区域

图 例

空间属性

路径分析

视线分析

景观分区

1 黄浦江
2 苏州河
3 外白渡桥
4 黄浦公园
5 人民英雄纪念碑
6 外滩
7 中山东一路
8 原联合教堂
9 原英国驻上海总领事馆及花园（历史建筑保护单位）
10 半岛酒店
11 益丰大厦（历史建筑保护单位）
12 圆明园路
13 北京东路
14 南苏州路
15 虎丘路
16 真光大楼（历史建筑保护单位）
17 兰心大楼（历史建筑保护单位）
18 协进大楼（历史建筑保护单位）
19 哈密大楼（历史建筑保护单位）
20 女青年会大楼（历史建筑保护单位）
21 圆明园公寓（历史建筑保护单位）
22 安培洋行大楼（历史建筑保护单位）

N

0 5 10 20m

项目空间分析图

原领事馆官邸
原英国驻上海总领事馆
原联合教堂
半岛酒店

圆明园路两侧的城市历史保护建筑群区域：

上海外滩源核心区域与苏州河、外白渡桥及外滩建筑群在城市空间上的呼应

从圆明园路北侧向南看，北美鹅掌楸树阵郁郁葱葱，远处半岛酒店作为背景

圆明园路

该道路极简主义的景观设计凸显了道路两侧建筑精致的外立面，本图左侧为半岛酒店，右侧为某历史保护建筑

圆明园路与南苏州路交界处，左侧是翻新的原联合教堂，右侧是一系列城市历史保护建筑

该道路的铺装只采用九龙青弹格石，使整片历史文化街区在其景观的衬托下展示为一幅精美的画卷

城市历史保护建筑哈密大楼在夜晚灯光的衬托下，彰显出一种端庄优雅的气质

城市历史保护建筑协进大楼中华民国时期作为办公楼，现为艺术展馆

高大挺拔的北美鹅掌楸形成景观序列，给圆明园路增加了一抹亮色

北京东路半岛酒店及益丰大厦区域：

位于北京东路的半岛酒店主入口，其广场、绿化和水景与该道路融为一体

北京东路的行道树、地面铺装、盲道及车挡设计

北京东路改造后的夜景效果（左侧为半岛酒店，右侧为益丰大厦）

道路的人行道融为一体；南侧为益丰大厦，其建筑外立面为经典欧式风格，内部为高档的百货公司，是外滩顶级的商业综合体。因此，这两个重要的建筑使北京东路的空间简洁而富有内涵。

总之，通过上海外滩源核心区域的修复改造，实现了上海这座国际化大都市的景观环境与城市历史保护建筑的融合共生。

项目二十四

香格里拉松赞林卡酒店——伴着松赞林寺的度假生活

1933 年英国作家詹姆斯·希尔顿在其长篇小说《消失的地平线》中，首次描绘了一个远在东方群山峻岭之中永恒、和平、宁静之地“香格里拉”。而在香格里拉向北 5km 的佛屏山前，一组庄严、肃穆的庞大建筑群依山而立，这就是清朝康熙皇帝所敕建的“藏区十三林”之一、云南藏区规模最大的藏传佛教寺院，也是藏区格鲁派最负盛名的寺院——噶丹·松赞林寺。因其外观布局酷似布达拉宫，所以又有“小布达拉宫”之称。

香格里拉松赞林卡酒店的选址位于松赞林寺的背景山林处，占地面积 8.4hm^2，共有 24 栋石砌建筑。由于该酒店与寺院建筑群仅有百余米的距离，视线没有遮挡，中间隔着一片高低起伏的草丘，所以人们在酒店中能观赏到整组寺庙建筑群的景观，甚至还能经过草丘走向寺院。

该酒店的建筑与景观设计主要运用借景的手法，使所有的建筑都面对松赞林寺，给人们朝圣的感觉。该酒店依山而建，为了让每间客房都不被遮挡地看到松赞林寺，所以将客房根据地形高差分为低区、中区和高区。低区客房为最靠近寺院的一排建筑，因此将它们降得更低一

项目名称：香格里拉松赞林卡酒店
酒店管理公司：雅高酒店集团
项目地址：云南省迪庆藏族自治州香格里拉市松赞林寺
建筑设计及景观设计：白玛多吉
摄影师：俞昌斌、周维
占地面积：8.4hm^2
竣工日期：2009 年底

些，贴近草丘的高度。由于低区客房离寺院最近，因此其观景效果最好。中区客房与酒店车行主干道的标高接近，因此用台阶的形式略微抬高。而高区客房的位置则更高，使之不至于被中区客房遮挡观赏松赞林寺的视线，并且特意设计位于二楼的餐厅，由于地处观景绝佳的位置，视线特别开阔，因此人们可以在就餐的同时观赏美景。

在酒店景观的细部设计方面，通过对观景视线的分析巧妙地设计了平台、广场及水景等，可供人们休息，并欣赏不同角度的松赞林寺。这些细部设计得十分简洁，所用材料与建筑材料一致，朴实无华又极具设计感。另外，还使用了多种高差处理手法，如车行道旁、台阶旁及挡土墙旁的高差处理，风格统一又精致。当然，这些细部设计都是为了让人们在这个酒店中感

从该酒店远眺夕阳笼罩下的寺院，如同一幅金色的画卷

噶丹·松赞林寺的主入口

寺院建筑外立面丰富的色彩

远眺整座寺院

高、中、低区客房的关系：

低区客房海拔较低，离寺院最近，借景效果最好

石材挡墙与建筑的材质相统一，绿化成为建筑与自然对话的媒介

中区客房与酒店车行主干道的海拔接近，交通比较便捷

造型松树成为建筑的前景及点睛之笔

高区客房通过台阶连接，拥有良好的观赏寺院的视野

建筑挡土墙及台阶遵循对称的原则，并根据地形的高差而适当调整

景观细部：

从客房看见寺院、草丘及农田结合在一起的美景

建筑旁的休息区域，摆着石桌及座椅，绿化比较丰富

根据地形高差设计了多个平台及广场，让人们在此可观赏整座寺院与草丘山坡的美景

广场中布置点景的水池，池中摆放当地造型独特的石景

与坡道相结合的弧形挡土墙，材质与建筑一致，体现出地域风光

挡土墙与台阶形成层层跌落的韵律感

受到博大精深的藏族文化，并通过借景的方式让人们融于松赞林寺的氛围之中。

该酒店的大堂设有艺术展厅，收藏了众多藏式展品，如两尊年代久远的铜制佛像、考究精致的挂毯等。该酒店的客房也均以藏式风格进行装饰设计，如布置木质内饰、艺术品及壁炉等，并与室外的自然风光相协调，力求让旅居的游客体验到藏族的文化和民俗风情。

总之，该酒店的借景设计手法就是巧妙地运用“远景、中景和近景”进行规划，精心刻画每一部分的景观，并让它们自然而然地与松赞林寺融为一体。

通过对上述两个项目的对比，总结如下：

第一，从空间营造的主题来看，借景手法实际上是通过景观空间的营造，体现“天人合一”的理念，这是中国传统园林的哲学思想。现代中国的景观空间营造要充分运用借景的手法，使其成为景观设计、建筑设计与城市规划的重要手法之一。

第二，从空间营造的手法来看，中国传统园林的借景讲究“巧于因借，精在体宜”，如应时而借、应地而借等。上述两个项目既有延续传统借景手法的，也有围绕着城市核心区及地标建筑来借景的。如外滩源核心区域以城市历史保护建筑为主体，景观可作为建筑的背景，通过建筑来借景。香格里拉松赞林卡酒店则将人们的视线都汇聚在地标建筑松赞林寺上，使之成为视觉焦点，体现了该酒店的格调和地域性。

第三，从空间营造的材料和细部来看，采用曲折的小径及木栈道、起伏腾挪的矮墙、平静绵延的溪流、虬曲盘旋的古树等景观元素，借景手法能有效地放大空间和吸引视线，让人们感觉身处一座景致多样的园林之中。因此，借景能创造出很有意境的庭园效果，形成游赏中的多重体验。如上海外滩源核心区域的景观设计内容包括城市家具、绿化种植、景观小品、围墙等景观元素，并与城市历史保护建筑相互呼应和映衬，特色鲜明地展现出历史街区的风貌与现代生活环境的融合共生。

二、意境体验

1. 中国传统园林与西方现代景观的对比分析

中国传统园林的借景手法是通过各种构筑物所形成的景框，在人们的视线中“框”出一幅美丽的画卷。而意境体验就是人们在观赏园林这幅“画卷”时对“有形和无形、疏与密、虚与实”等一系列空间序列的体验，其中“无形”的景观空间比“有形”的建筑空间更能创造出深刻、唯美的意境。中国传统园林以假山、绿化和建筑等形成“密”的空间，水景则形成“疏”的空间，构成疏密结合；同时，以粉墙为“实”的空间，亭榭、长廊、月洞门及花窗为“虚”的空间，构成虚实对比。人们通过对园林空间序列的体验，感受到所营造出的意境。

西方现代景观也提出“空间序列”和“空间体验”这两种设计手法。《景观设计学》一书中是这样论述“空间序列”的：“规划的序列可以是随意的，也可以是特意组织的。它可以是刻意营造的漫不经心，也可以为了某种目的而设计成高度条理化。规划过的序列是一种极为有效的设计手段，它能激发运动、指示方向、创造节奏、渲染情绪、展现或诠释空间中某个或一系列实体，甚至引发一种哲学观念……规划的序列是一种空间元素的有意义的组织，它有开始和结尾，结尾通常是高潮，当然也不尽然。有时有多个高潮。每一高潮都必须服从整个序列的完美。通过序列所提示的运动和趋势，人们会感到受某种动力驱使，令他从序列的开端向着结束运动。所以一旦开始，序列或引发的运动应有一个合理而至少让人满意的终结。”如西方现代的居住区有着丰富的空间序列，入口空间布置多层次的密植的乔木和灌木进行遮挡，形成良好的私密性。进入入口后，在建筑的前方布置疏朗的草坪，并孤植几棵乔木，凸显出建筑宏伟大气的外立面。而在建筑的庭园里则仅布置草坪，并经常修剪以保持整洁，周围设计高度约 1m 的矮墙围合成休息及活动空间。这种轻松、简洁的景观设计，体现了疏密结合与虚实对比的空间序列。

《景观设计学》一书中阐述了“空间体验”：“人们规划的不是场所，不是空间，也不是物体；人们规划的是体验——首先是确定用途或体验，其次才是对形式和质量有意识的设计，实现希望达到的效果。场所、空间或物体都根据最终目的来设计，从而提供最好的服务并表达功能，产生规划的体验。”

项目二十五

苏州留园——南厅北山的园林空间与疏密有致的院落空间

苏州留园占地面积约 3.3hm^2，分为东部、中部、西部和北部四个区。每个区都各有特色，东部为建筑及庭园，中部为山水园林，北部为田园风光，西部为山林景色。从该园的总体布局来看，东部排布了大量的建筑，是“密”的空间；中部以山水园林为主，是“疏”的空间；北部的田园景观也是“疏”的空间；西部的山林则是“密”的空间。由于该园的景点主要集中在东部和中部，因此将对这两部分着重讨论。

中部是该园景观最精彩的部分。先由南侧朴素平实的大门进入比较宽敞的前厅，然后从前厅的东侧进入狭长的走廊，其中经过约七八个天井小院，这些都是为了营造出“密”的空间感受。最后，折行向西到达“绿荫”，映入眼帘的便是主水景，有种豁然开朗的“疏”的空间感受。这一系列疏密结合的空间，营造出强烈的虚实对比效果。再分析主水景，其西北侧为太湖石搭配黄石堆筑的土石山，配以丰富的植物。另外，造园者在山上建一座六边形的“可亭”作为点睛之笔，可居高临下观赏水景。水景的东南侧布置了高低起伏的建筑群，如南岸的“明瑟楼”和“涵碧山房”等，形成“南厅北山”的环水景观格局。这一系列的园林造景都是为了让人们在观赏景观的同时感受到如何从“密”的空间过渡到“疏”的空间。总之，水景周边虚实相间且造

项目名称：苏州留园
项目地址：江苏省苏州市姑苏区留园路 338 号
摄 影 师：俞昌斌
占地面积：约 3.3hm^2

型优美的建筑群、古干虬枝的植物以及嵯峨的驳岸山石，共同形成了一幅充满意境的“江南山水画”。

从中部到东部，会发现造园者为了突出中部的山水空间，把各种功能性建筑都尽可能地集中在东部，并将它们组成高密度的空间序列。因此，东部园林中的院落空间灵活多变、安静恬适，满足了园林主人多种功能需求。基于上述分析，其庭园的大小、形式、山石花木配置、封闭或通透程度等，均可根据各个建筑的性质来形成疏密有致、虚实对比的空间。如“五峰仙馆”与“鹤所”“石林小屋”“揖峰轩”“还我读书处”等建筑都相互紧邻，但是却要经过转折的曲奥的游廊联系起来。这些游廊时而与建筑相结合，又时而开敞，与庭园和天井结合在一起，彼此渗透沟通，形成深远幽闭的空间效果。该处空间内

“冠云峰”庭园的前景为“浣云池”，背景为“冠云楼”，整体上是疏朗通透的空间，“冠云峰”成为视线对景的焦点

巨大的银杏树与“可亭”倒映在水景中

枫树的红叶与亭的一角

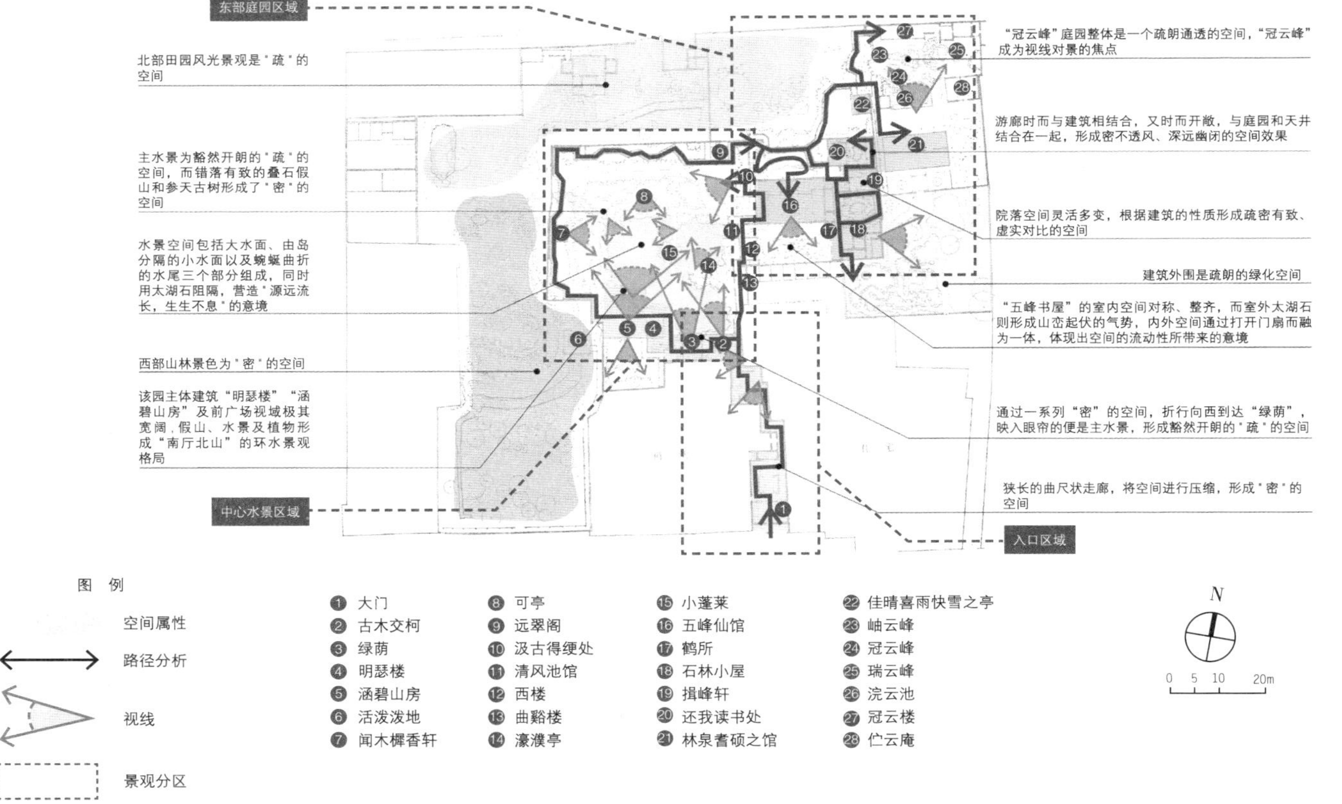
东部庭园区域
北部田园风光景观是"疏"的空间
主水景为豁然开朗的"疏"的空间，而错落有致的叠石假山和参天古树形成了"密"的空间
水景空间包括大水面、由岛分隔的小水面以及蜿蜒曲折的水尾三个部分组成，同时用太湖石阻隔，营造"源远流长，生生不息"的意境
西部山林景色为"密"的空间
该园主体建筑"明瑟楼""涵碧山房"及前广场视域极其宽阔，假山、水景及植物形成"南厅北山"的环水景观格局
中心水景区域
"冠云峰"庭园整体是一个疏朗通透的空间，"冠云峰"成为视线对景的焦点
游廊时而与建筑相结合，又时而开敞，与庭园和天井结合在一起，形成密不透风、深远幽闭的空间效果
院落空间灵活多变，根据建筑的性质形成疏密有致、虚实对比的空间
建筑外围是疏朗的绿化空间
"五峰书屋"的室内空间对称、整齐，而室外太湖石则形成山峦起伏的气势，内外空间通过打开门扇而融为一体，体现出空间的流动性所带来的意境
通过一系列"密"的空间，折行向西到达"绿荫"，映入眼帘的便是主水景，形成豁然开朗的"疏"的空间
狭长的曲尺状走廊，将空间进行压缩，形成"密"的空间
入口区域
图　例
空间属性
路径分析
视线
景观分区
1 大门
2 古木交柯
3 绿荫
4 明瑟楼
5 涵碧山房
6 活泼泼地
7 闻木樨香轩
8 可亭
9 远翠阁
10 汲古得绠处
11 清风池馆
12 西楼
13 曲谿楼
14 濠濮亭
15 小蓬莱
16 五峰仙馆
17 鹤所
18 石林小屋
19 揖峰轩
20 还我读书处
21 林泉耆硕之馆
22 佳晴喜雨快雪之亭
23 岫云峰
24 冠云峰
25 瑞云峰
26 浣云池
27 冠云楼
28 伫云庵
N
0 5 10 20m

项目空间分析图

入口区域：

留园的出入口园门

从庭园回望狭窄的走道

“古木交柯”庭园用植物作为对景

从庭园看曲折的小巷

从花窗观赏庭园的景致，起到对景的作用并营造出幽雅静谧的意境

中心水景区域：

从北侧的假山上看“绿荫轩”“明瑟楼”和“涵碧山房”等建筑，形成“南厅北山”的环水格局

从“涵碧山房”的平台眺望东侧的“曲谿楼”“小蓬莱岛”及折桥

错落有致的叠石假山和参天古树形成“密”的空间，与水景形成的“疏”的空间产生对比

“绿荫”和“明瑟楼”之间的点景绿化，红叶鲜艳，空间颇为幽静

东部庭园区域：

游廊、庭园和天井相结合，创造丰富的视觉效果和游赏路径

从游廊墙体上的方形洞口中观赏“五峰仙馆”的庭园，妙用借景手法

“五峰仙馆”北侧的庭园比较开阔，借相邻院落的植物造景，空间由“密”到“疏”，感受从紧密的建筑空间转换到开阔的庭园空间

“五峰仙馆”的室内大厅

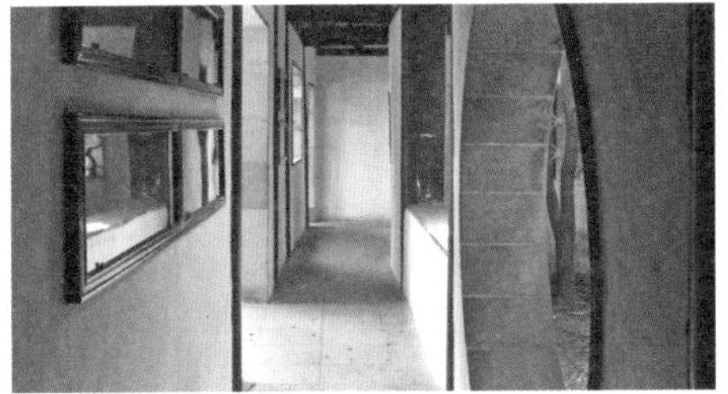

游廊与月洞门相连接，阳光照射进来形成斑驳的光影

从“五峰仙馆”的室内透过门缝观赏庭园中的石景

“石林小屋”及游廊空间紧凑而复杂，但是从院门走出，空间突然从“密”到“疏”，豁然开朗，一块开阔的绿地展现在眼前。金秋的红叶作为园林的借景，产生极强的视觉冲击力

游廊产生多个引导方向，创造出复杂多变的路径

由建筑围合而成的院落多达十二个，其中四个为庭园，八个为天井。而走出东部园林，旁边为“林泉耆硕之馆”，北侧形成“冠云峰”庭园。该庭园的前景为“浣云池”，背景为“冠云楼”，整体上是疏朗通透的空间，“冠云峰”成为视线对景的焦点。

总之，留园通过疏密空间的结合，形成了虚实对比的空间序列，使人们在游赏中便能感受这些空间的唯美意境。

项目二十六

日本东京六本木新城（Roppongi Hills in Tokyo）
——安丽娜广场、毛利庭园及66广场的三种意境体验

六本木新城作为东京最具有地标性的城市综合体之一，在景观设计方面的特点是营造出城市核心区的文化内涵，人们可在这里进行多种体验活动。而围绕着主体建筑森大厦，形成了三个相互连接的景观空间，分别是安丽娜广场、毛利庭园和66广场，它们创造出从“疏”到“密”、又从“密”到“疏”的空间序列，带给人们丰富的视觉体验。

首先进入的是位于六本木新城中央的安丽娜广场。其地面为木质地板构成的铺装，上空是多根柱子支撑的椭圆形屋顶。该地面的图案与上空相互呼应，形成椭圆形的露台。广场向舞台的方向下沉，舞台能营造出喷泉、声音和光影的变幻效果。这是一个相对疏朗的空间，可以举行约2000人的音乐会及其他大型活动，成为人与人相互交流的场所。

项目名称：日本东京六本木新城（Roppongi Hills in Tokyo）
项目地址：日本东京都港区六本木六丁目
开 发 商：六本木六丁目地区市区再开发改造协会
建筑设计：森大厦株式会社一级建筑师事务所
景观设计：凤环境咨询设计研究所
摄 影 师：泷蒲秀雄、佐佐木叶二、俞昌斌
占地面积：约 $11.6hm^2$
竣工日期：2003 年 3 月

然后走到毛利庭园。该庭园的中心为一个小型湖泊，南

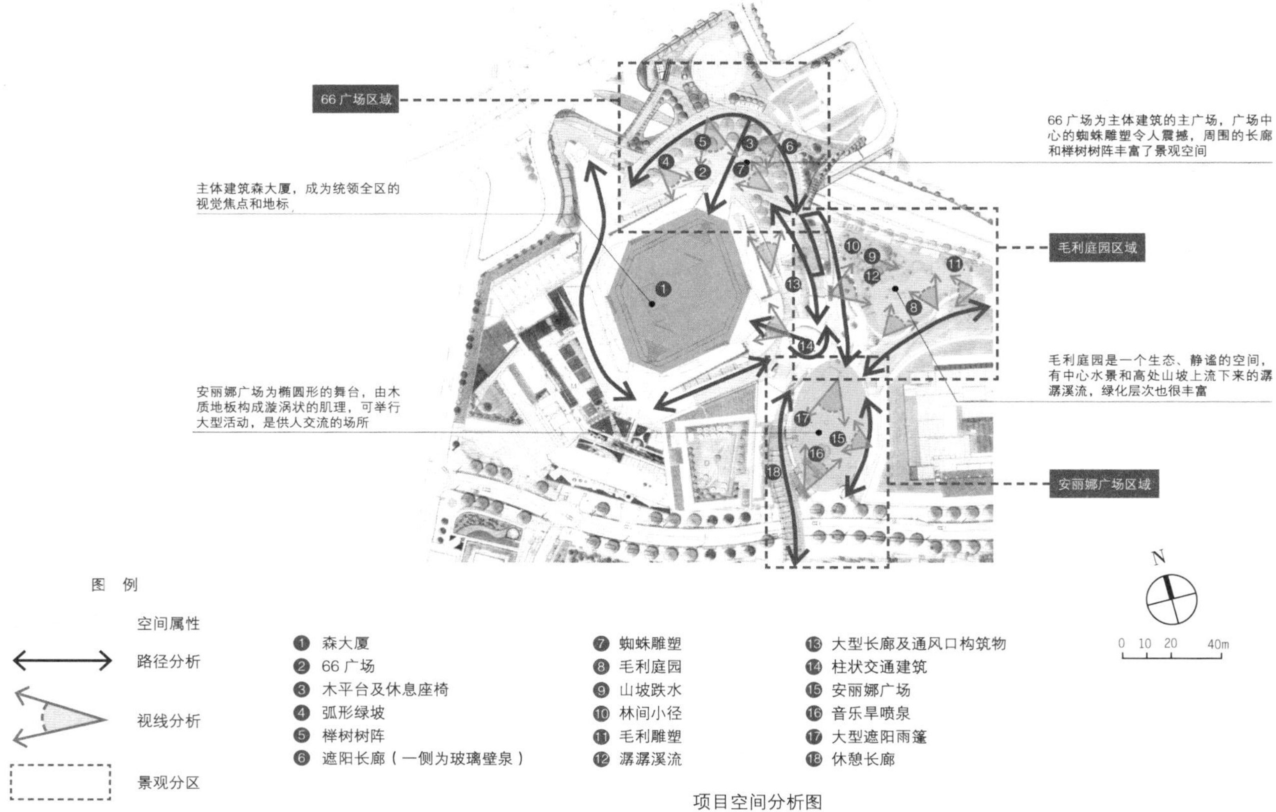

66 广场区域

66 广场为主体建筑的主广场，广场中心的蜘蛛雕塑令人震撼，周围的长廊和榉树树阵丰富了景观空间

主体建筑森大厦，成为统领全区的视觉焦点和地标

毛利庭园区域

毛利庭园是一个生态、静谧的空间，有中心水景和高处山坡上流下来的潺潺溪流，绿化层次也很丰富

安丽娜广场为椭圆形的舞台，由木质地板构成漩涡状的肌理，可举行大型活动，是供人交流的场所

安丽娜广场区域

N

0 10 20 40m

图　例

空间属性

路径分析

视线分析

景观分区

1 森大厦
2 66 广场
3 木平台及休息座椅
4 弧形绿坡
5 榉树树阵
6 遮阳长廊（一侧为玻璃壁泉）
7 蜘蛛雕塑
8 毛利庭园
9 山坡跌水
10 林间小径
11 毛利雕塑
12 潺潺溪流
13 大型长廊及通风口构筑物
14 柱状交通建筑
15 安丽娜广场
16 音乐旱喷泉
17 大型遮阳雨篷
18 休憩长廊

项目空间分析图

安丽娜广场区域：

安丽娜广场的顶部由六根柱子支撑，该广场可结合声、光、电等设备成为舞台和室外剧场

木质铺装的休息广场和舞台形成相对疏朗的空间，是供人交流和活动的场所

从毛利庭园的入口处远眺安丽娜广场

毛利庭园区域：

毛利庭园的主入口，绿化层次丰富

从高处俯瞰毛利庭园

水景的北侧形成层峦叠嶂的山坡，种植各种色彩丰富的植物，并有溪流层层流淌下来

从山坡上观赏水景及布置在水景中的石景和植物

山坡林木繁盛，浓荫蔽日，通过石板步道营造出一个生态、静谧的景观空间

66 广场区域：

俯瞰森大厦由石材与木材搭配的铺装、坡形绿地和蜘蛛雕塑所组成的广场

主广场上的蜘蛛雕塑

主广场上的坡形绿地，种植树形优美、具有季相变化的榉树

从广场走向建筑内部，空间由“疏”到“密”、由“虚”到“实”

遮阳长廊的一侧为草坡及榉树，人们的视野随之开阔

开敞的广场与遮阳长廊空间的疏密结合与虚实对比

主广场布置现代雕塑作品，榉树的红叶作为炫丽的背景

侧靠近朝日电视台种植比较低矮的灌木，人们走在湖边的小路上可以近距离观赏水景。而水景的北侧则形成层峦叠嶂的山坡，有溪水沿着山坡的石头一层层地流淌下来，周围林木繁盛，浓荫蔽日，营造出一个生态、静谧的空间，成为高质量的休息场所。

最后，从毛利庭园的山坡向上走，来到66广场。沿着一条巨大的遮阳长廊向里走，一侧是有防风功能的玻璃壁泉，延续着毛利庭园密闭的空间效果；另一侧是起伏的草坡，坡上种植多棵大榉树，秋天树叶变成金黄色，成为整个广场的视觉焦点。当走到遮阳长廊的正中间，豁然看到在广场上屹立着巨大的蜘蛛雕塑和主体建筑森大厦，空间便由“密”变“疏”，令人产生强烈的心理震撼。而走进室内，空间形态相应地从“疏”到“密”，从“虚”到“实”，成为精致、温馨的工作场所。

总之，六本木新城的景观设计通过一系列疏密空间的结合，形成虚实对比的效果和丰富多彩的空间意境，给人留下深刻的印象。

通过对上述两个项目的对比，总结如下：

第一，从空间营造的作用来看，空间序列的体验是人与景观进行交流，并产生共鸣的过程。意境体验则是让人通过景观设计，感受场地传达出的艺术、美学与历史文化。

第二，从空间营造的手法来看，上述两个项目都有着非常复杂的空间序列，风景园林师先将它们分解为若干个相对简单的小空间，然后通过空间布局和路径引导令人产生对空间序列有意识地体验。

第三，从空间营造的材料与细部来看，中国传统园林通过在连接部位营造出空间的对比、过渡与转折，形成丰富多变的空间序列。而西方现代景观的空间大多与建筑结合在一起，其空间序列通过曲折的路径引导联系起来，让人们在行走中体验空间的艺术性、历史文化及丰富的功能，达到空间上的和谐。

2. 源于中国的现代景观空间营造

由于人们对空间序列的印象来源于曾有过的体验，所以一般会下意识地回忆起曾经感受过的经历。因此，通过空间序列的变化形成一连串对于场地整体的空间体验。当然，空间序列既有循序渐进的，也有强烈对比的，这两种空间序列会带来不一样的观景体验。从空间营造的手法来说，在空间形态上减少使用烦琐的元素，多使用现代的矮墙、孔洞、水景和植物等元素进行组合，通过植物和构筑物来共同形成疏密结合与虚实对比的空间效果。另外，景观意境是空间营造的最高境界，其深奥之处就在于它的不确定性以及它所代表的可能性和创造性。景观意境不是一目了然的，而是要靠人们去感悟那些通过材料和细部所营造出来的空间以及空间所带给人们的体验。

项目二十七

宁波万科白石湖东示范区——看山观湖、咏松听雨的湖畔生活

宁波万科白石湖东示范区地处东钱湖白石仙坪山北侧地块，场地的自然条件得天独厚。该场地前眺东钱湖，三面环山，一面临水，南临环湖路。占地面积约 15hm^2 的山地，仅开发建设百余栋极为稀缺的高端别墅。该示范区位于山地的东南侧，占地面积约 2hm^2，人们可从会所处远眺东钱湖，目之所及烟波浩瀚，山峦叠嶂，林屋隐现，意境优雅。

针对该项目的观景体验，主要设计以下四点：

第一，“静谧闲适”的意境。在悬瀑之院中，通过木质与石材铺装的切换，以及绿岛对空间的分隔，并结合建筑营造，以及用不锈钢打造成瓦片雕塑的细节把控，景观设计与建筑设计共同营造出亲切放松、自然与城市共融的氛围。

项目名称：宁波万科白石湖东示范区
项目地址：浙江省宁波市鄞州区白石仙坪
开 发 商：宁波万湖置业有限公司
景观设计：上海易亚源境景观设计有限公司（YAS DESIGN）
摄 影 师：金笑辉、沈忠海
占地面积：2hm^2
竣工日期：2018 年

第二，“借景自然山水”

的意境。在会所建筑的二层，望向东钱湖，湖光潋滟、山色空濛。而从东钱湖远眺该项目的建筑与景观，掩映于灵山秀水之中，蹁跹飞舞，让人赞叹不已。

第三，“仪式感”的意境。由园入山，是山间望远与俯仰之间的雅趣。人们从入口进入，跨过一处圆形水景，寻径而入山。通过森林夹道、山轩与折巷，走上一座飞桥，然后进入建筑之中。涉水登山时有山水间雅趣，小歇可远观东钱湖，树影斑驳之间俯瞰整个商业街区，抬头则仰望群山与森林。从山林之中的廊道内也可以忽隐忽现地看到山下的建筑群和远处的东钱湖。在喧嚣的都市之中，置身于这一处静谧隐逸之地，酌一杯暖茶，沐浴阳光，听风、望山、瞰湖、嬉水，以优雅的姿态，观湖山之气魄。

第四，“材料、细部反差对比”的意境。在市政路至该项目短短 30m 的距离中存在 1.2m 的地形高差，为层层递进的入口迎宾空间。而悬桥作为两个空间的连接，也是正式进入建筑空间的启幕。入口合院空间大面留白，U 形玻璃景墙与白砂石墙体形成轻与重、薄与厚的材质对比，而且人们的活动也成为空间中的景致。作为背景的竹林与前景的造型黑松在光影变换间体现出时光与自然所承载的美。而在登山的过程中坐于仙棋轩，长廊与原生树之间相互穿插，将真实的山水情趣凝练，令“游观”与“静观”结合。

总之，该项目通过参观动线和体验场景的不断转换，将自然作为巧妙的借景元素，以“负景观”的设计形式，让现代感与自然感随意切换。人们在现代感的景观和自然湖山的环境间体验“居尘出尘、入世出世”的意境，感悟人生的经历和哲理。

通过上述三个项目，总结如下：

第一，从空间营造的主题来看，设定丰富的空间序列，是为了营造高雅的意境。意境不仅要像中国传统园林那样追求人造自然，而且要追求真正的自然，让人融入自然之中。

第二，从空间营造的手法来看，首先，要根据每个项目不同的要求及特性，因地制宜地营造它的亮点；其次，空间序列的体验要以人为本，合理规划；最后，分析空间序列的疏与密、虚与实、藏与露，进行空间布局和路径引导，让人们通过体验来感知空间序列所要表达的意境。

第三，意境的营造可使用多种类型的材料，如天然材料以及人工材料都能成为现代景观设计的元素，也都能很好地体现出场地的意境。

鸟瞰该项目

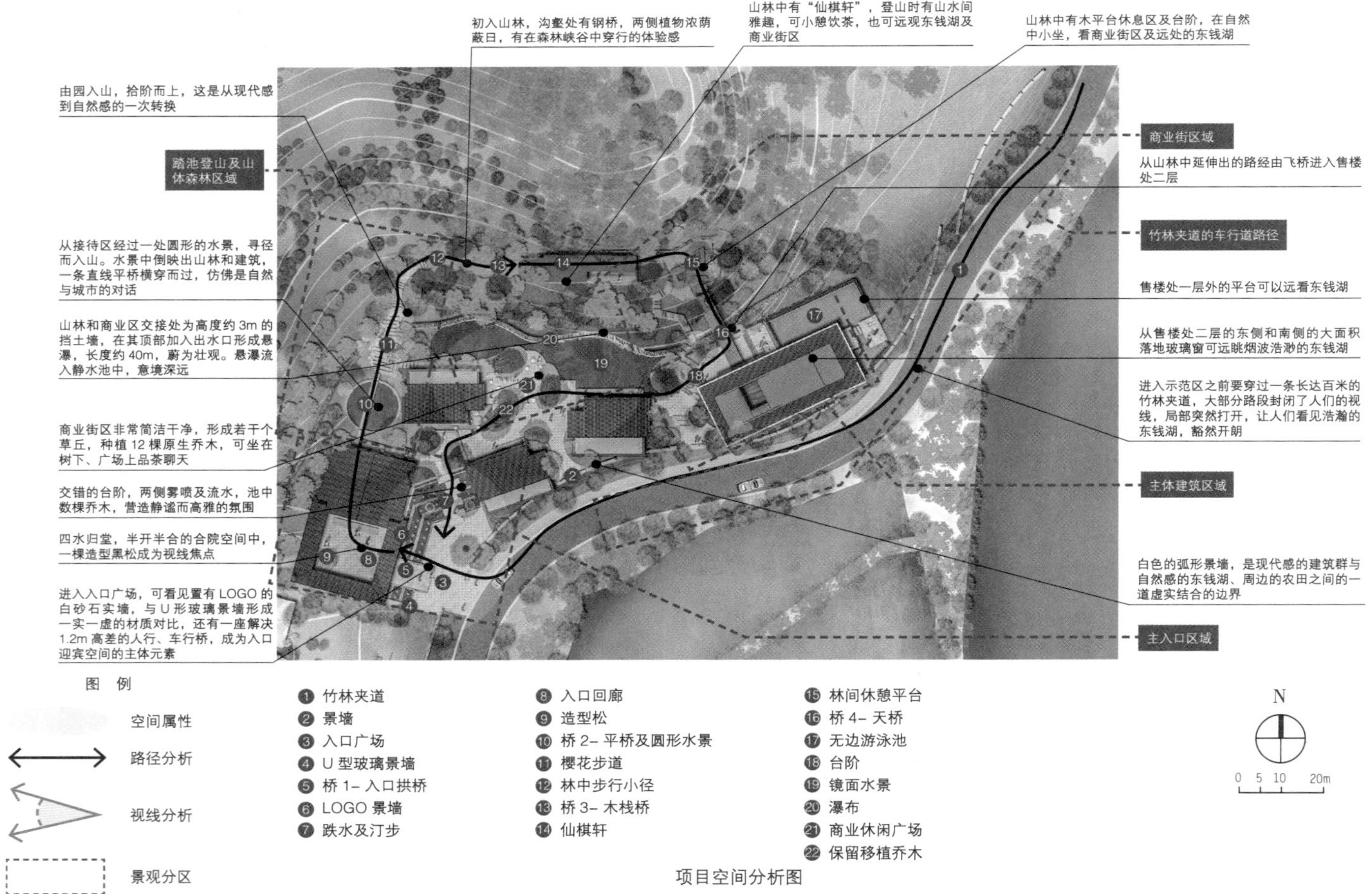
初入山林，沟壑处有钢桥，两侧植物浓荫蔽日，有在森林峡谷中穿行的体验感
山林中有“仙棋轩”，登山时有山水间雅趣，可小憩饮茶，也可远观东钱湖及商业街区
山林中有木平台休息区及台阶，在自然中小坐，看商业街区及远处的东钱湖
由园入山，拾阶而上，这是从现代感到自然感的一次转换
踏池登山及山体森林区域
从接待区经过一处圆形的水景，寻径而入山。水景中倒映出山林和建筑，一条直线平桥横穿而过，仿佛是自然与城市的对话
山林和商业区交接处为高度约 3m 的挡土墙，在其顶部加入出水口形成悬瀑，长度约 40m，蔚为壮观。悬瀑流入静水池中，意境深远
商业街区非常简洁干净，形成若干个草丘，种植 12 棵原生乔木，可坐在树下、广场上品茶聊天
交错的台阶，两侧雾喷及流水，池中数棵乔木，营造静谧而高雅的氛围
四水归堂，半开半合的合院空间中，一棵造型黑松成为视线焦点
进入入口广场，可看见置有 LOGO 的白砂石实墙，与 U 形玻璃景墙形成一实一虚的材质对比，还有一座解决 1.2m 高差的人行、车行桥，成为入口迎宾空间的主体元素
商业街区域
从山林中延伸出的路经由飞桥进入售楼处二层
竹林夹道的车行道路径
售楼处一层外的平台可以远看东钱湖
从售楼处二层的东侧和南侧的大面积落地玻璃窗可远眺烟波浩渺的东钱湖
进入示范区之前要穿过一条长达百米的竹林夹道，大部分路段封闭了人们的视线，局部突然打开，让人们看见浩瀚的东钱湖，豁然开朗
主体建筑区域
白色的弧形景墙，是现代感的建筑群与自然感的东钱湖、周边的农田之间的一道虚实结合的边界
主入口区域
图 例
空间属性
路径分析
视线分析
景观分区
1 竹林夹道
2 景墙
3 入口广场
4 U 型玻璃景墙
5 桥 1– 入口拱桥
6 LOGO 景墙
7 跌水及汀步
8 入口回廊
9 造型松
10 桥 2– 平桥及圆形水景
11 樱花步道
12 林中步行小径
13 桥 3– 木栈桥
14 仙棋轩
15 林间休憩平台
16 桥 4– 天桥
17 无边游泳池
18 台阶
19 镜面水景
20 瀑布
21 商业休闲广场
22 保留移植乔木
N
0 5 10 20m

项目空间分析图

竹林夹道的车行道路径：

从东钱湖来到示范区入口，精神堡垒伫立于此

进入会所之前要穿过一条长达百米的竹林夹道，地势高低起伏

白色的弧形景墙成为建筑群和东钱湖之间虚实结合的边界

主入口区域：

悬桥作为两个空间连接的线索，解决了场地 1.2m 的高差

入口 LOGO 景墙，白砂石与水池黑色石材形成鲜明的对比

交错的阶梯搭配跌水水景，营造静谧的氛围

半开半围的合院空间

踏池登山及山体森林区域：

U 形玻璃景墙搭配精挑细选的造型黑松

由园入山，是山间望远与俯仰之间的雅趣

采用开敞式空间布局，建筑与松树成为空间的主要元素

登山时有亭廊可供游人小歇可远观东钱湖

从接待中心跨过圆形水景，寻径而入山

树影斑驳之间俯瞰整个商业街区，抬头则仰望群山与森林

主体建筑区域：

山中有夹道、山轩与折巷，都掩映于森林之中

从山上下来有一座飞桥与售楼处相连，游人体验到从自然景观过渡到建筑之中

售楼处一层设置无边游泳池，站在此处东钱湖美景尽收眼底

站在售楼处二层，窗外景观与东钱湖、建筑、森林融为一体

商业内街区域：

从售楼处通过商业街区走向样板房，会经过悬瀑空间和绿岛空间

通过铺装的切换以及绿岛空间的分隔，营造出亲切放松、自然与城市风格共融的氛围

商业街区亲人的尺度、精致的绿植，结合少量外摆，展示出高雅隽永的意境

第五章

实操项目分析

本章梳理出景观设计的目标、要求及内容，提出“描图、画分析图、默写、冥想、实地与图样对照、总结”六个步骤来提高景观设计的能力。最后，通过天津格调竹境、格调林泉、格调松间北里这三个项目来探讨将“材料、细部及空间营造”这三个部分结合在一起的景观设计方法。

在谈空间营造的时候，很难立刻判断其设计风格及手法，由此感觉景观空间营造是很虚幻、很难捉摸的东西。因此，本书把材料细部（景观“表皮”）和空间营造（景观“内核”）展现出来，梳理出一整套景观设计的目标、内容、步骤及方法，最后探讨如何提高景观设计的能力。

当前景观设计的目标就是：满足功能需要、提供活动场所、表达文化内涵及营造意境。因此，景观设计需要两方面的能力：一方面是逻辑性；另一方面是创造力和想象力。这两方面结合在一起，才能创造出有特色的景观空间。景观设计从逻辑性方面来说，就是发现问题、分析问题及解决问题的过程。对场地进行图解分析，结合对场地现状的逻辑推理，并发挥创造力和想象力，就能营造出丰富的景观空间，做好景观设计。

那么，该如何通过学习来提高景观设计的能力呢？

作者根据以往的经验，提出以下六个步骤，可分步练习，也可结合练习。通过练习，能有效地提高景观设计的能力。

序号	步骤	内容
1	描图	用拷贝纸或硫酸纸覆盖在某项目的图样上进行描摹。重点在于分析这些图样的整体空间构思及局部细部特色。思考该项目为什么这么设计，巧妙在哪里，该如何借鉴
2	研究分析图	对项目的图样进行研究，如交通分析图、视线分析图、功能分析图、植物分析图等，逐步理清设计师的逻辑，充分理解其景观空间营造的方法
3	默写	俗语说“熟读唐诗三百首，不会作诗也会吟”，就是指通过强化记忆将设计图样深刻地记在大脑之中。当有类似的项目要进行设计时，能迅速回忆起来，并有所创新和突破
4	冥想	想象自己在项目的景观中游走，分析每一个节点是怎样的，用了什么细部、什么材料、什么植物，该空间有什么特色，通过这种方法，来想象游赏该景观的感受
5	实地与图样对照	对图样基本了然于胸，然后可以到项目的实地进行游赏，并携带图样进行对照，这样才能了解图样建成后的实际效果，也就知道哪些设计是效果好的，要继续改进使用；哪些设计是效果不好的，尽量不要再使用了
6	总结	总结该项目设计的理念、方法、特色及优缺点等，使自己将来能借鉴并有所创新

项目二十八

天津格调竹境——庭园、山水与街巷的现代演绎

天津格调竹境项目位于天津市河东区，由五栋十八层及九栋二十四至三十层的点式高层住宅楼组成。于2007年开始该项目的景观设计，于2011年底竣工。该项目的建筑风格为现代中国风，布局划分为东西两大组团，由南北向的中央步行道对这两个组团空间进行贯穿和衔接，同时注重了该项目景观的均好性。该项目的景观设计通过以下六点来详述。

第一，从景观空间的属性来看，风景园林师首先把西入口与南入口设计成外向型的景观空间，给人具有震撼性的第一印象，以充分展示该项目的景观效果。然后把西侧的几个宅间绿地设计成内向型的庭园空间，考虑到该区域在地下车库的顶板之上覆土和种植颇有难度，因此设计为“琴”“棋”“书”“画”四个庭园。由于东侧没有地下车库，因此设计了大面积的山体绿地及水景作为外向型的开放空间，让人们可以在其中自由地散步、坐憩和交流。而东、西两侧的景观空间通过南北向的轴线大道进行连接和过渡。这样，风景园林师通过内、外向空间的划分，明确了景观空间的功能。

第二，从景观空间的形态来看，该项目以“竹”为主题，营造高雅的格

总体规划效果图

鸟瞰该项目建成实景

项目名称：天津格调竹境
项目地址：天津市河东区中山门四号路与虎丘路交口
开 发 商：天津泰达建设集团格调房地产开发有限公司
建筑设计：中天建筑设计（天津）有限公司
景观设计：上海易亚源境景观设计有限公司（YAS DESIGN）
摄 影 师：俞昌斌、茅立群、张君等
占地面积：8.2hm²
竣工日期：2011年底

调。在售楼期间，场地南侧主入口的会所作为售楼处，购房者要通过曲折又狭长的竹林小路到达售楼处的门口，这是人们对楼盘的第一印象。然后，从售楼处通过景观长廊，上楼梯到二楼样板房。经过曲折狭长的空间之后，便能看到整个居住区的景观中轴：开阔自然的绿化、结合地形的草坡森林、平静的湖泊以及四季变化的色叶植物等。这一系列的空间体验让人们感受到曲奥空间与开敞空间的先抑后扬、豁然开朗。

第三，从平面路径来看，该项目以南北方向的中轴大道为主，引导人们从南向北进入居住区，然后走向东西两侧进入各住宅楼的出入口及景观区，实现人群的分流和渗透。向东侧的路径引导人们登上起伏的山坡，并通过廊道和木栈道进入水景区和草坡森林区；向西侧的路径引导人们进入住宅楼的出入口以及“琴”“棋”“书”“画”四个庭园。

第四，从竖向路径来看，为了体现在该项目东侧草坡森林区的景观效果，风景园林师用现代中国风的廊架贯穿整个地形起伏的绿地空间。廊架用折

高层住宅楼的建成实景

线的形式，并随地形高低起伏、蜿蜒曲折，一会儿形成观赏水景的亲水平台，一会儿靠近休息活动区成为该区域的背景。该廊架用钢结构、木格栅及竹材相结合制成，既生态又有中国韵味。同时，该廊架有意与场地中保留的乔木结合在一起，让乔木从廊架的空隙中生长出来。而且，在廊架两侧还种植着爬藤植物，一年四季爬满瓜果藤蔓，营造出自然生态的景观效果。人们在其中散步，既可遮阴避暑，又有丰富的景观可以观赏。该项目通过竹的元素来塑造现代中国风的亭廊，并与起伏的山坡地形相结合，共同塑造出生态自然的环境。

第五，从借景的方面分析，风景园林师在“琴园”中将琴弦抽象成线性的设计语言，通过瀑布水景体现音律意境；在“棋园”中以白砂池和绿岛来围合代表“棋盘”的广场，以白色与黑色的石材雕刻成桌椅的形状来表示“棋子”，隐喻这是一场未完待续的“棋局”；在“书园”中结合地下车库出入口布置“书香馆”，建筑灵感来源于留园的“林泉耆硕之馆”，风景园林师将“冠云”“岫云”及“瑞云”三座石峰也置于园中；在“画园”中让人们每走到一个景点，都能通过月洞门或方形的孔洞看到一幅“框景”所形成的真实画境。该项目中的“四园”就是通过借景的手法来营造景观空间，让人去体验其中的格调及文化内涵。

第六，从意境体验的角度来看，该项目有四个重要的景观空间通过疏密对比和巧妙结合让人们体验到丰富的意境。首先，东侧水景的“疏”与草坡森林的“密”形成对比，表达了流水潺潺、鸟语花香的山水意境；其次，“瓦园”（为保留场地原有的一棵百年旱柳用瓦片铺砌的园子）的“疏”与草坡森林的“密”形成对比，表达了中国传统文化的内涵与生态自然的相互交融；另外，从中轴大道可看到，东侧草坡森林的“疏”与西侧庭园的“密”形成对比，表现出充满情趣的现代居住格调；最后，西入口、南入口的“密”与中轴大道的“疏”形成对比，使景观与建筑共同创造出和谐的人居环境。

关于材料和细部简述如下：

该项目的水景细部有人工水景和自然水景之分。南入口处的镜面水景，摆放了一尊花朵雕塑及水中汀步，在建筑的下方局部为瓦片池底结合鱼群雕塑的布置。西入口庭园也有一池浅水，里面种植荷花及睡莲，长廊、轩及挑

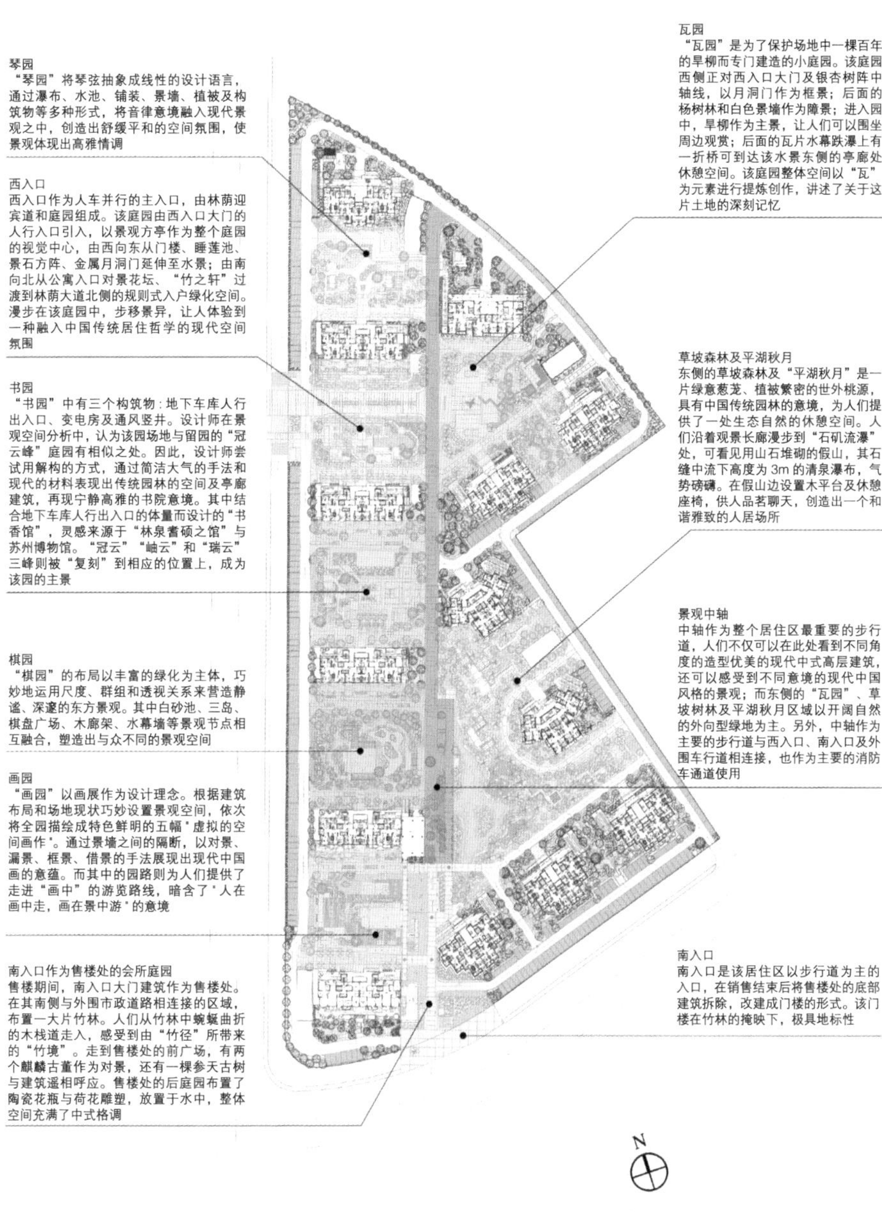
琴园
“琴园”将琴弦抽象成线性的设计语言，通过瀑布、水池、铺装、景墙、植被及构筑物等多种形式，将音律意境融入现代景观之中，创造出舒缓平和的空间氛围，使景观体现出高雅情调
西入口
西入口作为人车并行的主入口，由林荫迎宾道和庭园组成。该庭园由西入口大门的人行入口引入，以景观方亭作为整个庭园的视觉中心，由西向东从门楼、睡莲池、景石方阵、金属月洞门延伸至水景；由南向北从公寓入口对景花坛、“竹之轩”过渡到林荫大道北侧的规则式入户绿化空间。漫步在该庭园中，步移景异，让人体验到一种融入中国传统居住哲学的现代空间氛围
书园
“书园”中有三个构筑物：地下车库人行出入口、变电房及通风竖井。设计师在景观空间分析中，认为该园场地与留园的“冠云峰”庭园有相似之处。因此，设计师尝试用解构的方式，通过简洁大气的手法和现代的材料表现出传统园林的空间及亭廊建筑，再现宁静高雅的书院意境。其中结合地下车库人行出入口的体量而设计的“书香馆”，灵感来源于“林泉耆硕之馆”与苏州博物馆。“冠云”“岫云”和“瑞云”三峰则被“复刻”到相应的位置上，成为该园的主景
棋园
“棋园”的布局以丰富的绿化为主体，巧妙地运用尺度、群组和透视关系来营造静谧、深邃的东方景观。其中白砂池、三岛、棋盘广场、木廊架、水幕墙等景观节点相互融合，塑造出与众不同的景观空间
画园
“画园”以画展作为设计理念。根据建筑布局和场地现状巧妙设置景观空间，依次将全园描绘成特色鲜明的五幅“虚拟的空间画作”。通过景墙之间的隔断，以对景、漏景、框景、借景的手法展现出现代中国画的意蕴。而其中的园路则为人们提供了走进“画中”的游览路线，暗含了“人在画中走，画在景中游”的意境
南入口作为售楼处的会所庭园
售楼期间，南入口大门建筑作为售楼处。在其南侧与外围市政道路相连接的区域，布置一大片竹林。人们从竹林中蜿蜒曲折的木栈道走入，感受到由“竹径”所带来的“竹境”。走到售楼处的前广场，有两个麒麟古董作为对景，还有一棵参天古树与建筑遥相呼应。售楼处的后庭园布置了陶瓷花瓶与荷花雕塑，放置于水中，整体空间充满了中式格调
瓦园
“瓦园”是为了保护场地中一棵百年的旱柳而专门建造的小庭园。该庭园西侧正对西入口大门及银杏树阵中轴线，以月洞门作为框景；后面的杨树林和白色景墙作为障景；进入园中，旱柳作为主景，让人们可以围坐周边观赏；后面的瓦片水幕跌瀑上有一折桥可到达该水景东侧的亭廊处休憩空间。该庭园整体空间以“瓦”为元素进行提炼创作，讲述了关于这片土地的深刻记忆
草坡森林及平湖秋月
东侧的草坡森林及“平湖秋月”是一片绿意葱茏、植被繁密的世外桃源，具有中国传统园林的意境，为人们提供了一处生态自然的休憩空间。人们沿着观景长廊漫步到“石矶流瀑”处，可看见用山石堆砌的假山，其石缝中流下高度为3m的清泉瀑布，气势磅礴。在假山边设置木平台及休憩座椅，供人品茗聊天，创造出一个和谐雅致的人居场所
景观中轴
中轴作为整个居住区最重要的步行道，人们不仅可以在此处看到不同角度的造型优美的现代中式高层建筑，还可以感受到不同意境的现代中国风格的景观；而东侧的“瓦园”、草坡树林及平湖秋月区域以开阔自然的外向型绿地为主。另外，中轴作为主要的步行道与西入口、南入口及外围车行道相连接，也作为主要的消防车通道使用
南入口
南入口是该居住区以步行道为主的入口，在销售结束后将售楼处的底部建筑拆除，改建成门楼的形式。该门楼在竹林的掩映下，极具地标性
N
0 10 20 40m

空间布局分析图

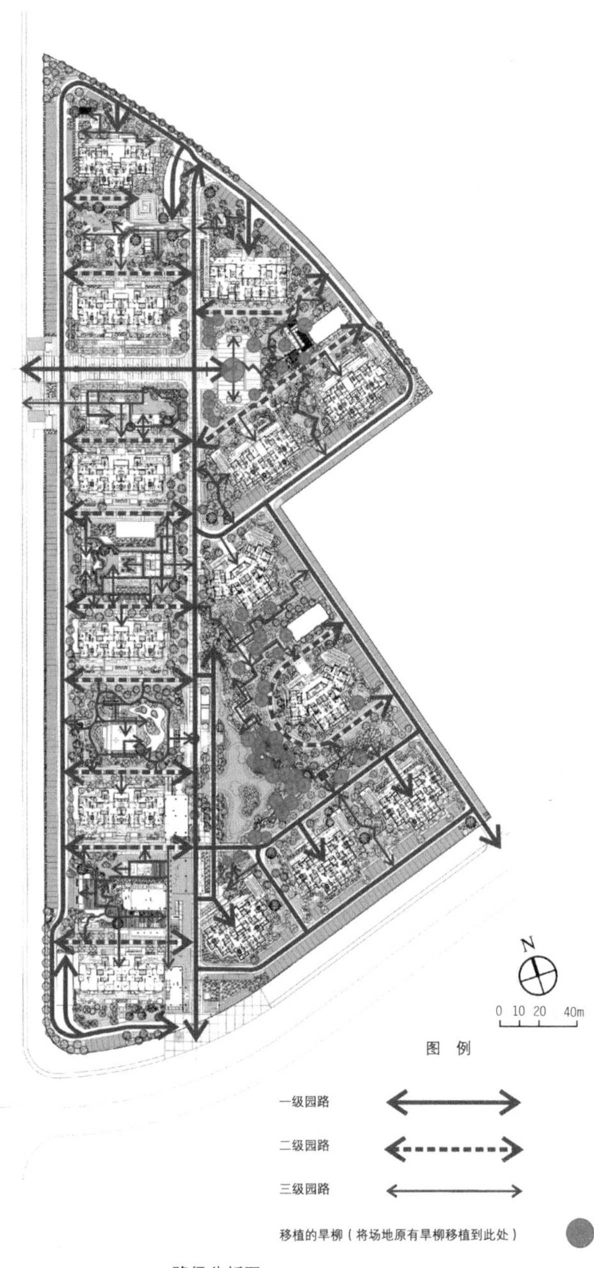

路径分析图

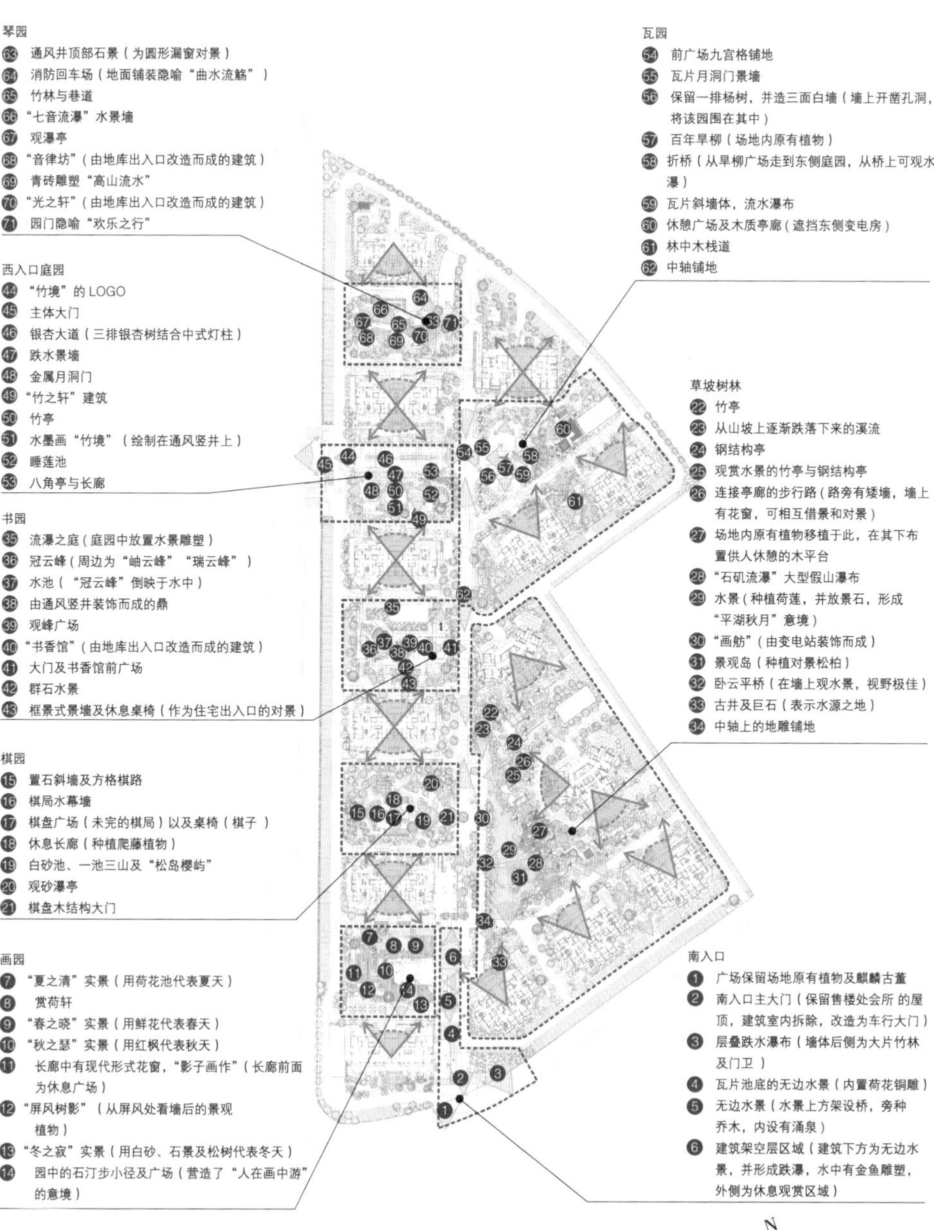
琴园
63 通风井顶部石景（为圆形漏窗对景）
64 消防回车场（地面铺装隐喻“曲水流觞”）
65 竹林与巷道
66 “七音流瀑”水景墙
67 观瀑亭
68 “音律坊”（由地库出入口改造而成的建筑）
69 青砖雕塑“高山流水”
70 “光之轩”（由地库出入口改造而成的建筑）
71 园门隐喻“欢乐之行”
西入口庭园
44 “竹境”的LOGO
45 主体大门
46 银杏大道（三排银杏树结合中式灯柱）
47 跌水景墙
48 金属月洞门
49 “竹之轩”建筑
50 竹亭
51 水墨画“竹境”（绘制在通风竖井上）
52 睡莲池
53 八角亭与长廊
书园
35 流瀑之庭（庭园中放置水景雕塑）
36 冠云峰（周边为“岫云峰”“瑞云峰”）
37 水池（“冠云峰”倒映于水中）
38 由通风竖井装饰而成的鼎
39 观峰广场
40 “书香馆”（由地库出入口改造而成的建筑）
41 大门及书香馆前广场
42 群石水景
43 框景式景墙及休息桌椅（作为住宅出入口的对景）
棋园
15 置石斜墙及方格棋路
16 棋局水幕墙
17 棋盘广场（未完的棋局）以及桌椅（棋子）
18 休息长廊（种植爬藤植物）
19 白砂池、一池三山及“松岛樱屿”
20 观砂瀑亭
21 棋盘木结构大门
画园
7 “夏之清”实景（用荷花池代表夏天）
8 赏荷轩
9 “春之晓”实景（用鲜花代表春天）
10 “秋之瑟”实景（用红枫代表秋天）
11 长廊中有现代形式花窗，“影子画作”（长廊前面为休息广场）
12 “屏风树影”（从屏风处看墙后的景观植物）
13 “冬之寂”实景（用白砂、石景及松树代表冬天）
14 园中的石汀步小径及广场（营造了“人在画中游”的意境）
瓦园
54 前广场九宫格铺地
55 瓦片月洞门景墙
56 保留一排杨树，并造三面白墙（墙上开凿孔洞，将该园围在其中）
57 百年旱柳（场地内原有植物）
58 折桥（从旱柳广场走到东侧庭园，从桥上可观水瀑）
59 瓦片斜墙体，流水瀑布
60 休憩广场及木质亭廊（遮挡东侧变电房）
61 林中木栈道
62 中轴铺地
草坡树林
22 竹亭
23 从山坡上逐渐跌落下来的溪流
24 钢结构亭
25 观赏水景的竹亭与钢结构亭
26 连接亭廊的步行路（路旁有矮墙，墙上有花窗，可相互借景和对景）
27 场地内原有植物移植于此，在其下布置供人休憩的木平台
28 “石矶流瀑”大型假山瀑布
29 水景（种植荷莲，并放景石，形成“平湖秋月”意境）
30 “画舫”（由变电站装饰而成）
31 景观岛（种植对景松柏）
32 卧云平桥（在墙上观水景，视野极佳）
33 古井及巨石（表示水源之地）
34 中轴上的地雕铺地
南入口
1 广场保留场地原有植物及麒麟古董
2 南入口主大门（保留售楼处会所 的屋顶，建筑室内拆除，改造为车行大门）
3 层叠跌水瀑布（墙体后侧为大片竹林及门卫）
4 瓦片池底的无边水景（内置荷花铜雕）
5 无边水景（水景上方架设桥，旁种乔木，内设有涌泉）
6 建筑架空层区域（建筑下方为无边水景，并形成跌瀑，水中有金鱼雕塑，外侧为休息观赏区域）
N
0 10 20 40m

观景体验分析图

从镜面水景向居住区南入口外侧看的景观

以步行道为主的入口，在销售结束后将售楼处建筑底部拆除，改建成门楼的形式，该门楼开启了中央景观步行道的序幕

从镜面水景向居住区内部看的景观

会所建筑与原有植物一起组成居住区南入口的第一处景观

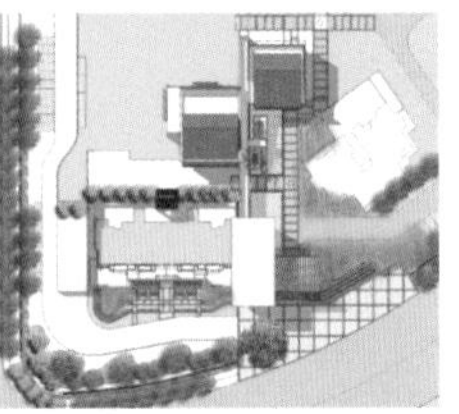

南入口平面图

鸟瞰“画园”实景

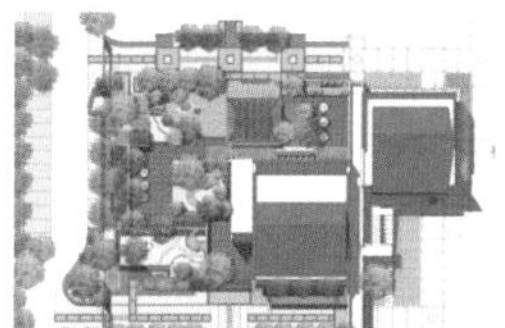

“画园”平面图

枯山水景观与景观门扇一起形成别具一格的景观节点

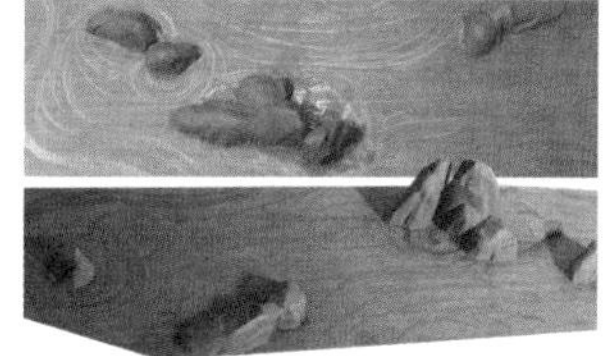

枯山水景观

会所架空层前精致的枯山水景观，隐喻“山色空蒙”的意境

该亭是对中国传统园林的亭子进行解构和创新，为居住区的人们提供休憩的场所

方亭顶部木格栅的影子均匀地投射在白墙上，而墙上的花窗作为借景的元素，将远处的植物景观框在其中

阳光透过现代形式的花窗，绘制出颇具特色的“影子画作”

鸟瞰“棋园”实景，黑白桌椅及方格铺装代表围棋的棋子与棋盘

方形植草砖和卵石格形成前景，长条形草坪和石材铺装形成中景，白砂池中的置石形成远景。侧面是两堵斜墙，作为该景观节点的背景

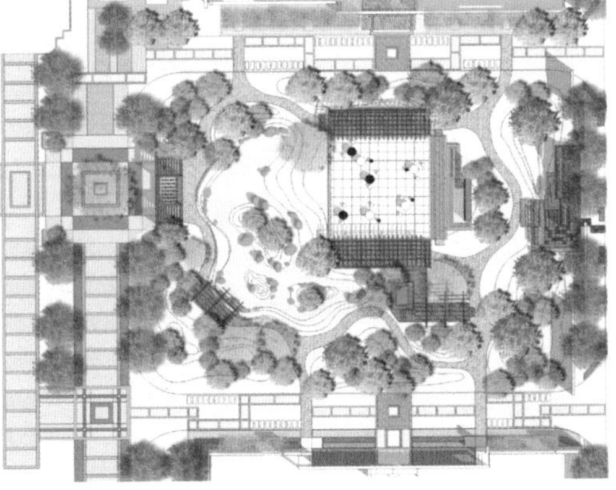

“棋园”平面图

“书园”营造出院落的空间层次和意境，架设于该庭园的长廊连接不同的院落空间

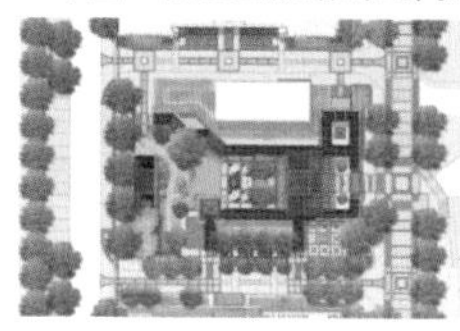

“书园”平面图

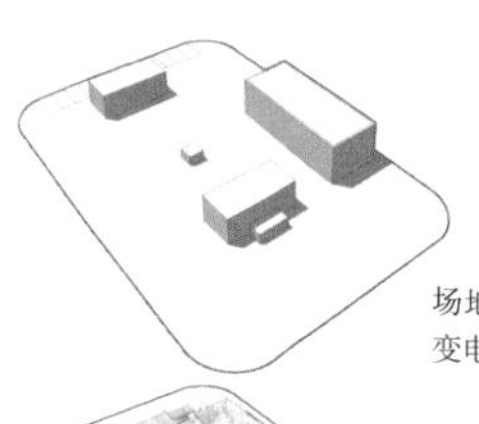

场地中地下车库出入口、变电房及通风竖井的位置

苏州留园的“冠云峰”庭园

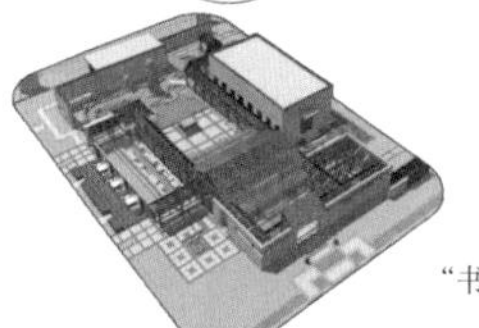

“书园”空间布局的整体效果

书园空间营造分析图

回廊的木格栅屋顶与钢结构梁柱所围合的"流瀑之庭"，展示出光与影、水与声的意境

可从“书香馆”主入口的圆形玻璃窗中看到远处作为对景的假山，侧面是流瀑之庭

表达“书园”意境的手绘图

建成后的“书园”中庭，通过连廊围合成主要的休憩场地，在中心位置置石、凿池、植睡莲，形成对景

“书香馆”正门的圆形玻璃窗结合白墙上整齐的格栅光影，令整体空间颇具禅意

“书园”中庭南面在长廊的两段支廊之间设计了群石水景，象征着海河奔流不止的意境

框景式景墙作为出入口的对景，“画框”一侧是优雅的茶座区，另一侧是宁静的群石水景

阳光从西入口庭园的“竹之轩”上方照射下来，其顶部钢构架的光影洒在立面的木格栅墙体及地面，形成强烈的视觉震撼

钢梁与木格栅屋顶相结合的方式，创造出有趣而丰富的光影效果

连廊使用了钢结构梁柱与木格栅屋顶

西入口庭园通过现代的亭台楼阁和长廊元素，营造出风格统一的景观效果

由连廊、竹之轩及八角亭围合的荷花池，展现出典型的中国传统园林意境

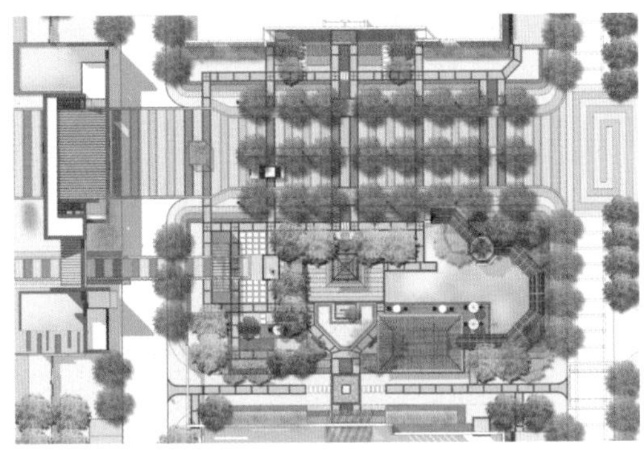

西入口庭园平面图

鸟瞰“琴园”中的高雅琴韵空间

融入了冰裂纹图案的金属月洞门，中部从固定的钢丝上向下流水

“琴园”平面图

通风竖井顶部用片石造景，使之成为圆形漏窗的对景

采用青砖设计而成的景观小品，表达出琴音的节奏与韵律

将场地原有植物移植过来，并调整地形，堆叠成东侧的草坡森林和水景

鸟瞰亭廊、景墙及道路

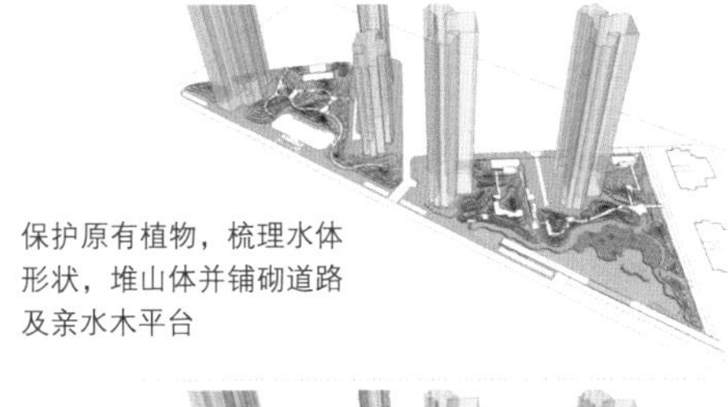

保护原有植物，梳理水体形状，堆山体并铺砌道路及亲水木平台

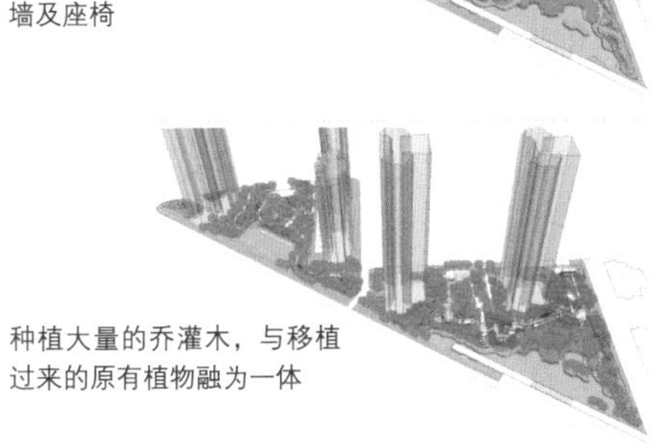

在道路周边布置亭廊、景墙及座椅

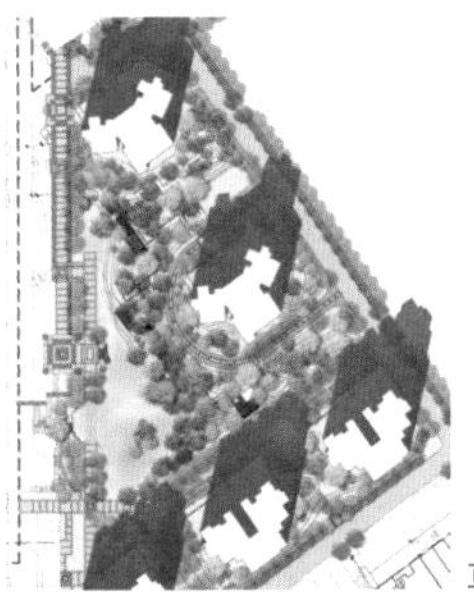

草坡森林区域平面图

种植大量的乔灌木，与移植过来的原有植物融为一体

草坡森林的建设过程

精心布置的石质驳岸，结合水生植物，为湖面增添了自然野趣

营造“平湖秋月”意境的水景和城市山林的坡地形态

在游赏的行进路线中，亭廊成为重要的空间节点，可借景和框景

该园的主景为叠瓦所形成的瀑布水景、木桥以及保留的百年旱柳

亭的立面、亭顶和钢结构柱，将远处景色框起来作为对景

在售楼期间，人们穿过竹林中的木栈道来到售楼处，有一种“渐入竹境”的感觉

亭的立面和钢结构柱在白墙和木地板上留下整齐的光影

售楼处的正门，拆除掉可成为车行道

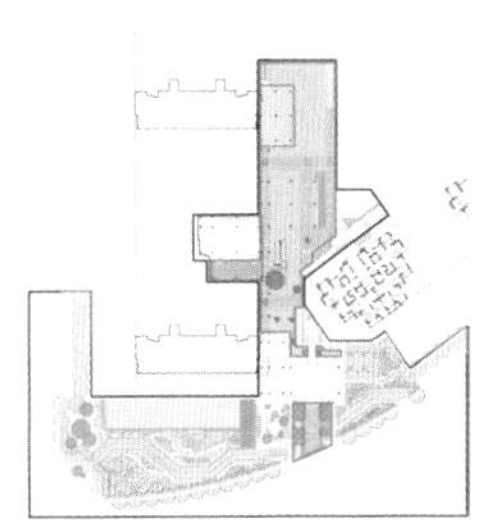
售楼期间的示范区平面图

售楼处水景中的雕塑作为对景

入水面的汀步都围绕着该水景，很有生活的闲情雅趣。“琴园”的跌水瀑布，用黑色石材作为铺装，营造出“七音流瀑”。而东侧的天然山水高度约 3m，将场地原生旱柳移植过来种在这里，并叠石堆出瀑布及溪流，可处处借景，营造“高山流水觅知音”的意境。

材料方面，竹廊用钢结构做廊的梁与柱，用竹材做立面与顶面的装饰元素。当阳光洒下来，光影婆娑，两旁紫藤和凌霄缠绕开放。在鸟语花香的廊下散步，时而上坡，时而下坡，颇有森林幽谷的意境。其他如折桥与百年老树的结合、用砖堆叠而成的特色雕塑、金属月洞门结合水帘产生跌水瀑布的效果、雕刻出来的现代“冠云峰”假山等，都体现出风景园林师在材料、细部及空间布局的设计逻辑是一以贯之的。

总之，该项目的景观设计继承了中国传统园林的建造理念和技法，在相对有限的空间中通过现代材料的运用和细部的营造，表现出源于中国的现代景观意境。

项目二十九

天津泰达格调林泉——融入自然、回归传统的生活方式

天津泰达格调林泉位于天津市滨海新区洞庭路与第一大街交叉口，于 2017 年开始设计，于 2019 年建成。风景园林师将整个居住区景观依托建筑规划的空间格局，衍生出一脉相承而又错落有致的“一个展示区、三个公共空间、三个私密花园及四个巷道空间”的景观结构。一个展示区为“林泉雅苑”，三个公共空间分别为“林峰松涛”“青枫流瀑”及“荷塘月色”，三个私密花园分别为“禅缘茶醉”“陶色瓷语”及“文诗艺友”，四个巷道空间合称“如似巷”——分别为“观前巷”“锦里巷”“雅竹巷”及“宽窄巷”。总之，该项目将中国传统园林的空间布局用现代主义的设计手法再现于路径引导之中。

以下从六点来详述该项目的景观设计：

第一，从景观空间的属性来看，整个园区公共空间与私密空间相互渗透过渡。“荷塘月色”作为整个居住区最大的公共空间，向东由“林泉雅苑”衍生而来，是人们从主入口进入该居住区的必经之路；向西承接着南北向的主要景观步行脉络，与高层住宅楼宅间的“文诗艺友”私密花园遥相呼应；向北衔接着林间幽径，开启了进入多层区的“林隐”之门。公共空间“青枫流瀑”贯穿着整个社区南北向的核心景观脉络，向西承接着西入口与高层区的“禅缘茶醉”私密花园，向东则过渡到多层区的“如似巷”巷道空间，是一个承前启后的公共空间。整个居住区在墙体、水域、山石、植物与建筑的共同烘

鸟瞰该项目建成实景

项目名称： 天津泰达格调林泉
项目地址： 天津市滨海新区洞庭路与第一大街交口
开 发 商： 天津建泰房地产开发有限公司、泰达建设格调设计创意研发团队
景观设计： 上海易亚源境景观设计有限公司（YAS DESIGN）
摄 影 师： 甄视觉、都世空间
占地面积： $7.7hm^2$
竣工日期： 2019 年

托之下，形成了收放自如的空间格局。循着园中的路径前行，一系列景致形成抑扬曲折、开阖多变的流动风景。

第二，从景观空间的形态来看，整个居住区景观以“水流”作为核心脉络穿梭于不同的空间之间，或现代简洁的镜面水景，或泉水跃动的自然流瀑，或灵动蜿蜒的枯山水旱溪，不同形态的水景在不同区域之间呈现为个性鲜明的景观气质，又在空间的过渡中巧妙衔接。

第三，从平面路径来看，该项目以自南向北的主体景观脉络引导人们进入，然后再逐渐向东西两侧进入各个庭园。从早期格调竹境的“琴”“棋”“书”“画”四个庭园演变到该项目西侧的三个庭园“禅缘茶醉”“陶色瓷语”及“文诗艺友”，明显可见在私密花园的设计上更加情境化，主题元素阐述更加明确，意境通过如舞台般的布景让人眼睛一亮，精细化的庭园氛围让人记忆犹新。

第四，从竖向路径来看，青砖、瓦片等典型的中国传统园林元素在现代设计语言的诠释下，呈现为迎宾广场、连廊通道、园路折径和入户铺装，而如“林峰松涛”的公共空间用现代方式作为核心景观设计语言。这些共同构成了该项目的景观框架，也让人们在高低起伏的地形中感受多样化的景观。

从路径引导来说，不管是平面路径还是竖向路径，人们行走其间，感受在狭长与宽阔的空间序列中的步移景异。时而观赏静谧的水生植物，时而游戏于花香芬芳的草地，儿童在此采摘与嬉闹；时而漫步到起伏的坡地，两侧树林夹道，幽深而悠远；继续行进，突然在一片摇曳的红枫林间看到从高处的石景中流下一段瀑布，泉水的浅唱低吟给人一种发现的乐趣。最后会走过一片开阔起伏的草坡，坡顶种植造型挺拔的松树，形成“林峰松涛”的美丽画卷。

第五，从借景的角度来看，景观空间在连廊的组织下构成了该项目的主体结构，通过路径的巧妙设置，自然地引导人们在景观中行走，欣赏园中美景。构筑物合理地布置于该项目的不同区域，互为因借，成为人们视线观赏界面中重要的焦点及构图元素，也为居民提供了不同体验的休憩场所。

第六，从意境体验的角度来看，该项目用现代设计语言与自然的花草树木在相互交融中呈现出意境幽远的现代中国风。例如，“青枫流瀑”公共空间延续高层区“禅缘茶醉”私密花院所运用的毛石材料砌筑的特色种植池壁，拓展为板岩式的跌水池壁与石条铺砌的园路，让自然材质的运用成为该项目的一大景观符号，传递着触摸自然、对话自然的生活理念。

另外，从材料和细部来分析该项目：

石景和水景都是该项目的点睛之笔。置石的类型比较丰富，太湖石假山在公共空间“荷塘月色”中体现出来，而置石、白砂、石灯笼及精致的植物在入口处的公共空间“林泉雅苑”中表达出来，应该说石景是林泉之中最具代表性的细部之一。水景设置在最核心的位置，即公共空间“荷塘月色”中，营造出苏州园林的假山置石与池塘美景。在入口处的公共空间“林泉雅苑”中，以条状黑色石材铺砌的浅水景为主，并使建筑倒映于水景上。特别是入口门卫处的石景，有瀑布沿石壁顺势喷涌而下，让人们对内部景观充满期待。而公共空间“清枫流瀑”是营造层层跌水与植物的融合，在道路尽端处的对景高度约 2m 的瀑布，颇为壮观。

墙体也是该项目的特点所在，正因为该项目的建筑密度高、景观空间狭窄局促，风景园林师用高度约 2m 的墙体形成景观中的“迷宫”路径，将空间分隔、切块与梳理，以挡与藏、开与合、疏与密等手法进行对比，让人们沿着由墙体为主、步行道为辅的路径散步观赏，可以看到该项目中的每一处风景。

长廊也是该项目极为精彩的细部之一。长廊以钢结构为主，顶部为木质格栅，为现代简约的风格。长廊是分隔高层建筑区与花园洋房区的主要元素，且由北到南断续相连。长廊在一些花园的节点处会转变为构筑物，在公共空间“荷塘月色”中则转变为亭台楼榭。在入口处，风景园林师也采用了与长廊同样的设计语言。大门为钢结构，顶部为圆形钢管，下方结合白色墙体和种植多肉植物的混凝土砌块墙，用现代的工业化材料来表达该项目与中国传统园林的交融。

在材料方面，该项目也做出了突破性尝试。如私密花园“陶色瓷语”用古拙的灰色和黄色涂料搭配形成陶艺墙体、陶粒地面、陶艺雕塑及瓷器艺术品等，展示出“陶瓷”这一具有中国特色的主题。又如在私密花园“文诗艺友”中，通过竹材搭建的“林泉草堂”，结合竹林堑道、地面雾喷与书写诗文的耐候钢板铺装，完美地解决了消防登高场地的空旷感。再如私密花园“禅缘茶醉”的中心位置也是一片巨大的消防登高场地，风景园林师通过地面绘制地雕和茶脉图案，展示出该花园的整体感和叙事性。另外，在建筑的底层花园处也将典型的中国传统园林元素作为点睛之笔，建筑墙体及窗户采用钢板制作而成的回纹格花窗图案，风景园林师用瓦片堆叠围墙，“雅竹巷”出入口用现代混凝土砌块模拟青砖砌筑成凹凸有致的立面肌理，这些都是中国传统园林元素

林峰松涛
此处用新的设计语言形成现代的山石景观，营造山峰形态。通过对山的理解，包括上山的路径，设置瞭望亭，通过院墙望到园外，相互借景，有着不一样的对景

禅缘茶醉
将消防登高场地分解成南北两块地雕与茶脉，又通过铺装肌理强化了场地的完整感。透过茶脉园，两个端头互为对景

青枫流瀑
枫树随风摇曳在潺潺的流水声中，让沁人心脾的意境成为这个花园的营造宗旨。整体水系采用石条与卵石铺砌的池底，将枫叶地雕镶嵌其中。延续高层区庭园所运用的毛石材料砌筑的特色种植池壁，在这里拓展为板岩式的跌水池壁与石条铺砌的园路，让自然材质的运用成为该居住区的一大景观符号，传递着感知自然、对话自然的生活理念

陶色瓷语
此处是一个陶土主题的宅间景观，通过古拙的陶艺墙体、陶粒地面、陶艺雕塑、瓷器艺术品等，使整个空间充满艺术情调及现代光影的变幻与折射

文诗艺友
通过林泉草堂、竹境、堑道、地面的雾喷与诗文博览、仕女像及文学雕塑群、风雨连廊这几大主题景点来展示和体现此处的意境

如似巷
四个窄巷分别为观前巷、锦里巷、雅竹巷和宽窄巷。“观前巷”着重于中国传统砖瓦工艺的使用，质朴中展现现代工艺；“锦里巷”着重音律声响，滴水声表达烟雨情境；“雅竹巷”着重于艺术花道的展示，或竹或花或枝，展示景观与自然的交融；“宽窄巷”意在通过多变的空间，感受阳光的照射与风吹拂面的效果

林泉雅苑
此处作为形象展示区，意在现代生活与传统情怀的交织中展现优雅格调，倡导在喧嚣都市中回归心灵家园的生活理念。具有“格调林泉”设计符号的廊檐，在垂直绿墙、铁艺屏风、镜面水景的构成下，塑造了面向城市、令人耳目一新的景观界面，也展示了该项目别具特色的风格

荷塘月色
此处以种植荷花的水景作为核心景观，其建筑在连廊的组织下构成了庭园的景观骨架，由大小两个水面勾勒出整体空间格局，以此衍生而成的不同形态的跌水为平静的水景增添了潺潺流水，丰富了游览体验

空间布局分析图

素与现代材料语言的反差所形成的和谐之美。

总之，该项目是风景园林师所营造的一片自然意境，也是儿童流连忘返的乐园。应该说，居住区不仅是封闭的高楼大厦和冰冷的防盗门，更应该是一片能够拥抱的自然，是山林、是泉水、是风雨、是植物与动物，是在真正的林泉之中。这样，才能打造“天人合一”的品质生活。

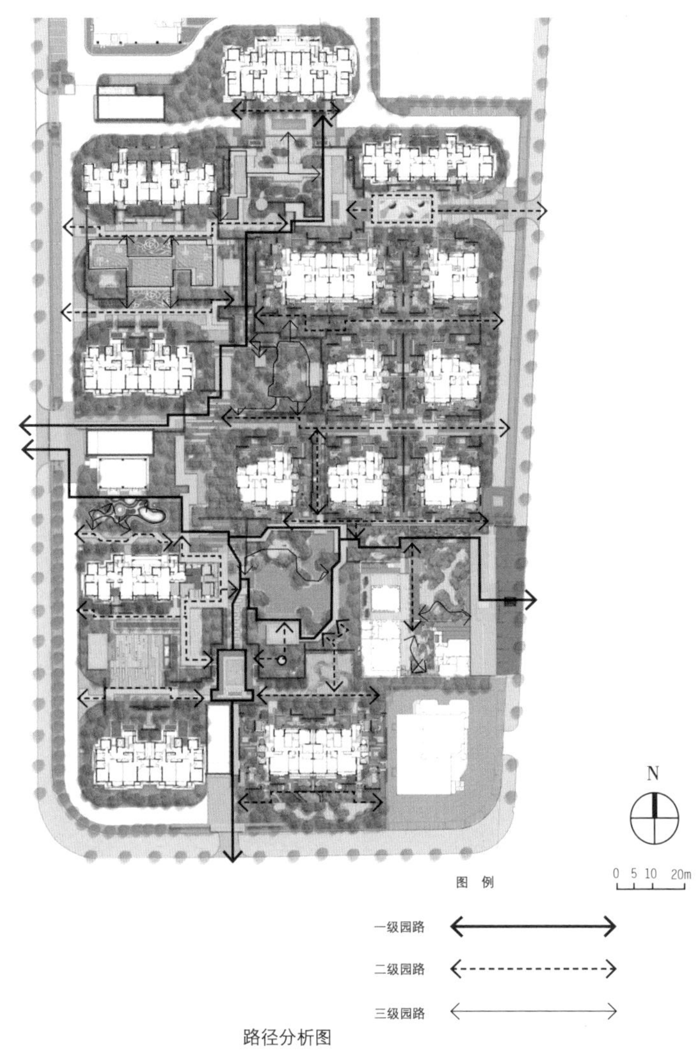

路径分析图

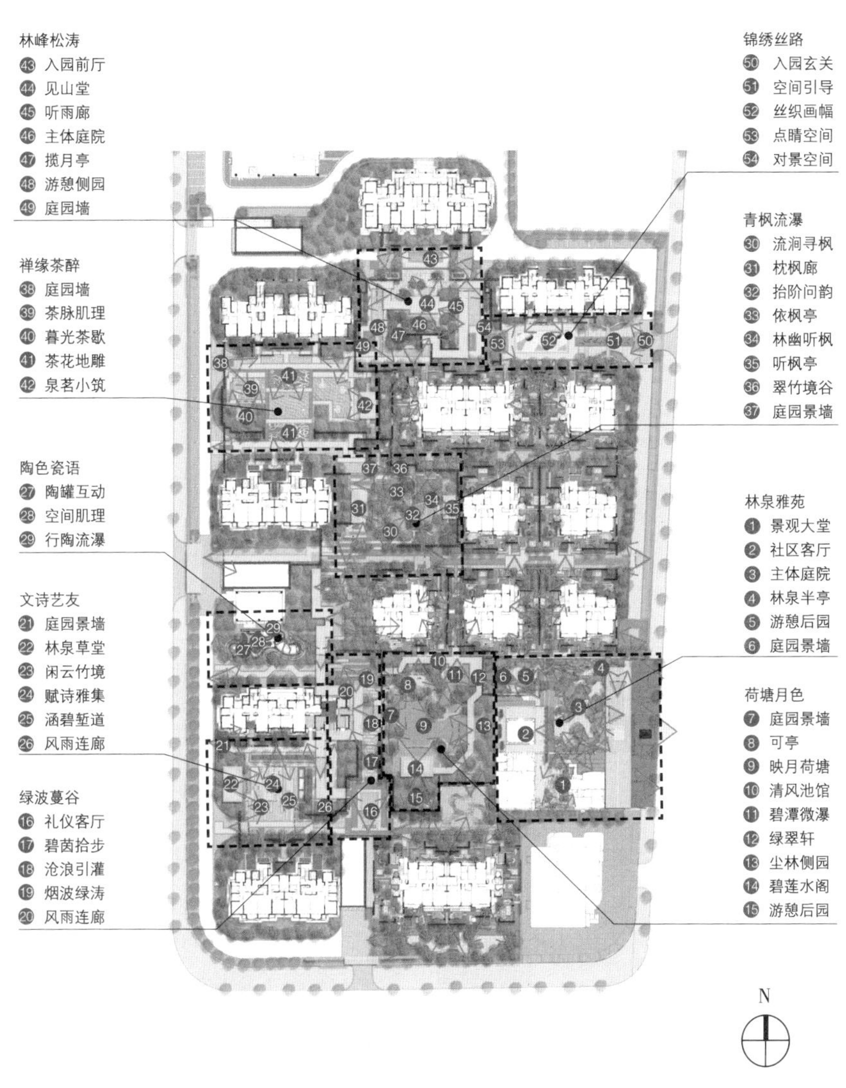
林峰松涛
43 入园前厅
44 见山堂
45 听雨廊
46 主体庭院
47 揽月亭
48 游憩侧园
49 庭园墙
禅缘茶醉
38 庭园墙
39 茶脉肌理
40 暮光茶歇
41 茶花地雕
42 泉茗小筑
陶色瓷语
27 陶罐互动
28 空间肌理
29 行陶流瀑
文诗艺友
21 庭园景墙
22 林泉草堂
23 闲云竹境
24 赋诗雅集
25 涵碧堑道
26 风雨连廊
绿波蔓谷
16 礼仪客厅
17 碧茵拾步
18 沧浪引灌
19 烟波绿涛
20 风雨连廊
锦绣丝路
50 入园玄关
51 空间引导
52 丝织画幅
53 点睛空间
54 对景空间
青枫流瀑
30 流涧寻枫
31 枕枫廊
32 抬阶问韵
33 依枫亭
34 林幽听枫
35 听枫亭
36 翠竹境谷
37 庭园景墙
林泉雅苑
1 景观大堂
2 社区客厅
3 主体庭院
4 林泉半亭
5 游憩后园
6 庭园景墙
荷塘月色
7 庭园景墙
8 可亭
9 映月荷塘
10 清风池馆
11 碧潭微瀑
12 绿翠轩
13 尘林侧园
14 碧莲水阁
15 游憩后园
N
0 5 10 20m

观景体验分析图

鸟瞰“林泉雅苑”

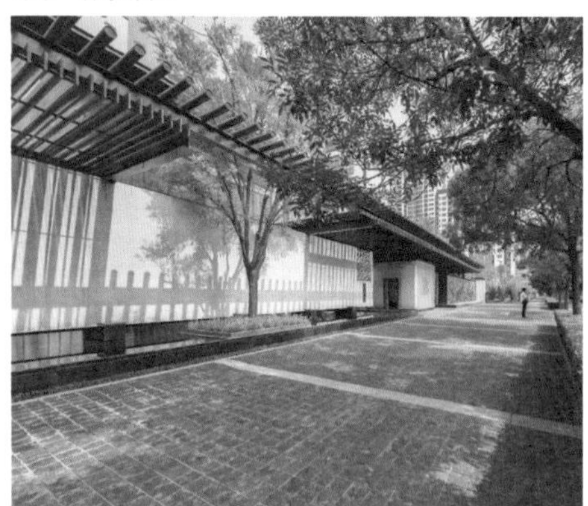

“林泉雅苑”入口

绿植景墙，以水平线条展开，让墙内外的空间得以渗透

立面金属拉索产生出编织感，制造了空间的朦胧感

楼梯两侧，一侧是垂直金属拉索，另一侧是火山岩的墙体，已爬满攀缘植物

从入口空间开始，利用半透明的玻璃及垂直金属拉索，增加空间的纵深感和朦胧感

石材堆砌而成的假山

白砂的运用，形成了一种与绿色植物、深灰色青砖瓦片的强烈对比，在空间留白和视觉方面给人留下深刻的印象

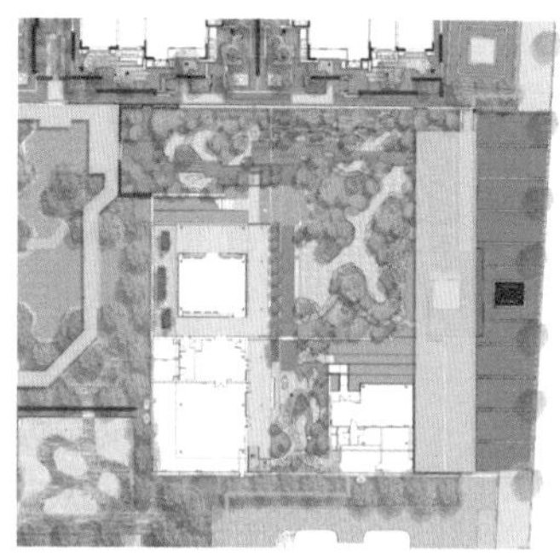

“林泉雅苑”平面图

鸟瞰“荷塘月色”

“荷塘月色”是该居住区最大的公共庭园

在不同的位置设置亭、轩、馆、阁互为因借，成为观赏界面中重要的焦点

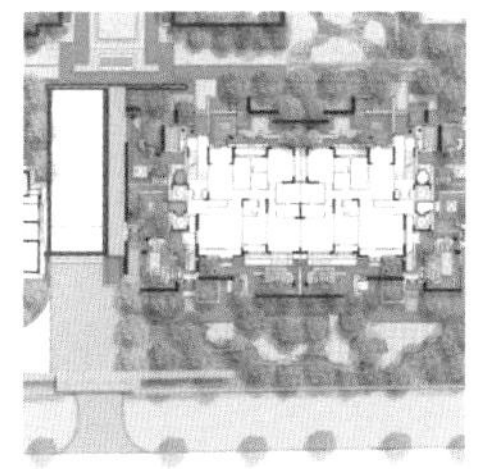

“荷塘月色”平面图

漫步于长廊，感受狭长空间中的“步移景异”

鸟瞰“陶色瓷语”和“绿波蔓谷”

以陶瓷为主题的活动场所

“绿波蔓谷”

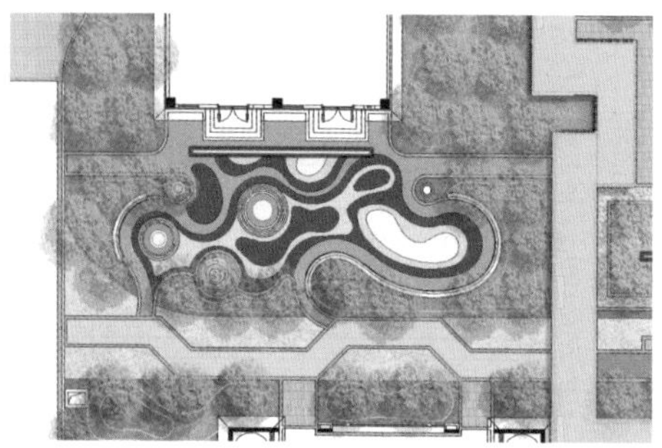
“陶色瓷语”平面图

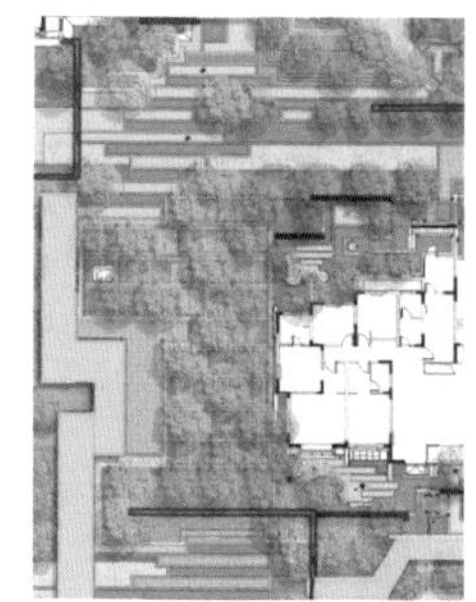
“绿波蔓谷”平面图

鸟瞰“文诗艺友”

竹质构筑物的内部使用空间

构筑物为人们提供休憩场所

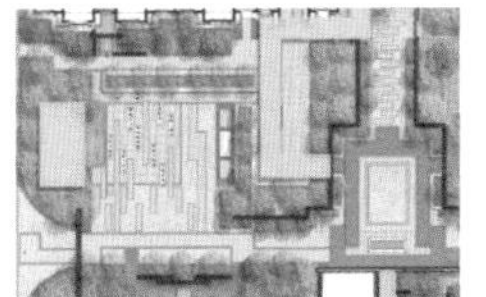

“文诗艺友”平面图

鸟瞰“青枫流瀑”

合适的场地标高和地形营造，满足了跌水的高差需求

毛石材料砌筑的特色种植池壁

枫树随风摇曳在潺潺的流水声中，让沁人心脾的意境成为此处的营造宗旨

漫步其中，享受回归自然的纯净感受

植物与亭廊互为对景

“青枫流瀑”平面图

门洞的对景是一块耐候钢板制成的雕花屏风，透过屏风看到绿意盎然的花园

入口墙体结合耐候钢板雕刻的花窗，可看到远处内部的亭子和大树

鸟瞰“禅缘茶醉”

将抽象山水画置于背景墙中，呈现意境幽远的新中式风格

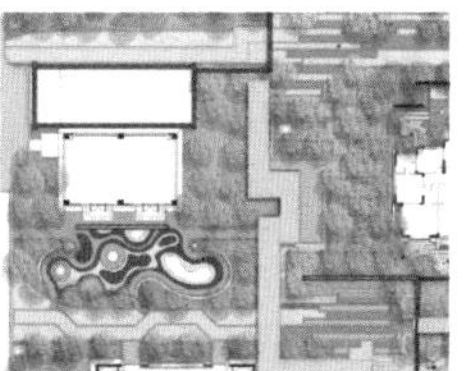

“禅缘茶醉”平面图

景观、建筑在连廊的组织下构成了“林峰松涛”的景观骨架

鸟瞰“林峰松涛”

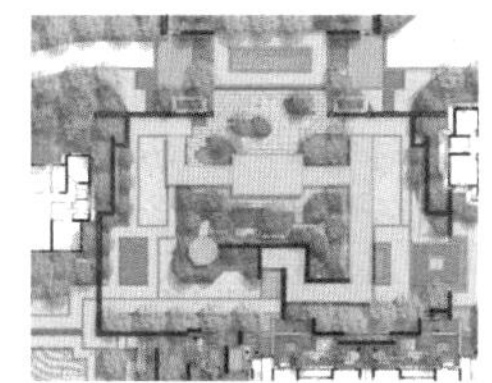

“林峰松涛”平面图

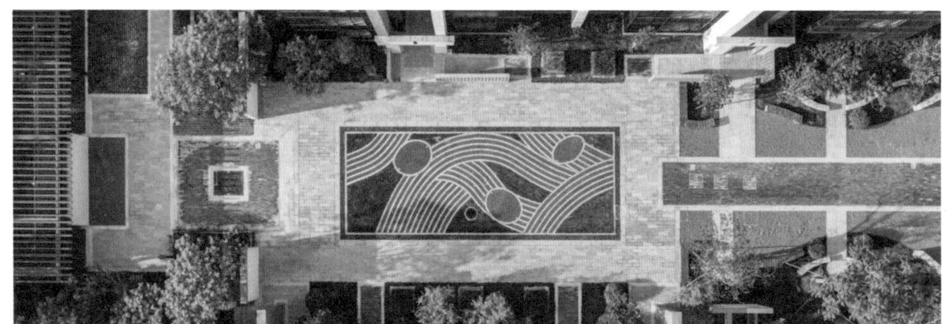

鸟瞰“锦绣丝路”

鸟瞰“如似巷”

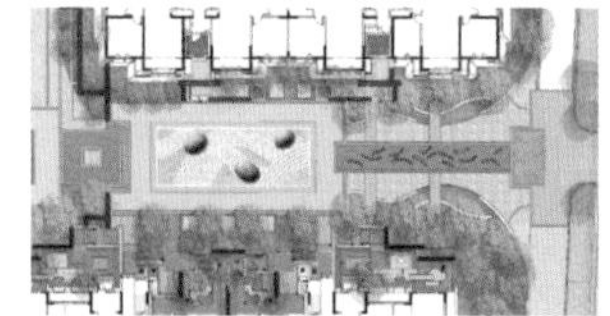

“锦绣丝路”平面图

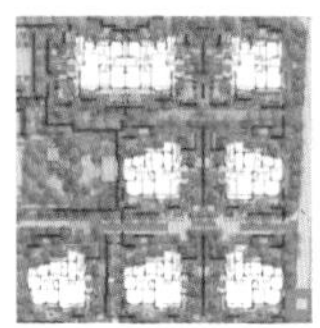

“如似巷”平面图

在狭长的空间中感受步移景异

将典型的中国传统园林符号运用于建筑的立面之中

瓦片堆叠而成的围墙

窗户也采用了中国传统园林的景观符号

灯具

雅竹巷

宽窄巷

项目三十

天津泰达格调松间北里——丰富景观层次，关注生活体验

天津泰达格调松间北里位于天津市西青区迎水道延长线，占地面积约 12hm^2，于 2017 年开始景观设计，2020 年建成。风景园林师将整个居住区划分为“一桥、四庭、三苑、五园”的空间序列，层层递进、逐次展开。无论是门户礼仪形象的“四庭”、贯穿社区的天桥，还是主题鲜明的“三苑”、曲径通幽的“五园”，都巧妙地融合在一起且相互贯通。风景园林师针对该项目的设计讲究以客观而理性的逻辑分析过程，以人的生活体验作为出发点，通过解决场地的遗留问题改善居住的空间，并将人与场所联系在一起。以下从两点来详述该项目：

第一，从“空间布局、路径引导、观景体验”来讨论。

关于空间布局，该项目分成三个层级：首先，居住区入口空间，居住区的主入口和次入口营造具有仪式感的空间。其次，公共活动空间，如居住区内的儿童活动场地及一条长度为 500m 的二层天桥，可供人们散步、娱乐休憩并俯瞰景观。在当前中国居住区景观中，如此大体量的天桥是非常少见的。再次，组团的宅间由五个园构成，每个园被赋予一个主题，在园中有一些供人使用的构筑物和丰富的植物。除此之外，园区还通过亭、廊等构筑物形成空间之间的联系。亭作为主要的停留休憩空间，让人们可以在午后闲暇之余“启窗闻花香缕缕，漫步听鸟鸣啾啾”，风景园林师为人们营造出了宁静致远、空灵幽雅的美学意境。

关于路径引导，该项目从消防车通道进入各个园会有专属的路径。其中最具特色的路径是采用天桥将居住区的每个空间贯穿起来，形成一个三维立体的视觉效果，站在天桥上可以俯瞰整个园区。在设

项目名称：天津泰达格调松间北里
项目地址：天津市西青区迎水道延长线
开 发 商：天津建泰房地产开发有限公司、泰达建设格调设计创意研发团队
景观设计：上海易亚源境景观设计公司（YAS DESIGN）
摄 影 师：捌零建筑摄影
占地面积：12hm^2
竣工日期：2020 年

计天桥时，风景园林师考虑到它对于低层用户的私密性问题，于是在天桥与局部居民楼之间设置了高度约 10m 的景墙，在丰富景观层次的同时还可以对视线进行遮挡，保证居住私密性。人们可以在天桥上散步、跑步甚至骑滑轮车；天桥还设计了一些坡道，既形成地形起伏变化的效果，又保证残疾人无障碍通行。廊架的设计成为空间对景点，如天桥结合儿童活动场地形成廊架休息区和台阶，人们可以坐在台阶上休憩娱乐。

关于观景体验，该居住区秉承天津当地文化并将其融入设计之中，其景观意境的设计手法总结为“闹与静、看与被看、快与慢、开与合”。

闹与静。该项目的景观面积很大，风景园林师希望在此打造静谧的场所。比如，在宅间花园中设计了功能性的亭及轩，搭配简约雅致的茶桌、座椅及软装，人们可以在此处喝茶聊天，享受岁月静好。

看与被看。如今的居住区环境中人与人之间的关系显得较为平淡，人们注重个人隐私，因此现代居住区景观需要有一些隐秘的私人空间。在该项目中，设计了很多角落空间，满足人们对于私密性的需求。风景园林师主要通过植物、构筑物及景墙等设施遮挡视线，营造私密空间。

快与慢。“快”指的是居住区中快速通行的空间，具有交通功能，如宅间、入口等；“慢”主要以观景功能为主，供人驻足停留，在该项目的景观中当人们在廊或亭子里休息时，映入眼帘是不同的对景和借景。

开与合。开阔的空间分为两种，一种是入口空间，讲究仪式感；另一种是公共活动空间。在该项目中，儿童活动场地与木平台相结合，形成视觉焦点，周边种植草坪及树木，相对来说较为开阔。“闭合”的空间指的是曲径通幽的空间，讲究曲折、反复、多变等。对于巷道、胡同等此类特殊的细部空间，一般会用竹子和墙来营造，在其周边放置各种各样的石头，结合灯光形成柔和安静的景观效果。另外，风景园林师设计的轴线式水景、廊、座椅、水中树池及卡座等现代风格的细部，也丰富了该项目空间的景观层次。

第二，该项目以植物、水景等软质景观以及道路铺装、景观设施等硬质景观，结合使用。植物通常有乔、灌、草及地被植物等，形成层层叠叠的对景，不同植物通过其季相变化构成了丰富多彩的空间韵律。

该项目内的水景有点状水景和自然式水景两种形式。点状水景很浅，水排空后易于清扫维护。而自然式水景底部铺砌卵石、侧面采用黑色片岩结合植物，营造出一种生态自然的意境。总体来说，水景在该项目中运用较少，而大部分是采用黑色及深灰色砾石打造“旱溪”景观，砾石结合植物更好打理且节约成本。这种“旱溪”景观，也是一种“雨水花园”，可以用于保存和使用雨水，践行低碳环保的理念。

另外，风景园林师出于控制成本及保护生态环境的考量，尽量少用或不用天然的石材，而采用仿石材料铺装，同时结合使用传统的瓦片和青砖。青砖尝试多种勾缝做法，多次对比之下最终采用土色勾缝，与青砖结合显得既高级又传统。风景园林师在该居住区内还使用了多种木材，如用不同颜色的防腐木及枕木结合钢板的做法，增强材料的耐久性。

总之，居住区是为了人们的居住和生活服务的。景观设计承载着人们对于美好生活的向往，社会责任、人文关怀是景观设计的灵魂和核心价值，因此在设计时应重视使用者与景观的互动，关注大众参与的生活体验。

鸟瞰该项目实景

“一桥”之天桥
“天桥”将一个丰富多元的居住区景观元素紧密地串连在一起，似漂浮的纽带置于林间。结合出入口的设置，路径中包含了五个私密宅间的便捷通道和三个公共组团。桥面整体以钢筋混凝土浇筑而成，桥身侧面和底面制成仿清水混凝土效果，体现强烈的现代工业感，桥身侧面的凹凸线脚加强天桥的侧面层次

“四庭”之北庭
北入口大门作为整个天桥系统的起点，也是该居住区的主要人行和车行出入口，大门的形态借鉴了汉唐风韵的屋檐，大气优雅厚重，整体的色调采用深咖色，仿紫铜效果。通过院门的围合形成内庭空间，庭前对植二株丛生茶条槭，与该居住区主厅堂交错掩映，两侧的涌泉水声增加了听觉的体验。茶源谷两侧廊架长度为60m，从主厅堂延展而开，端头采用二层的戏楼作为底景收景

“五园”之悟园
“悟园”，高层楼间面积最大的私密庭园，楼间组团的景观呈现三段式布局，由核心庭园搭载一东一西两个禅意庭园构成

“四庭”之西庭
以错落展开的景观，与迎宾照壁作为主要特色、有序规划人车动线，车行为主，人行为辅的次入口

“三苑”之康乐苑
“康乐苑”承担该居住区最大的公共活动空间，这里有着常规居住区少有的宽敞活动空间，满足了大型居住区对于户外运动的场地需求。源自京剧脸谱缤纷色彩的创意，自西侧攀爬墙开始，将墙面图案的肌理自然流淌到地面铺装上，构建了活力十足的立体游乐场地。悬挑的平台打破了墙体的通直，同时形成了与“康乐苑”舞台的对景，是一处绝佳的观景瞭望点，将整个南向的“康乐苑”场景尽收眼底

“五园”之曲园
“曲园”位于松间北里的西南区域，交错布局的规划让它成为该居住区最为特殊的高层宅间。基于这一特征，全园引入“曲水流觞”的典故，让交错的庭园在“水”这一核心元素的引导下成为行云流水的空间展示

“四庭”之南庭
利用跨越市政道路的天桥在该居住区南侧沿街商业建筑之间开辟了公共休憩中庭，进而衍生为地面和天桥双重进入该居住区的巧妙人行入口

“五园”之偶园
“偶园”作为五园之中体量最小的庭园，在高层楼宇登高场所环伺的方寸之间，取苏州“耦园”东侧的水景区域，构建了核心的空间关系，邂逅偶得之下的闲情偶寄

“三苑”之庭林苑
“庭林苑”是由示范区延续而成的庭园群落，形成从开放性到半开放性再到私密性庭园的层层过渡与递进

“四庭”之东庭
示范区售楼处的前庭园门将延续为该居住区最为精致的人行入口，呈现庭园深深的意境，让每一次的归家成为一种诗意的享受

“五园”之畅园
“畅园”位于洋房区宅间，狭长的空间格局是建筑规划最大的场地特征。借鉴自无锡“寄畅园”的空间营造，自西向东，在这里呈现为六段式序列

“三苑”之香氛苑
“香氛苑”与天桥的盘山群岳相对应的植物科普园。自西而东，呈现为三段式的格局。品茗清新荷香的第一段庭园、回味浪漫花香的第二道庭园、收获甜蜜果香的第三道庭园，强化人们与环境之间的互动

“五园”之如园
“如园”是洋房区第二个庭园，与畅园有着相似的空间格局，在庭园布局上致敬了“瞻园”。如园采用了东方禅宗意境的精神表达

空间布局分析图

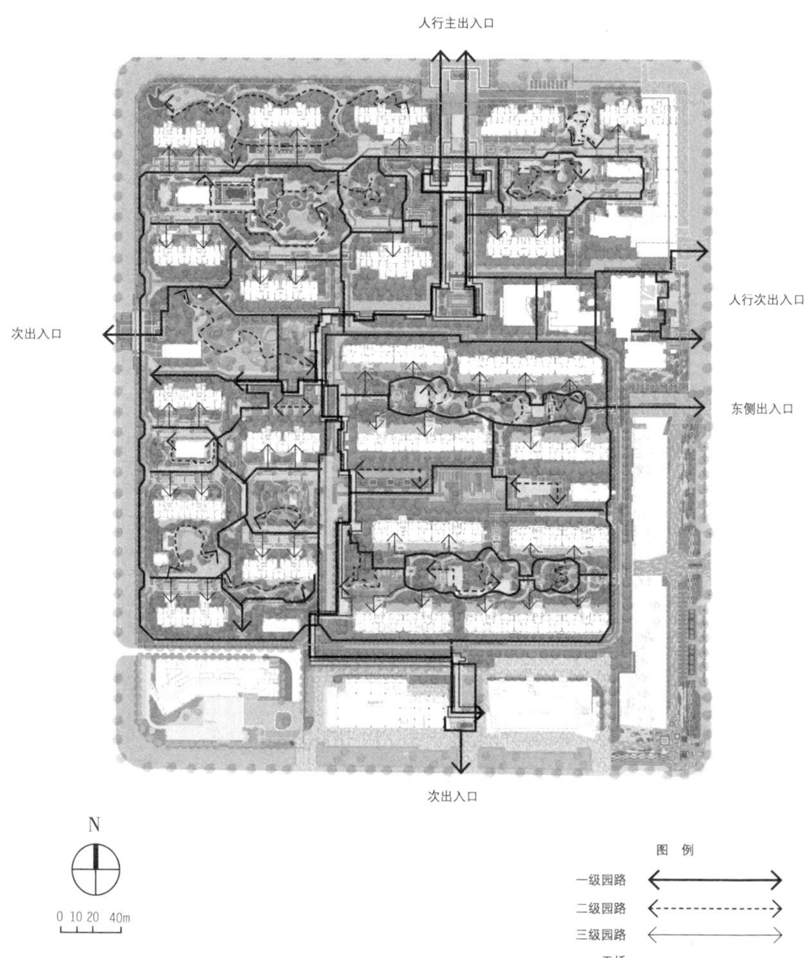

人行主出入口
人行次出入口
次出入口
东侧出入口
次出入口
N
0 10 20 40m
图 例
一级园路
二级园路
三级园路
天桥

路径分析图

北庭

1 北入口迎宾广场
2 形象大门
3 “一池二山”枯山水景观
4 茶源谷
5 特色水景
6 集散广场
7 卡座
8 连廊

悟园

9 入户客厅
10 退思草堂
11 水香榭
12 眠云亭
13 孤雨生凉
14 闹红一舸
15 健身林荫小广场
16 绿岛
17 下沉式庭园
18 琴音舟

康乐苑

29 天桥
30 层叠式休憩木平台
31 全龄游乐园
32 西入口
33 儿童攀爬健身空间
34 挑战性空间
35 亲子活动空间

曲园

54 烟雨廊
55 兰亭
56 山石流瀑
57 畅永堂
58 回梦廊
59 休闲步道
60 云梦亭
61 茂林阁
62 绿岛

天桥

63 凌松飞瀑
64 天桥
65 层叠式休憩平台
66 涵壁廊
67 似水厅

偶园

19 景观会客厅
20 双照楼
21 锦鲤池
22 古柯树池
23 特色水景
24 风雨连廊
25 吾爱亭
26 山水间
27 康体花园
28 白沙池

庭林苑

36 入口
37 水景
38 轩
39 建筑雨篷及广场
40 样板庭园
41 松间书院对弈花园
42 松间书院图书馆禅意庭园
43 竹林小径

畅园

44 西入口
45 迎宾大道
46 树阵小广场
47 秉礼堂
48 绿溪
49 先云榭
50 郁盘廊
51 卧云堂
52 山石流瀑
53 吾爱亭

香氛苑

68 荷花池
69 水中卡座
70 连廊
71 休闲步道
72 汀步
73 特色花卉
74 阳光房
75 如意形花池
76 都市田园种植区

如园

77 山石流瀑
78 静妙堂
79 夕照廊
80 听雨轩
81 绿岛
82 汀步
83 玄关
84 竹篱笆
85 石鼓
86 特色花池
87 休闲园路

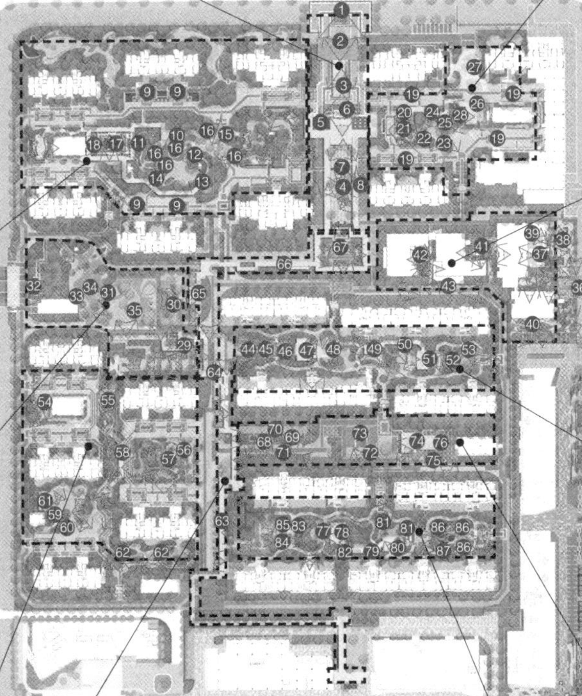

观景体验分析图

鸟瞰北入口

两侧的涌泉水声，增加了听觉体验

为人们提供闲适的交流场所

天桥的端头采用两层的戏楼作为收景

穿过两侧悠然恬静的夹道竹林，缓缓进入居住区内部的北庭

北入口大门采用悬挑式大堂入口

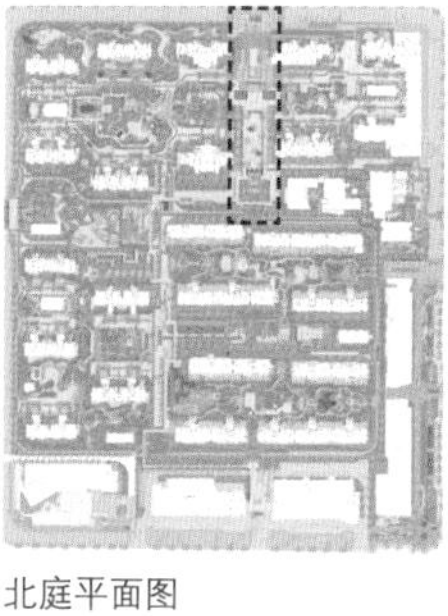

北庭平面图

绿岛景观和竖向屏风格栅作为入口的对景

院门的围合形成强烈的私密性，庭前对植二株丛生茶条槭，与居住区主厅堂交错掩映

潺潺水声环抱的会客厅开启一段洗涤心灵的归家之旅

茶源谷两侧廊架从主厅堂延展而开，形成强烈的序列感

茶源谷为北庭“后花园”

透过侧廊可看到茶源谷

鸟瞰天桥

桥面整体以钢筋混凝土浇筑而成，桥身侧面和底面采用仿清水混凝土效果，体现强烈的现代感，桥身侧面的线脚加强天桥的层次

视线随着天桥高低起伏，感受每处景观的变化

天桥与各个组团的廊架相互连接，穿插各种景墙、玄关、休憩设施等共同呈现丰富多彩的空间演变

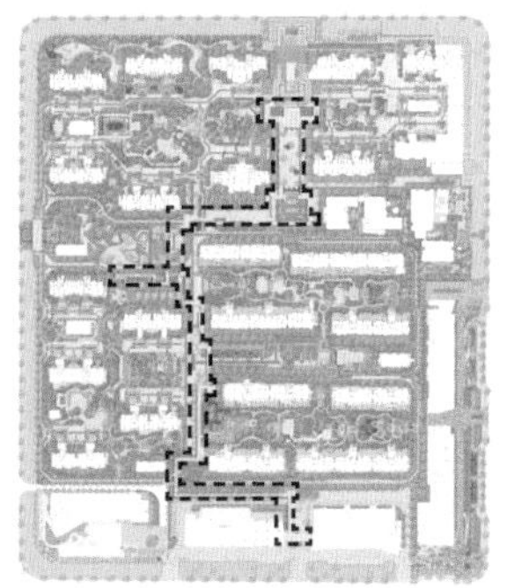

天桥平面图

从天桥上可观赏旁边的墙体跌瀑景观

天桥让景观更为立体丰富，呈现错落有致的空间效果

阳光洒落在天桥的廊架上，在地面形成独特的光影效果

廊桥或抬高或降低，形态高低起伏、曲折蜿蜒、纵横交错

阶梯舞台

康乐苑是居住区中最大的公共活动空间

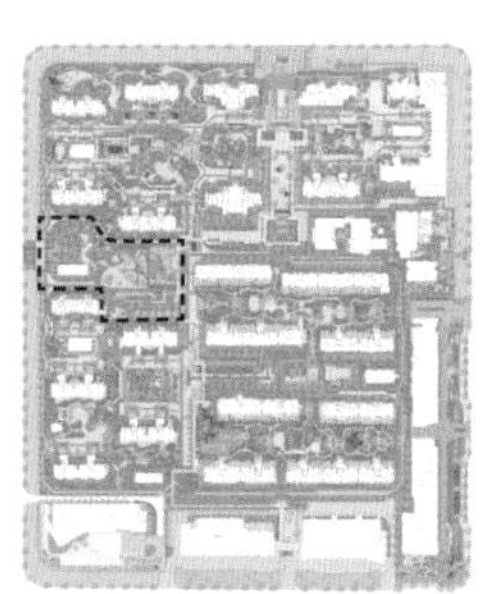

康乐苑平面图

全龄化的场所设计，为人们提供居住区生活的多种可能

儿童在滑梯上奔跑

儿童开心地玩着特色器械

攀岩可以锻炼儿童的肢体灵活性

新颖的活动器械对儿童的吸引力很大

鸟瞰青少年活动区

从京剧脸谱中获得灵感的儿童场地铺装效果

“香氛苑”自西而东呈现为三段式格局

精致的连廊、舒适的水中卡座

白色的花房，前景为花卉种植区、草坪和乔木

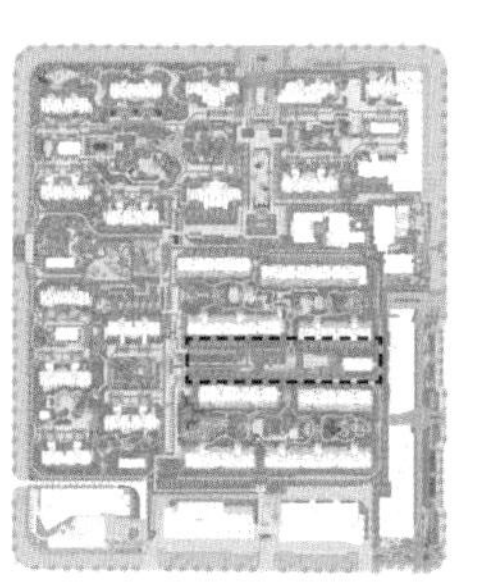

“香氛苑”平面图

下沉式的休闲卡座，四株山杏置于镜面水景之上，互为对景

纯白色的花房

花房给人们提供一个种花、养花以及交流场所，花房的场景设置也为人们编织了一个园居生活的梦

“影月池”的对景是起伏的松林与木结构的亭廊

从松间花园跨水走到巨大的屋檐之下

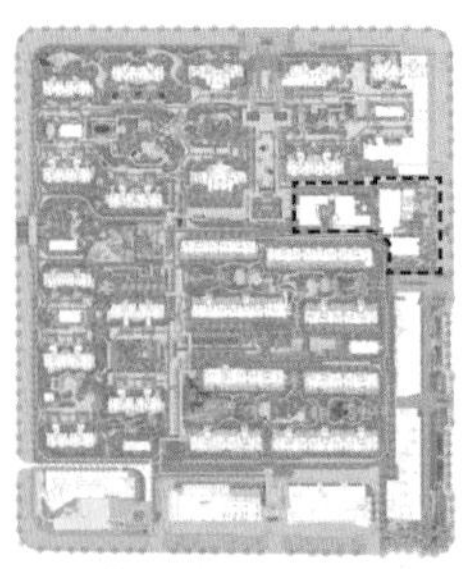

“庭林苑”索引图

“庭林苑”是由示范区延续而成的庭园群落

漫步于此，建筑在树影掩映下，显得别具一格

透过圆形拱门便看到“松间”二字点题景观

前景为假山，背景为耐候钢板刻出的山水

由石头堆叠而成的台阶，周边种满佛甲草

景观的精致韵味体现在一花一草，并随着季节而变化

草坪、灌木、乔木组成的植被作为建筑的对景

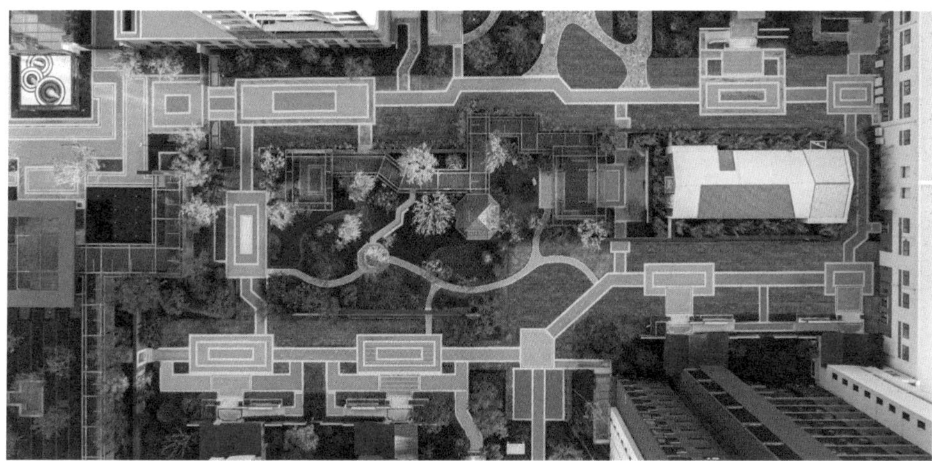
“偶园”借鉴苏州“耦园”东侧的水景区域，邂逅偶得的闲情雅韵

“吾爱亭”中式景亭在现代材料的重塑下与自然融合

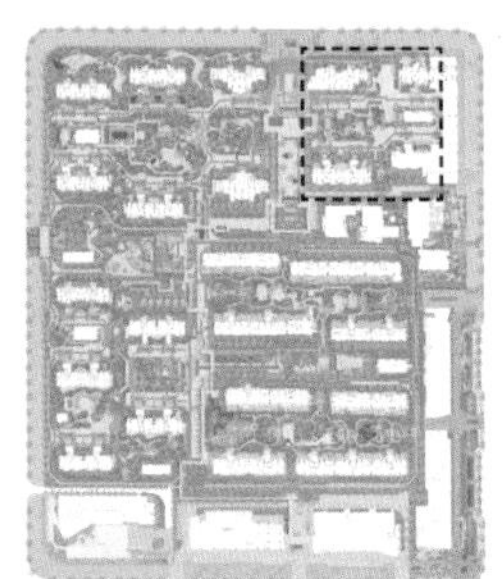

“偶园”索引图

现代简约的构筑风格中融合了“美人靠”的古典制式

“悟园”景观呈现三段式布局，由核心庭园搭接一东一西两个禅意庭园构成

“退思草堂”，视线范围内搭配高低层次相互嵌合的植物

由回廊围合的中庭，林荫乔木下的木平台散置着休闲桌椅

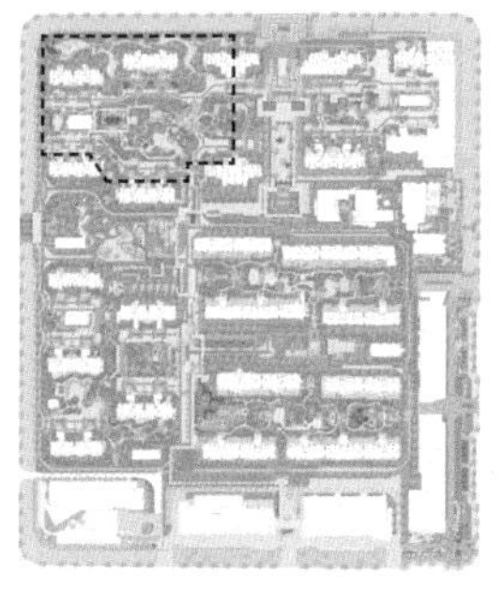

“悟园”索引图

核心庭园的空间布局借鉴吴江同里的“退思园”，水景周围遍布亭、榭、堂、舫、廊等建筑

“水香榭”悬挑于水景上，俯瞰水中倒影，水动风凉

“畅园”借鉴自无锡“寄畅园”的空间营造，自西向东呈现为六段式序列

“畅园”的西入口轴线为高规格的归家礼制

休息亭榭掩映于浓密的绿化之中

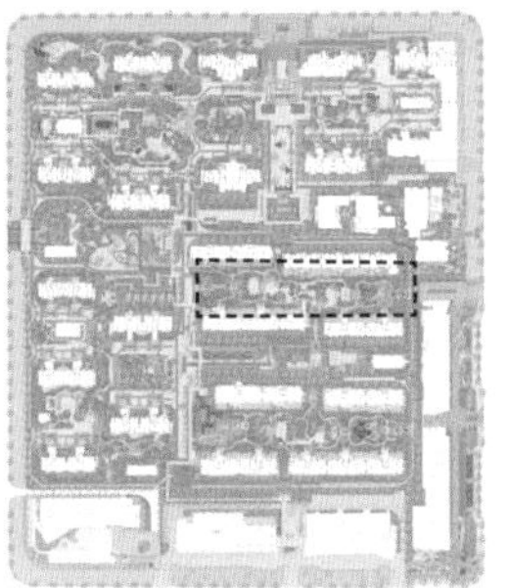

“畅园”索引图

“万”字纹图案屏风，抽象演绎了院落照壁文化

“秉礼堂”，中正豁达的书院形制蕴含着淡雅的文人气息

"卧云堂"宽阔的屋檐致敬古代建筑端庄大方的审美，精致的地雕呼应着礼待宾朋的尊享规制

"如园"在庭园布局上致敬了"瞻园"

旱溪砾石在这里汇聚成江河湖海与山峦岛屿

园内拱桥塑造了颇有趣味的对景轴线

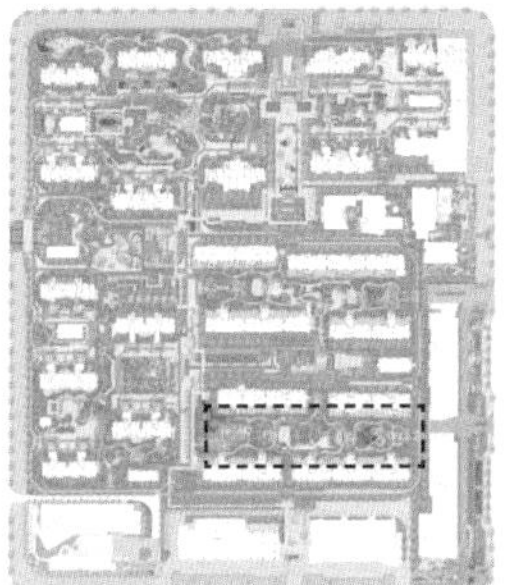

“如园”索引图

“静妙堂”镂空的门扇、灰色平瓦与原木色结构的运用，让同一形制下的建筑展现出截然不同的风貌

“静妙堂”的内部结构

“听雨轩”有着极佳的观赏视野，凭栏于此，尽收松岛石瀑的悠远禅境，也让闲适之情陶然于心

“曲园”引入“曲水流觞”的典故，塑造行云流水的空间形态

“畅永堂”，茅草屋顶的视觉印象寓意着田园生活

精致院门将内外分割，营造出步移景异的观赏体验

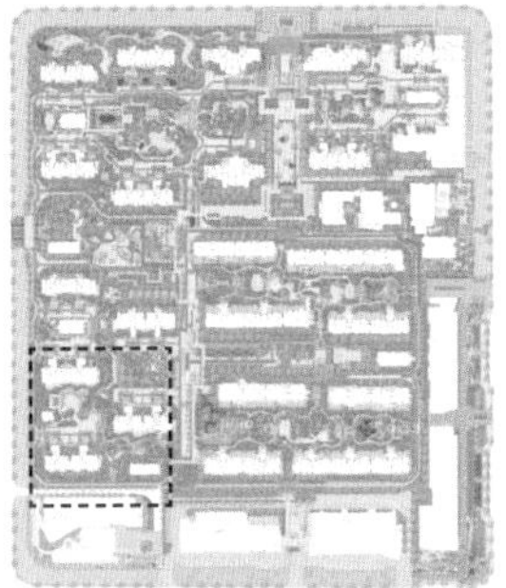

“曲园”索引图

“曲水流觞”是“曲园”核心的庭园空间，“水”的概念在这里展现为灵动的旱溪

“茂林阁”与“云梦亭”在青翠的绿荫下交相辉映

“回梦廊”原木配色的竹木格栅序列抬升了连廊悠远的效果

“回梦廊”的内部构造

参考文献

[1] 计成 . 园冶注释 [M]. 陈植，注释 . 北京：中国建筑工业出版社，2009.

[2] 计成 . 园冶图说 [M]. 赵农，注释 . 济南：山东画报出版社，2010.

[3] 陈从周 . 说园 [M]. 上海：同济大学出版社，2007.

[4] 周维权 . 中国古典园林史 [M]. 北京：清华大学出版社，1999.

[5] 彭一刚 . 中国古典园林分析 [M]. 北京：中国建筑工业出版社，1986.

[6] 王其钧 . 中国园林图解词典 [M]. 北京：机械工业出版社，2007.

[7] 居阅时 . 庭院深处：苏州园林的文化涵义 [M]. 北京：三联书店，2006.

[8] 刘庭风 . 中日古典园林比较 [M]. 天津：天津大学出版社，2003.

[9] 丰田幸夫 . 风景建筑小品设计图集 [M]. 黎雪梅，译 . 北京：中国建筑工业出版社，1999.

[10] 丹尼斯，布朗 . 景观设计师便携手册 [M]. 刘玉杰，吉庆萍，俞孔坚，译 . 北京：中国建筑工业出版社，2002.

[11] 俞孔坚，李迪华 . 景观设计：专业学科与教育 [M]. 北京：中国建筑工业出版社，2003.

[12] 耿欣，程炜，马娱 . 园林花卉应用设计 : 选材篇 [M]. 武汉：华中科技大学出版社，2009.

[13] 陈英瑾，赵仲贵 . 西方现代景观植栽设计 [M]. 北京：中国建筑工业出版社，2006.

[14] 布鲁克斯 .DIY 生活百科——个性庭园完全指南 [M]. 许瑜菁，译 . 北京：中国友谊出版公司，2002.

[15] 清水敏男 . 东京商务区的艺术与设计 [M]. 阎永胜，译 . 大连：大连理工大学出版社，2008.

[16] 罗卡 . 法国水景设计：城市水元素 [M]. 沈阳：辽宁科学技术出版社，2007.

[17] 纳什，黑夫 . 庭园水景设计与建造（二）[M]. 深圳市创福实业有限公司翻译部，译 . 北京：北京出版社，1999.

[18] 威廉姆斯 . 庭园设计与建造 [M]. 乔爱民，译 . 贵阳：贵州科技出版社，2001.

[19] 霍珀 . 景观建筑绘图标准 [M]. 赵学德，张桂珍，译 . 合肥：安徽科学技术出版社，2007.

[20] 褚智勇 . 建筑设计的材料语言 [M]. 北京：中国电力出版社，2006.

[21] 赫尔佐格 . 立面构造手册 [M]. 大连：大连理工大学出版社，2006.

[22] 针之谷钟吉 . 西方造园变迁史：从伊甸园到天然公园 [M]. 邹洪灿，译 . 北京：中国建筑工业出版社，2004.

[23] 建设部住宅产业化促进中心 . 居住区环境景观设计导则 [M]. 北京：中国建筑工业出版社，2009.

[24] 李正平 . 野口勇 [M]. 南京：东南大学出版社，2004.

[25] 赵冰 . 冯纪忠和方塔园 [M]. 北京：中国建筑工业出版社，2007.

[26] 高福民，徐宁，倪晓英 . 贝聿铭与苏州博物馆 [M]. 苏州：古吴轩出版社，2007.

[27] 波姆 . 贝聿铭谈贝聿铭 [M]. 林兵，译 . 上海：文汇出版社，2004.

[28] 王澍，陆文宇 . 中国美术学院象山校园山南二期工程设计 [J]. 时代建筑，

2008（3）：72-85.

[29] 王艳，方建勇 . 彩叶植物在杭州园林中的配置应用 [J]. 中国园林，2008（7）：73-80.

[30] 安德拉 . 观赏草在美国园林中的应用 [J]. 金荷仙，林冬青，蔡宝珍，译 . 中国园林，2008（12）：1-9.

[31] 王敏 , 朱雯 . 城市绿地影响碳中和的途径与空间特征——以上海市黄浦区为例 [J]. 园林 ,2021,38(10):11-18.

[32] 杨建初，刘亚迪，刘玉莉 . 碳达峰、碳中和知识解读 [M]. 北京：中信出版集团，2021.

[33] 布雷泽 . 东西方的会合 [M]. 苏怡，齐勇新，译 . 北京：中国建筑工业出版社，2006.

[34] 张欣 . 苏州博物馆 [M]. 北京：长城出版社，2007.

[35] 西蒙兹，斯塔克 . 景观设计学：场地规划与设计手册（原著第四版）[M]. 朱强，俞孔坚，王志芳，等译 . 北京：中国建筑工业出版社，2009.

[36] 沃克，西莫 . 看不见的花园——探寻美国景观的现代主义 [M]. 王健，王向荣，译 . 北京：中国建筑工业出版社，2009.

[37] 德国风景园林师协会 . 德国当代景观设计 [M]. 刘英，译 . 北京：中国建筑工业出版社，2011.

[38] 俞昌斌 . 当代中国景观设计寻根之路 [J]. 城市建筑，2006(10)：10-13.

[39] 麦克哈格 . 设计结合自然 [M]. 黄经纬，译 . 天津：天津大学出版社，2006.